U0112578

湖南农业院士丛书

2020 年湖南省重大主题出版项目

辣椒育种栽培新技术

主　编————邹学校

副主编————戴雄泽

编　者————

马艳青　　李雪峰　　郑井元　　张竹青　　陈文超

周书栋　　刘　峰　　欧立军　　杨博智　　杨　莎

梁成亮　　李　鑫　　王军伟　　王安乐

湖南科学技术出版社

图1 辣椒疫病枝条症状

图2 辣椒疫病茎基部症状

图3 辣椒炭疽病果实症状

图4 辣椒白粉病初期症状（左：背面；右：正面）

图5 辣椒白粉病后期症状（左：正面；右：背面）

图6 辣椒白绢病根部症状

▌图7 辣椒立枯病症状

▌图8 辣椒青枯病田间症状

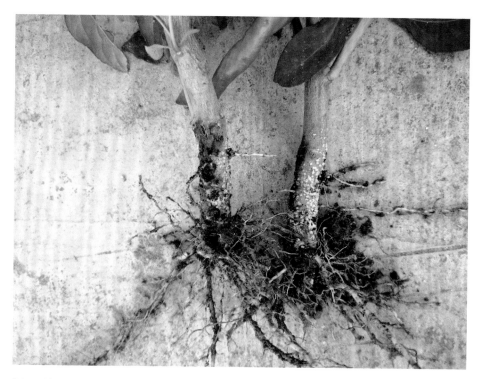

图9 辣椒青枯病茎基部症状

图10 辣椒细菌性疮痂病叶部症状

图11 黄化型病毒病症状

图12 蕨叶型病毒病症状

图13 顶枯型病毒病症状

图14 线条型病毒病症状

图15 褪绿型病毒病症状

图16 褪绿斑驳型病毒病症状

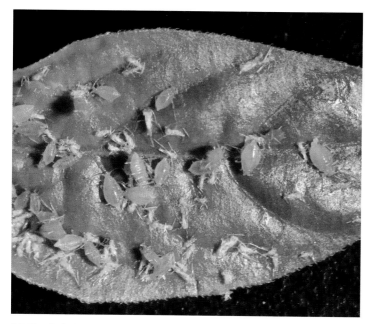

图17 危害辣椒的蚜虫

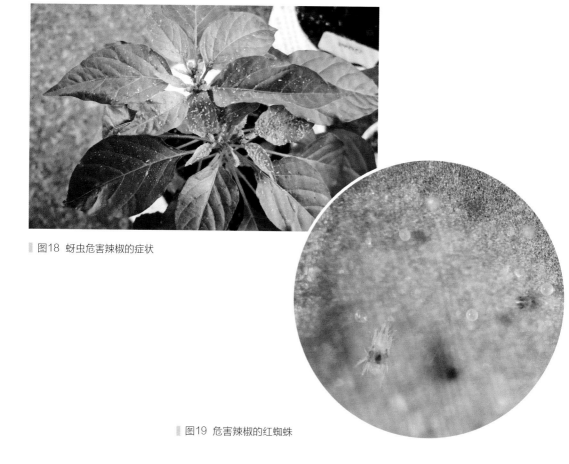

图18 蚜虫危害辣椒的症状

图19 危害辣椒的红蜘蛛

自　序

　　辣椒是一种能结辣味或甜味浆果的一年生草本或多年生植物，在美洲栽培历史悠久，是一种非常古老的栽培植物，遗传多样性非常丰富，野生、栽培种质资源众多，是全球消费量最大的辛辣调味品之一。

　　1492年哥伦布为寻求胡椒航海西渡到达美洲，结果把辣椒带回了欧洲。1493年辣椒传入西班牙，1526年传到意大利，1543年传到德国，1548年传到英国，到16世纪中叶时已传遍整个中欧地区。1542年，葡萄牙人把辣椒带到了印度果阿，辣椒开始在南亚传播，后又传到了马六甲，在东南亚传播。16世纪80年代辣椒传入中国，最早的落脚点是浙江。辣椒传入浙江后，因中国东南沿海物产丰富而不接受辣椒，形成华东、华南淡辣区；辣椒从浙江传到华北，作为替代花椒的调味品而很快被接受，并向东北、西北传播，形成华北、东北、西北微辣区；辣椒在中国传播最重要的一条途径是从浙江出发，沿长江西上传到湖南，湖南人把辣椒作调味品和蔬菜食用，并向周边省（市、区）传播，形成长江中上游的嗜辣区。

　　虽然辣椒传入中国只有400多年，但产业发展十分迅速，到21世纪，年种植面积稳定在3200万亩以上，已是中国种植面积最大的蔬菜和消费量最大的辛辣调味品，亩产量接近2000千克，农业产值2500亿元。辣椒占全国蔬菜总面积9.28％，总产量7.76％；占全国蔬菜总产值11.36％；对农民收入贡献率达1.14％。贵州、河南、云南、江苏、湖南、山东、广东、四川、辽宁、广西、河北等11省区的辣椒面积超过100万亩，贵州、河南、云南、江苏等4省的辣椒面积超过200万亩，河南的辣椒种植面积超过360万亩，贵州的辣椒面积超过460万亩。中国设施栽培辣椒也得到大发展，大中棚栽培面积达520多万亩，小拱棚栽培面积达120多万亩，温室栽培面积达 130 多万亩，设施栽培面积占辣椒栽培面积 26.0％。

中国辣椒产业技术发展很快，特别是 20 世纪 80 年代开始，先后育成了 4000 多个，满足不同时期市场需求的辣椒新品种；研发了春提早、秋延后、高海拔、热带冬季等不同时期上市、不同生态环境栽培的绿色高效生产新技术，实现了我国鲜辣椒周年均衡供应，品种类型应有尽有。

加工辣椒育种技术研究取得重要突破，育成了一批能满足不同加工需求的辣椒新品种，提高了原栽材料的利用率和加工产品质量，加工辣椒迅速发展，加工辣椒种植面积约占栽培辣椒面积的 50％。我国辣椒加工产业快速发展，辣椒已成为我国加工产品种类最多、产业链最长、附加值最高的蔬菜，我国已成为辣椒加工产品最丰富的国家，涌现了一批以老干妈、湖南军杰、坛坛乡为代表的辣椒粗加工企业，以河北晨光为代表的精深加工企业，辣椒素、辣椒红素等精加工产品占全球市场份额 80％以上。我国辣椒种植面积由 20 世纪 80 年代 400 万亩，发展到 2000 年的 2000 万亩，到 2020 年达 3400 万亩，总产量达 6400 万吨，种植面积和总产量分别占世界辣椒面积的 35％和总产量的 46％，均居世界第一。我国辣椒产业实现了由跟跑到拼跑、到领跑的跨越。

该书介绍了我国在辣椒育种、栽培、育苗、良种繁育、绿色防控等方面取得的最新成果，该书的出版有利于辣椒新技术的推广与普及，加快我国辣椒产业的发展，提高辣椒产业的国际竞争力。

邹学校

2021 年 10 月 5 日于长沙

前　言

中国是世界第一大辣椒生产国与消费国，播种面积约占世界辣椒播种面积的 50%。辣椒是我国种植范围最广的蔬菜之一，种植范围主要分布在新疆、陕西、贵州、四川、云南、湖南、江西、山东、河南、河北、广东、海南等地，年种植面积达 3200 多万亩（1 亩约为 666.7 平方米），产量达 6700 多万吨。20 世纪 80 年代以前，我国辣椒优良品种匮乏，育种技术落后；生产以地方品种为主，品种类型单一，产量低、抗性差。

为了让老百姓都能吃到不同口味的辣椒，我们团队从 20 世纪 80 年代开展辣椒新品种选育研究，先后育成"湘研系列"、"兴蔬系列"辣椒新品种，品种各具特色，抗病性强，适应性广，满足市场细分需求，其中湘研 1~20 号、湘辣 1~4 号成为中国种植面积最大的辣椒品种。同时还创制 3 个骨干亲本（5901、6421、8214）及其衍生系 9001、9704A、9003、J01 - 227，育成品种 165 个，推广面积 1.2 亿亩，成为我国应用范围最广、推广面积最大的骨干亲本。

本书总结了我们团队最新有关辣椒品种选育、绿色栽培技术成果，以"品质、绿色、高效"为主线，重点介绍辣椒起源与传播、辣椒生物学特性、辣椒新品种选育、辣椒主栽品种、杂交辣椒种子生产、辣椒育苗技术、辣椒栽培技术、辣椒主要病害防治等内容，以供辣椒育种、栽培科技工作者与广大农民朋友参考。本书的出版，对我国辣椒产业转型升级，推动辣椒产业朝着高效化、高质化、高值化方向的健康发展提供科技支撑。

由于编者水平有限，书中错误难免，欢迎广大读者批评指正。

编者

2021 年 10 月 18 日

目　录

第一章　辣椒起源与传播

辣椒为茄科辣椒属一年或有限多年生草本植物，是一种重要的蔬菜作物和调味佳品。据 FAO 统计，2018 年有 118 个国家或地区种植辣椒，辣椒为世界第三大蔬菜作物。2018 年我国辣椒种植面积在 3400 万亩左右，种植面积和产值居我国蔬菜作物第一位。辣椒果实营养物质丰富，新鲜辣椒中维生素 C 含量高达 180 毫克/100 克，辣椒特有的辣椒素除在食品中利用外，还广泛应用于医药、军事、化工等领域。

一、辣椒起源与进化

辣椒起源于墨西哥、秘鲁等中南美洲，早期的野生辣椒是一种生长在亚马孙河丛林中的小浆果，成熟后果实颜色鲜红，成为鸟类的天然美食。但鸟类食用辣椒果实，只能消化果皮和果肉，而不能消化种子，这样随着鸟类季节性迁徙，辣椒生长区域不断扩大，穿越中美洲和加勒比海，进入北美洲的西南部。在不断地迁移过程中，由于栽培环境变化和当地居民根据消费习惯选择驯化，野生辣椒进化成为不同的栽培类型。

现有的研究公认辣椒起源于中南美洲。野生资源是物种起源的关键证据，在中南美洲热带地区，研究人员发现了丰富的野生种和近缘种质资源。考古人员在墨西哥中部拉瓦堪溪谷，公元前 6500—前 5000 年的遗迹中发现了一年生辣椒种子。在秘鲁海岸地区 2000 年前的遗迹中，也发现了下垂辣椒种子。语言也是研究植物起源的手段之一，通过研究旧大陆的古代语言，没有发现辣椒一词，从而推断辣椒并不起源于旧大陆。

学术界一般认为 5 个辣椒栽培种起源于 3 个不同的中心。墨西哥是一年生辣椒的初级起源中心，次级起源中心是危地马拉；亚马孙河流域是中国辣椒和灌木状辣椒的初级起源中心；秘鲁和玻利维亚是下垂辣椒、柔毛辣椒的初级起源中心。也有研究者基于地理信息、辣椒进化地、考古遗迹化石和辣椒特异淀粉形态分析，认为玻利维亚是辣椒最初的起源中心，不同种的次级起源地不同，一年生辣椒最初在墨西哥和中美洲北部被驯化，灌木状辣椒在加勒比海地区被驯化，下垂辣椒在玻利维亚低地被驯化，中国辣椒在亚马孙北部低地被驯化，柔毛辣椒（*C.pubescens*）在安第斯山脉南部被驯化。

关于辣椒进化还没有一致的结论。"单元进化假说"认为现在辣椒各种栽培种都是由 *C.frutescens* 种同一时间、同一地点进化而来。"三元进化假说"认为，*C.baccatum* 和 *C.pubescens* 分别由两个野生种进化而来，*C.annuum*、*C.frutescens* 和 *C.chinense* 由同一个野生种进化而来。

二、我国辣椒传播

辣椒在美洲作为香料使用有 8000 多年的历史，但在全球传播时间并不长。哥伦布开辟了新航海路线，于 1493 年将辣椒带回西班牙，才开启了辣椒传播之路。据相关资料考证，辣椒在 50 多年后的 1548 年才传入英国，16 世纪中叶传遍中欧各国。辣椒传入亚洲的时间差不多与欧洲相同，1542 年西班牙人和葡萄牙人将辣椒带到印度，1578 年传入日本，16 世纪末传入朝鲜和中国，到 17 世纪，许多辣椒品种传入东南亚各国。

由于多种原因，目前没有找到辣椒传入我国的明确时间。我国最早记载辣椒的文献是明朝高濂的《遵生八笺》（1591 年）："番椒，丛生花白，子俨秃笔头，味辣色红，甚可观，子种。"早 4 年的另一部相关农学书籍《学圃杂疏》（王世懋，1587 年）没有记载，考虑到从传入到种植，推测辣椒可能是 1570—1580 年传入中国。

关于辣椒在我国的传播途径，现有考察的文献书籍记载很少，目前主要有两种观点。第一种观点认为，辣椒在我国传播有两条路径：一经"丝绸之路"，在甘肃、陕西等地栽培，故有"秦椒"之称；一经东南亚海道进入中国，在广东、广西、云南栽培，现西双版纳原始森林里尚有半野生型的"小米椒"。第二种观点，通过分析比较全国地方志中最早记载辣椒的时间，发现第一种观点甘肃、陕西、云南、广西等省（区）记载时间较晚，广东、浙江、辽宁等省记载时间较早，推测辣椒可能是从海上传入浙江、广东、辽宁。第一支从浙江传入河北和湖南，再由河北传入西北，从湖南传入西南；第二支从辽宁传入东北；第三支从台湾传至福建及周边。

道光年间，清人吴其濬在《植物名实图考》中记载"辣椒处处有之"，说明我国辣椒栽培较多，生产区域已连成一片。19世纪后期，辣椒已从观赏用途转变为食用，形成了以辣椒调味为特色的湘菜和川菜。到民国时期，辣椒已作为一种主要蔬菜，在全国推广应用，许多清代不种辣椒或种植较少的地方如黑龙江、青海、西藏、河南、安徽、江苏等地，民国时期的地方志记载的数量增多。

随着我国改革开放，食辣人员流动和加工产业的发展，近40年辣椒产业快速发展，辣椒产区发生了较大的变化，辣椒在适宜生长的区域作为商品种植，形成了新的辣椒生产大省，种植面积和辣椒名气甚至大于湖南、四川、贵州等地。

三、辣椒分类

辣椒为茄科辣椒属一年生或有限多年生植物，遗传多样性非常丰富，仅在一年生栽培种内，就存在果形以及风味多样的不同变种。而要利用新的种质资源实现远缘杂交，明确种质的分类是基础前提。1753年林奈在《物种种志》一书中首次将辣椒分为两个种以来，很多学者根据自己搜集和研究的材料对辣椒资源进行分类研究，形成了林奈、贝利、史密斯、加佐布希等分类方法。林奈分类法是所有辣椒分类法的基础，国际植物遗传资源委员会综合各国学者的研究成果，于1983年确定了辣椒属5个栽培种。目前我国主要采用国际植物遗传资源委员会分类方法。

一年生辣椒，有多种类型，叶绿色，花白色，果实红色或黄色，果形有灯笼形、长羊角形、短羊角形、圆锥形、樱桃形等。

灌木状辣椒，也称木本辣椒，叶皱缩，花朵小、花乳白色或绿白色，花萼与花梗之间没有收缩状，果红色或黄色，辣味较强。

中国辣椒，叶皱缩，叶片大，花朵小、花冠暗白色，无斑点，花药蓝色，花萼与花梗之间有收缩状，果红色或黄色，辣味强。

下垂辣椒，有栽培和野生两种类型，分布于南美，花冠黄色或褐色、有褐色或棕色斑点，花药蓝色，果柄细长，果红色或黄色。

柔毛辣椒，主要分布于中美及南美，花冠紫色，花药紫色，果实圆形或卵圆形，成熟时黄色和红色，种子棕褐色，枝条上柔毛较多。

辣椒属5个栽培种中，一年生辣椒栽培种种植最多、应用最广。目前我国种植的辣椒品种以一年生辣椒为主，中国辣椒和灌木状辣椒在海南和云南等地有少量种植，海南黄灯笼和云南涮椒均属于中国辣椒栽培种。世界各地均以一年生栽培种分化最多、栽培最广。一年生辣椒栽培种类型多、变异大，其变种分类存在一些分歧，我国蔬菜学一般使用贝利分类法。综合不同学者的分类，结合我国一年生辣椒栽培种的类型，一年生栽培种主要有灯笼椒、长角椒、短锥椒、指形椒、簇生椒和樱桃椒等6个变种。

除植物学分类外，根据生产需要，消费者和生产者还将辣椒按园艺性状、成熟期等进行分类。根据果实形状分为灯笼椒、泡椒、牛角椒、羊角椒、线椒、朝天椒等类型，一些文献资料在描述果实形状时也使用这些名词。根据果实成熟期分为早熟、中熟、晚熟三种类型，还有的育种单位为了详细说明品种特性，将成熟期更进一步细分为极早熟、早熟、早中熟、中熟、中晚熟、晚熟和极晚熟等。果实辣味程度分类，辣味是辣椒的特殊风味，为了方便消费者对辣味强度的了解，在产品说明时将辣椒分为甜椒、微辣椒和辛辣椒三种基本类型。其他分类：根据辣椒产品的用途将辣椒分为鲜食型、粗加工型和精加工型三大类；根据适宜栽培条件将辣椒分为露地栽培、保护地栽培两大类。

辣椒素类物质含量影响辣椒的辣味强度，我国制定了辣椒素类物质测定及辣度表示方法标准，用辣度表示辣椒素含量，1度＝150（SHU）。湖南地方标准将辣味分为10级，每级对应的辣椒素含量如表1-1。

表1-1　　　　辣度级别与辣椒斯科维（SHU）换算对应表

SHU	0～500	500～1000	1000～1500	1500～2500	2500～5000	5000～15000	15000～30000	30000～50000	50000～100000	＞100000
辣度级别	1	2	3	4	5	6	7	8	9	10

四、辣椒营养价值与功能

由于辣椒既可鲜食，又可干制或加工变成调味品，是人们非常喜欢的蔬菜作物。辣椒果实营养丰富（表1-2），除特有辣椒素和辣椒红素外，还含有维生素C、胡萝卜素、尼克酸等物质。每100克鲜辣椒含维生素C高达185毫克，是番茄含量的10倍左右，在蔬菜作物中居首位。

不同的辣椒栽培种，辣椒素含量不同，辣椒素含量最高的是中国辣椒栽培种，已发现的最辣品种：Carolina Reaper（220万SHU）、orbhut野生种（467万SHU）。我国的高辣品种有涮涮辣（35.6万SHU）、海南黄灯笼椒（15万SHU）。目前用于做辣椒素提取的品种基本上为中国辣椒栽培种。同一栽培种不同品种辣椒素含量差异也很大，生产中经常使用的一年生栽培种，辣椒素含量高的可达1％，低含量的品种辣椒素类物质仅为0.01％，甜椒含量几乎为零。

辣椒表现为红色，是因为果实中含有辣椒红素和辣椒玉红素。不同的辣椒品种，辣椒红素含量不同。用于提取辣椒红素辣椒品种，一般要求果实中色价大于17。辣椒红素为天然食用色素，可用于食品、化妆品等行业。生产中的辣椒红素提取物，实际上是混合物，除辣椒红素和辣椒玉红素外，还含有玉米黄质、β-胡萝卜素和β-隐黄质，其中β-隐黄质具有抗氧化，抗肺癌功效，β-胡萝卜素是重要的抗氧化剂与天然着色剂；玉米黄质是重要的类胡萝卜素，是眼底黄斑的两种色素之一，能够保护视网膜不受蓝光损伤。β-胡萝卜素和β-隐黄质是膳食必要成分维生素A的合成基础。辣椒果实中含有丰富的维生素A等类胡萝卜素和抗氧化叶黄素的有色辣椒越来越受消费者欢迎。

表 1-2　　　　　　　　　辣椒（甜椒）主要营养成分　　　　　（每100克食用部）

成分	辣椒	青甜椒	红甜椒	番茄
水分/克	92.4	93.9	91.5	95.5
蛋白质/克	1.6	0.9	1.3	0.9
脂肪/克	0.2	0.2	0.4	0.3
碳水化合物/克	4.5	3.8	5.3	2.5
粗纤维/克	0.7	0.8	0.9	0.4
灰分/克	0.6	0.4	0.6	0.4
钙/毫克	12.0	11.0	13.0	8.0
磷/毫克	40.0	27.0	36.0	29.0
铁/毫克	0.8	0.7	0.8	0.9
胡萝卜素/毫克	0.73	0.36	1.6	0.35
硫胺素/毫克	0.04	0.04	0.06	—
维生素 B_2/毫克	0.03	0.04	0.08	0.02
尼克酸/毫克	0.3	0.7	1.5	0.5
维生素 C/毫克	185.0	89.0	159.0	12.0

辣椒素为辣椒独有，长期食用辣椒，可以增加食欲，增强体力，改善怕冷、冻伤、头痛等症状。辣椒的食用功效主要体现在：①健胃。辣椒的辣味会对口腔和肠胃产生刺激，增加唾液与胃液分泌，增强胃肠蠕动，因此，有助于增强食欲、帮助消化。②预防胆结石。辣椒含有大量的维生素，尤其是维生素C含量较高，可以使体内多余的胆固醇转变成胆汁，预防胆结石形成。③预防心血管疾病。食用辣椒可以改善心脏功能，促进血液循环，从而减少血栓形成，预防心血管系统疾病。④减肥。辣椒通过扩

张血管，刺激体内生热系统，有效燃烧体内脂肪，加快新陈代谢，使体内热量消耗加快，从而达到减轻体重的效果。

五、我国辣椒产业现状

目前我国辣椒产业进入平稳发展阶段，播种面积稳定在 3400 万亩左右。近年来随着我国农村生产方式的改变，由于市场引导、产地环境优势、栽培模式和种植习惯，辣椒生产逐渐由分散种植向规模化转变，呈现出基地化、区域化等特点，形成了六大辣椒优势生产区，基本实现了周年均衡生产与供应。

1. 南方冬季辣椒北运生产区：包括海南、广东、广西、云南、福建等省（区），主要利用冬季温度高的气候优势，一般采用露地栽培，辣椒类型以牛角椒、线椒、泡椒、甜椒为主，少量朝天椒，产品以鲜食为主，是我国冬季主要的辣椒供应基地，供应季节 11 月至次年 4 月。

2. 高纬度夏秋北椒南运生产区：包括河北省张家口、承德、内蒙古赤峰及开鲁和东北三省，主要利用夏季温度凉爽的气候优势，一般采用露地栽培，辣椒类型有甜椒、牛角椒、线椒、羊角椒等，以鲜食为主，供应季节 6—10 月。内蒙古巴彦淖尔市是全国最大的脱水青椒、红椒生产加工基地，年生产加工能力达 5 万吨。

3. 高海拔（1000 米）辣椒生产区：包括甘肃、山西和长江流域的高山如湖北、湖南的武陵山区等地，利用高海拔地区夏季温度凉爽气候优势生产辣椒，一般采用露地栽培，辣椒类型以牛角椒、线椒为主，少量朝天椒、泡椒、甜椒，产品以鲜食为主，供应季节 6—9 月，补充东部和南部地区的夏秋淡季辣椒的供应。近年来山西省线椒面积在逐渐扩大，忻州市已成为湖南辣椒加工的主要原料基地。湖北的长阳山区发展中椒 6 号类型的泡椒，成为夏季泡椒的主要生产基地。

4. 保护地辣椒生产区：包括山东、河北、安徽、江苏和辽宁等地，充分利用我国的节能日光温室或大棚，在秋冬季生产辣椒，以甜椒、牛角椒和泡椒为主，供应季节 11 月至次年 3 月。其中淮河流域成为我国最大的辣椒秋延后栽培基地，以大果红辣椒为主，供应全国春节前后市场。

5. 嗜辣生产区：包括湖南、贵州、云南、四川、江西、湖北和重庆，露地栽培，一般 4 月定植，品种类型有线椒、牛角椒、朝天椒和泡椒，采收期 6—11 月。湖南樟树港辣椒和小冲辣椒、云南的丘北辣椒、贵州的遵义朝天椒、江西的永丰和高安的早辣椒、湖北麻城的早春泡椒、四川攀枝花的早辣椒、重庆的石柱县制干辣椒等是此区域的主要品种。该区域种植辣椒类型较多，鲜食和加工都有，一般以本地供应为主。

6. 加工辣椒生产区：包括河南、河北、新疆、山西、山东等地，以朝天椒和线椒类型为主，依托气候优势发展辣椒产业，产品主要用于制干辣椒或鲜椒腌制。新疆的昌吉市、博湖县、焉耆县等为干辣椒和加工辣椒色素的重要种植基地，品种有韩国的铁板椒、美国红椒、博辣红牛、红安 23 等；河北的鸡泽县，山西的忻州市种植线椒，是剁辣椒原料基地；河南的柘城和山东的金乡种植朝天椒，是我国最大的干辣椒生产基地。

六、辣椒产业发展趋势

1. 鲜食辣椒和加工辣椒生产面积平衡发展

我国辣椒播种面积近 3400 万亩，总产量近 7000 多万吨，近几年辣椒价格平稳或小幅下降，说明总供应量达到平衡，生产面积不宜过度扩张。但随着辣椒加工产业的发展，干辣椒（加工辣椒）种植面积将会增加，干辣椒（加工辣椒）与鲜食辣椒之间的生产面积将会有所调整，由市场的需求决定，最后达到一个新的平衡。

2. 辣椒主要产区将向差异化发展

目前我国辣椒已形成了六大优势产区，随着市场要求的变化，各产区将进一步优化品种结构和种植模式，突出区域特色。鲜食辣椒产区将更多地突出产地的环境优势、交通优势和品种的特色优势，形成以产品个性化和优质为主的核心竞争力，特别是本地特色辣椒品种的有限开发，提升辣

椒产品的品质与效益，开发满足居民对不同层次品质需求的产品。干辣椒
（加工辣椒）将集中于环境适宜辣椒生长、土地资源相对较多的区域或加
工企业所在区域或有传统种植习惯区域，形成以价格较低和产品质量为主
的核心竞争力，满足企业对成本的控制和产品质量的要求。

3. 辣椒生产将向绿色化和机械化方向发展

"大肥、大水和大药"的蔬菜生产模式已不适应我国现代农业生产的
发展，环境保护与高效生产已成为农业的基本要求，绿色生产将是我们发
展辣椒产业的唯一途径。通过大规模生产，采用生物、物理和农业等综合
技术防控病虫害，减少农药施用量；通过精准配方和肥水一体化设施，提
高肥料和水分的利用效率，减少肥料的施用量和灌溉水使用量。机械取代
人工的耕地、盖膜、移栽、施药、采收和去柄等农事操作已在少数生产地
区示范，机械化将进一步在辣椒生产中推广应用。

4. 加工产品将向多方位拓展

辣椒除做调味品外，其营养丰富、功能成分多，可在不同的领域拓展
用途。传统加工辣椒制品将向品质方向发展，满足不同层次居民对辣味的
需求。休闲食品的研发，利用辣椒的辣味和颜色，与其他食品混配，开发
成休闲零食产品。功能成分研发，辣椒碱的提取与产品研发，主要在食
品、医药、军事、海洋船舶等领域应用；辣椒红素提取与产品研发，主要
在食品和化妆品等领域应用；胡萝卜素类物质和降血糖成分——葡萄糖苷
酶抑制剂提取与产品研发，主要在医药领域应用。

第二章　辣椒生物学特性

辣椒是一种重要蔬菜作物，全世界 118 个国家和地区都有种植，在温带地区种植为一年生蔬菜，在热带和亚热带地区种植可以越冬，成为多年生蔬菜。新品种选育、杂交种子生产、绿色高效栽培都与辣椒不同生长发育阶段对外界环境要求息息相关。

第一节　辣椒形态特性

一、根

植物根系的作用一是固定植株，保持平衡；二是从土壤中吸收水分与营养，供应植株生长。"根深叶茂"充分说明根的重要性。与茄子、番茄相比，辣椒属浅根系植物，根系较为细弱，吸收根少，木栓化程度高，茎基部不定根发生少，因此表现为辣椒不耐涝、不耐旱，受到病害、沤根、烧根等伤害后，根系自主恢复能力弱。

辣椒幼苗定植后，主根垂直向下生长，并不断发生新的侧根。到辣椒生长旺盛期，多数根系分布在主茎周围，半径 30～40 厘米，根系多数集中在 10～25 厘米土层中。辣椒植株正常生长，土壤中多数根系为黄色，新生长的根毛和幼嫩根尖呈白色。虽然根系多，但只有新生长的根毛才能吸收水分和养分。尽管辣椒新生长的根毛寿命较短，但只要土壤的温度、水分和空气适宜，新根能持续不断地分化和生长发育。在土温 21 ℃、水分条件适宜的情况下，根毛发生最迅速。如果土壤中水分含量高或土壤板结不通气，幼根很容易受伤。

根系具有趋水性，土壤中水分含量适宜，根系强壮、数量多、分布均匀；当土壤中水分较少时，根系会向土壤深处水分含量多的土层发展。根系还具有趋肥性，土壤肥力适宜，根系生长良好、数量多且白嫩；当土壤缺肥时，根系会向土壤中有肥源方向生长，根系分布不均匀，呈偏态发展。

二、茎与枝

茎一般指辣椒植株第一分权以下的主枝，一般高 30～100 厘米，不同品种差异较大。分枝，一般指辣椒植株第一分权以上的枝条；侧枝指主茎上腋芽萌发出的枝条。茎和枝能支撑叶片均匀分布，有利于充分接受阳光，进行光合作用；支撑花和果实，使之处于有利于传粉、结果的位置；茎和枝外表皮运输叶片光合作用合成的碳水化合物，中间木质部运输根系吸收的水分与营养物质。

辣椒茎以上的分枝一般为 2 权分枝，少数为 3 权分枝，它们继续分权发育成为骨干枝。按辣椒的分枝习性，分枝应呈几何级数增加，呈对称式上升，但实际上往往一强一弱，形成若干个"之"字形的枝臂，一个枝臂上的节数因品种不同而异，一般可达 20 节左右。

早熟品种一般长势弱，分枝较多，节间较短，开展度大。晚熟品种一般长势强，分枝较少，节间较长，开展度小。早熟品种生长势弱，腋芽萌发早而多，侧枝上所结第一果实与"四门椒"同期，有利于增加早期产量，生产上一般予以保留。晚熟品种的侧枝萌发迟，经济价值不大，一般要摘除侧枝。

三、叶

叶片的主要功能是进行光合作用，合成辣椒生长发育所需要的碳水化合物，是制造营养物质的主要器官，另外一个功能是进行蒸腾作用。辣椒叶片不大，但数量多。辣椒单叶、互生、全缘、卵圆形、先端渐尖，叶面光滑、微具光泽。少数品种叶面密生茸毛（如墨西哥品种）。

生产中一般以辣椒叶片的长势和色泽作为衡量营养和健康状况的指标。生长正常的叶片深绿色、大小适中，新生叶片有生机。当全株叶色黄绿时，一般为缺肥症状。大部分叶色浓绿，基部个别或少数叶片全黄时，为缺水症状。氮肥施用多，则叶片宽，叶肉肥厚，颜色深绿，叶面光亮。如果施肥浓度过大，叶面变得皱缩，凹凸不平，顶部心叶相继变黄并有油光，椒农称之为"油顶""出大青叶"，并认为此症为落叶之前兆。

四、花

辣椒为两性花，雌雄同花，由花冠、花萼、雄蕊、雌蕊和花梗五部分组成，多数品种单生，少数品种簇生。辣椒属常异花授粉作物，虫媒花，异交率一般为5%～10%，有的品种异交率更高。生产中多数品种为一年生栽培种，花冠白色或黄白色，少数为浅紫色，由5～7片花瓣组成，一般6片花瓣。雄蕊由花药、花丝组成，雄蕊与花瓣数相同，也为5～7枚，一般6枚。花药紫色或浅紫色或黄色，开花时纵裂，释放花粉；花丝紫色、浅紫色、黄色、白色。雌蕊由柱头、花柱和子房三部分组成，子房绿色，柱头为紫色、黄色，柱头顶端有黏液，便于接受花粉。

不同辣椒栽培种，花的大小、颜色有差异，这也是区分5个栽培种的主要特征。一年生栽培种中，果实较大的甜椒品种，花蕾大而圆，果实较小的朝天椒品种，花蕾较小而长。当温度为25℃左右时，从现蕾到开花需7～8天，开花期2～3天。

辣椒花瓣打开、平展时，多数品种花药与柱头平齐或稍长，也有少数品种柱头长于花药。柱头与花药靠近，有利于花粉传到柱头上，实现授粉受精。一般长柱头品种，其天然异交率较高。辣椒花朵朝下，开花时花药纵裂，花粉立即散出；柱头上有刺状突起，花粉成熟时，柱头开始分泌黏液。花粉散开后，柱头便黏着花粉，10小时后，花粉管通过花柱到达子房完成受精，发育后形成种子。子房膨大发育成果实。

五、果实

辣椒果实为浆果，人们通常食用果皮。果皮与胎座之间为空腔，隔膜连接果皮与胎座，并将果实空腔分开，形成 2～3 个心室。不同品种，胎座大小和形状不同。有些品种胎座较大，呈圆锥形或长柱形，种子分布在胎座上；有些品种，只在果顶部有较小胎座，种子主要分布在胎座和隔膜上。

一年生栽培种，辣椒果实形状差异非常大，有灯笼形、长牛角形、羊角形、长线椒形、圆锥形、樱桃形等多种形状。如有果长近 40 厘米长的线椒、牛角椒，有果宽 15 厘米以上的大甜椒，也有小如稻谷的细米椒。果肉厚薄从 0.1 厘米到 0.8 厘米，单果重从几克到数百克，变化幅度大。果外形，果肩有凹陷、平肩、圆肩之分，果尖有细尖、钝尖和马嘴形之分，表皮有光亮、皱皮之分，果形有直、弯曲和螺旋之分，青果颜色有乳白色、黄色、浅绿色、绿色、深绿色之分，生物学成熟果颜色有红色、黄色等之分。这些都是辣椒果实的外观商品性，直接影响产品品质与销售价格。有些果肩形状，如凹陷果品种，在生长过程中因果肩积水引发病害，一般要求平肩和圆肩品种。

多数品种果实下垂生长，少数向上直立。辣椒育种家和生产者，习惯称第一个分杈上坐的果为"门椒"、第二层坐的果为"对椒"、第三层坐的果为"四门斗"、第四层坐的果为"八面风"，以后结的果实全部称"满天星"。

辣椒果实发育经过幼果、转色和红熟三个阶段，适宜的温度条件（25 ℃～30 ℃）下，辣椒开花到转色期需 25～30 天，到红熟期需 50～60 天。开花后 15 天，辣椒素开始合成，辣椒果实已具有商品性，生长到转色期，外形、重量达到最大，产量最高。高品质辣椒，根据品种特点，一般选择皮薄、口感好的嫩果上市。

六、种子

辣椒种子较小，扁肾形，表面微皱，略具光泽，多数品种的种子正常晒干后黄色或黄白色，柔毛辣椒栽培种的种子棕褐色。采种时，如果种子表面水分不能及时晒干，或经过水洗的种子，表面灰白色或黑色，无光泽。

辣椒种子千粒重一般 5～6 克，果实发育过程中温度对千粒重影响较大，如北方生产的种子，千粒重较大（6 克左右），海南生产的种子千粒重较小（5 克左右）。已有的研究证明，只要辣椒果实充分发育成熟，千粒重不影响种子的发芽率和发芽势。

辣椒种子寿命较长，贮藏寿命与贮藏条件有很大的关系。充分干燥的种子（含水量≤7％），密封包装，在 4 ℃条件下贮存 10 年，发芽率仍有76％。室温条件下不密闭包装贮存 1～2 年，发芽率只有 70％。目前我国杂交辣椒种子一般采用干燥低温贮藏，贮藏 4～5 年，发芽率还可保持在90％以上，达到国家一级种子标准，但发芽势有所下降。流通中包装好的种子，在室温条件下存放一年，发芽率和发芽势会明显下降，因此商品包装辣椒种子，使用期限不要超过一年。

辣椒种皮较厚，与茄科的茄子、番茄等蔬菜相比，发芽要慢，在25 ℃～30 ℃的条件下，辣椒种子经过 5～7 天后发芽。

第二节　辣椒生长与发育

辣椒从种子萌发、形成幼苗、开花结果到种子成熟，一般能在一年内完成。辣椒生长发育包括种子期、营养生长期和开花结果期等三个主要时期。

一、种子期

种子期，一般指从卵细胞受精开始到种子萌动结束，包括胚胎发育期和发芽期。

1. 胚胎发育期

胚胎发育期指从卵细胞受精开始到种子发育成熟。辣椒开花后，自花授粉或杂交授粉，柱头接受花粉，2 小时后花粉开始萌发，萌发管经过柱头，进入子房，与卵细胞结合，完成受精。随着果实从幼果发育为成熟果，卵细胞也完成从受精开始到种子成熟全过程，正常温度条件下，卵细胞受精后，经过 50 天左右的发育，能够正常发芽、生长。

2. 发芽期

发芽期是指种子萌动到子叶展开、真叶显露期。在温、湿度适宜且土壤通气良好的条件下，从播种到现真叶需 10～15 天。发芽时胚根最先生长，顶出发芽孔扎入土中，这时子叶仍留在种子内，继续从胚中吸取养分；下胚轴开始伸长，呈弯弓状露出土表面，进而把子叶拉出土表，种皮因覆土的阻力留在土壤中；子叶开始进行光合作用，制造营养物质，满足幼苗生长需求。

二、营养生长期

营养生长期一般指从第 1 片真叶显露到第 1 朵花现蕾的时期。营养生长期的长短因育苗期的温度和品种熟性的不同而有很大差异，育苗期影响更大。我国辣椒栽培可分为春夏、秋冬两季。春夏栽培面积大，种植范围广，是一种主要的栽培方式。冬季育苗，幼苗在低温寒冷、弱光寡照的逆境条件下缓慢生长，播种期在 10—12 月，苗期长达 120～150 天。秋冬栽培有设施大棚栽培和南方冬季露地栽培两种方式，育苗期在 7—10 月，温度在 25 ℃～30 ℃，幼苗期为 30～40 天。

健壮幼苗形态：苗高 14～20 厘米，基粗 0.3～0.4 厘米，叶片数 10 枚左右，单株根系鲜重 1.5～2.2 克，生长点还孕育了多枚叶芽和花芽。

辣椒幼苗生长出 2～4 片真叶，开始进行花芽分化。较大的昼夜温差、短日照、充足的土壤养分和适宜的湿度有利于花芽分化，使花芽形成早、花数多、花器发芽快。第一花节位高低，是辣椒熟性的一个重要指标，早熟品种要求第一花节位在8节以下。长期的生产实践发现，第一花节位与生长阶段温度有较大关系，有随温度升高而降低的趋势。如我们的早熟自交系5901，在湖南春夏栽培，冬季育苗，第一花节位7～8节，到海南10月至翌年2月南繁，第一花节位为6～7节。

三、开花结果期

开花结果期一般指第一分杈开花、坐果到采收完成的时期。结果期长短因品种和栽培方式而异，短的50天左右，长的达150天以上。开花结果期，辣椒植株不断分枝，不断开花结果，继门椒（第1层果）之后，对椒（第2层果）、四门斗椒（第3层果）、八面风椒（第4层果）、满天星椒（第5层以上的果）陆续形成，先后被采收。

前期植株生长和开花结果并重，只有生长旺盛的植株，才能获得高产。但不同的栽培季节和生长环境，前期田间管理不同。如湖南、江西等省，春夏季栽培，前期温度较低，雨水多，种植密度大、氮肥过量，容易引起植株徒长，导致开花结果延迟和落花落果，因此管理上以稳为主，控制营养生长，促进生殖生长。秋冬季栽培，前期正好是高温季节，管理上以促为主，前期苗生长旺盛，才能有高的产量。后期是辣椒产量形成的主要阶段，应加强肥水管理和病虫害防治，维持茎叶正常生长，延缓衰老，延长结果期，提高产量。

四、对环境条件的要求

1. 温度

辣椒起源于南美洲，整个生育期适宜温度在20 ℃～30 ℃，最适温度25 ℃。不同的生长发育阶段，适宜温度有差异。

发芽期。辣椒种子发芽适宜温度为25 ℃～30 ℃，超过35 ℃或低于10 ℃都不能较好地发芽。25 ℃时发芽需4～5天，15 ℃时需要10～15天，

12 ℃时需 20 天以上，10 ℃以下则难于发芽或停止发芽。

幼苗期。辣椒幼苗生长适宜温度，白天为 20 ℃～28 ℃，夜间为 15 ℃～20 ℃。温度低于 15 ℃时生长缓慢，温度低于 10 ℃时停止生长，低于 5 ℃时可能受冷害，低于 0 ℃受冻害。温度高于 30 ℃，促进幼苗生长，但超过 35 ℃，幼苗可能会受到热害。

生长发育期。昼夜温差 6 ℃～10 ℃比较适宜，白天 26 ℃～27 ℃、夜间 18 ℃～20 ℃生长较好。15 ℃以下花芽分化受到抑制，这就是温度低、开花少而慢的原因。20 ℃～25 ℃的温度适宜开花和坐果，低于 15 ℃或高于 35 ℃，坐果率下降。我国长江以南地区常因春季低温而落花，又因夏季持续高温开花多而结果少。

2. 光照

辣椒是喜光植物，除种子在黑暗中容易发芽外，其他生长发育阶段都要求充足的光照。比较而言，它较番茄、茄子和瓜类蔬菜耐弱光，过强的光照反而不利于其生长。辣椒生长发育过程中，光补偿点为 1500 勒克斯，光饱和点为 30000 勒克斯。辣椒在理论上属于短日照作物，在短日照条件下，开花结果较快，故春播可适当提前以促进早熟。辣椒对光周期影响不敏感，生产中可视为中光性作物，只要温度适宜、营养条件好，在光照长或光照短的条件下都能开花、结果。但生产中，如果田间周围的遮阳物或树引起光照不足，辣椒开花瘦小，易导致落花、落果。

3. 水分

辣椒在茄果类蔬菜中最耐旱，但品种之间差异较大。一般小果型品种耐旱能力强，即使在无灌溉条件下也能开花、结果，虽然产量较低，但仍可有一定收成。大果型品种耐旱能力较弱，水分供应不足常引起落花、落果，有果也难以长大。

空气湿度对辣椒的生长发育影响很大，一般空气湿度为 60%～80%时生长良好，坐果率高。湿度过大则有碍授粉，引起落花，诱发病害。辣椒在各个生长发育时期都要求足够的土壤水分，但土壤水分不能过多，否则会影响辣椒根系的发育和正常的生理功能，甚至发生"沤根"病害。

4. 空气

辣椒的种子发芽和根系生长对空气要求较高。在种子发芽过程中，浸种时间过长、种皮吸水过多、催芽时供氧不足、播种后床土板结，都会使萌动的种子因缺氧而死亡。土壤中的二氧化碳含量过高，对辣椒根系会产生毒害作用，使根系生长发育受到阻碍，因此，辣椒栽培要求土壤有良好的通透性。

5. 土壤

辣椒对土壤的要求并不严格，各类土壤都可以生长，但不同的土壤类型，要选择适宜的品种才能获得预期效果。以湖南省为例，土质黏重、肥水条件较差的缓坡红壤土，只宜栽植耐旱、耐瘠的线椒或可以避旱保收的早熟品种。土质疏松、肥水条件较好的河岸（或湖区）沙质壤土，栽植大果型品种能够获得果实大、产量高的效果。水稻田土适宜种植中等果型的牛角椒品种，利于稳产、保收。

辣椒对土壤的酸碱性反应敏感，在中性或弱酸性（pH 6.2～7.2）的土壤上生长良好。

6. 营养

辣椒对氮、磷、钾肥料均有较高的要求，整个生育期中，对氮的需求最多，占 60%，钾次之，占 25%，磷为第三位，占 15%，此外还需要吸收钙、镁、铁、硼、钼、锰等多种微量元素。足够的氮肥是辣椒生长结果所必要的，氮肥不足则植株矮、叶片小、分枝少、果实小。但是，偏施氮肥、缺乏磷肥和钾肥则易使植株徒长，并易感染病害。需要注意的是，辣椒喜硝态氮肥，硝态氮和铵态氮的适宜比例为 7：3。施用磷肥能促进辣椒根系发育并提早开花、提早结果。钾能促进辣椒茎秆健壮和果实膨大。

第三节 辣椒开花习性

一、开花

辣椒属常异交作物，以自交为主，异交率一般为5％～10％，有些品种异交率较高，可达15％以上。辣椒开花一般经过小蕾（青蕾）、大蕾（第二天开放）、松苞（花瓣中间部分开）、始开（花瓣顶端分开）和展开（花瓣全部打开）等五个阶段。科研配制组合和杂交种子生产，最佳授粉期在始开和展开阶段，但考虑到自花授粉影响杂交种子纯度，在杂交种子生产过程中，一般选择大蕾（松苞之前）去雄授粉，坐果率高，单果种子数较多。辣椒开花多在早晨6—8时，少数上午10时以后开放。当天温度对开花时间有影响，一般温度低，开花时间延迟，阴天开放较晚。正常温度和湿度，先开花，后裂药，裂药后则花粉大量散出。每朵花从开放到凋谢历时3天左右。

温度和空气湿度对开花时期和花药散粉时期都有较大影响。在天气炎热、空气干燥时，花朵发育时间会缩短，开花时间提前，有少量品种在大蕾期，花药开裂，花粉散出，这是辣椒杂交授粉产生自交果的主要原因，影响杂交种子的纯度。空气湿度较大，则花药散粉时间会延后，开花后才散粉，如华中地区在大棚中生产杂交辣椒种子，可选择大花蕾或松苞期花朵授粉。

辣椒喜光不耐阴。光照不足，辣椒开花延迟，花朵发育不良，花冠小、没有光泽，容易落花落果。

不同熟性的品种，第一花节位不同，早熟品种首花节位一般为6～7节，晚熟品种在14节以上。开花顺序以第一朵花为中心，以同心圆形式逐级开放，一般在第一层花开花后3～4天，上一层即可开放，如此由下而上进行。

在自然条件下，由于有菜粉蝶、蜜蜂、翅蚜、蓟马等昆虫的活动，经常造成不同品种（植株）花粉传到另外的品种（植株），引起生物学混杂。因此，进行自交系和地方品种繁育、杂交种子生产时，不同品种间应注意空间隔离，一般距离不小于 500 米，也可采用物理隔离，如防虫网、大棚隔离。

二、授粉受精

辣椒开花后，柱头接受花粉，这一过程称为授粉。落在柱头上的花粉在适宜温、湿度条件下萌发并形成花粉管，通过花柱进入子房，与雌配子结合，完成受精。一般授粉后 8 小时开始受精，24 小时后完成受精。

现有的研究表明，当天开放花朵的花粉活力最强，授粉后坐果率最高，开花前 1 天的花粉活力次之，开花后 1 天的花粉则活力明显下降。雌蕊在开花前 2 天就具有受精能力，但以开花当天受精能力最强，开花前 1 天次之，开花后 2～3 天雌蕊受精能力明显减弱或丧失。

辣椒花粉萌发快慢与授粉后温度高低紧密相关。适宜萌发温度为 20 ℃～27 ℃，甜椒萌发温度偏低，辣椒稍高，花粉萌发快；温度低于 15 ℃或高于 35 ℃，则花粉萌发速度减慢或不萌发。辣椒花粉贮存在温度为 20 ℃～22 ℃、空气相对湿度 50％～55％的条件下，生活力能保持 8～9 天。

第三章 辣椒新品种选育

"一粒种子改变一个世界"，已有的研究表明，良种在农业增产中的贡献率达到 43% 以上。相对其他农作物，我国辣椒杂种优势利用研究起步较晚，20 世纪 80 年代初，科技部组织国内十余家科研单位和大学开展辣椒育种科技攻关，辣椒才开始杂种优势的利用研究。经过近 40 年的发展，相继育成一批抗病性较强、产量高的新品种，生产上主栽品种国产率达 95% 以上，支撑了我国辣椒产业的快速发展。目前我国鲜食辣椒，90% 以上为 F_1 杂交种，但用于加工辣椒的多为地方品种，杂交种率 40% 左右。国内主流辣椒品种主要采用双亲或三亲杂种优势育成，近年来，辣椒雄性不育利用研究取得了较大进展，并选育了一批新品种。

第一节 辣椒种质资源搜集与评价

种质是亲代通过生殖细胞传递给后代的遗传物质。遗传物质往往存在于特定的品种之中，如古老的地方品种、新培育的推广品种、重要的遗传材料以及近缘种和野生种，都属于种质资源的范围。我国地域辽阔，气候、土壤类型复杂，栽培制度多样，形成了我国十分丰富的辣椒品种资源。

一、辣椒种质资源的搜集

1. 种质资源搜集的意义

种质资源是育种的物质基础，种质资源选择是否恰当，是育种成败的关键。农作物育种的历史证明，每一次重大育种的突破都是在利用优良资源的基础上完成的。从某种意义上讲，未来农业的发展在很大程度上取决于掌握和利用作物种质资源的深度和广度。

随着生物技术的快速发展，各国围绕重要性状基因发掘、创新以及知识产权保护的竞争越来越激烈。人类未来面临的食物、能源和环境危机的解决，都有赖于种质资源的占有，作物种质资源越丰富，基因开发潜力越大，生物产业的竞争力就越强。

随着气候、自然环境变化，商品杂交种子的普及，特别是种植业结构和土地经营方式等的改变，大量地方品种迅速消失，作物野生资源、近缘资源也因其赖以生存繁衍的栖息地遭受破坏而急剧减少。

我国非常重视品种资源的搜集工作。自"六五"计划以来，辣椒品种资源的搜集与研究被列入了国家科技攻关项目。1979—1985 年，我国重点对云南、西藏、湖北神农架地区进行了种质资源的考察搜集，发现了一些有开发利用价值的蔬菜植物新变种、新类型及近缘野生种。辣椒种质资源的搜集与扩繁由国内 20 多个科研和教学单位承担，搜集到的种质资源统一编号保存在国家种质资源库。2015 年农业部组织开展了第三次全国农作物种质资源普查与搜集行动。

目前世界上辣椒种质资源的搜集保持情况为：美国 4748 份、俄罗斯 2313 份、法国 1150 份、中国 2248 份。我国国家种质资源库搜集了大量的地方辣椒种质资源，抢救保存了一批珍稀材料，为我国辣椒育种奠定了物质基础，育成了一批辣椒新品种，支撑了我国辣椒产业的发展。

2. 种质资源搜集的途径

辣椒世界各地都有种植，随着交流频繁，种质资源搜集途径也越来越多。

考察搜集。考察搜集一般是政府行为，由政府组织的大型种质资源考察搜集活动。1978—1982 年，为开展全省范围内的蔬菜品种资源调查，湖南省农业科学院以辣椒为代表进行了调查试点，在 33 个市（县）的 35 个辣椒重点产区，调查采集了辣椒品种材料 53 份。1982—1985 年，对湖南省 68 个县市开展蔬菜品种资源调查、搜集工作，征集蔬菜品种材料 556 份，其中 316 份已编入中国蔬菜品种资源目录，保存了种子 400 多份。共调查蔬菜品种 1331 个，搜集种子 1078 份，其中辣椒，拍摄照片 695 张，上缴中国农业科学院种子 885 份，完成了"湖南省蔬菜品种资源目录"的编写工作。2015 年农业部组织开展了第三次全国农作物种质资源普查与搜集行动，收集了大量的辣椒地方品种资源。

征集。在国内外、省内外发信征集。1971—1982 年我国先后从 85 个国家和国际组织引进各种作物 93607 份。

交换。国内外公益性研究单位、育种单位间开展品种资源交流，互通有无，是目前品种资源交流的主要形式，但数量有限，有些交换资源在育种使用上也存在条件，还有可能涉及知识产权。

引进。根据自己的需求，有计划地从国外引进。我国主要从世界蔬菜研究中心、美国国家资源库等引进辣椒资源，湖南省蔬菜研究所从世界蔬菜研究中心引进辣椒资源 262 份，从美国国家资源库引进资源 1000 份，包括 5 个辣椒栽培品种。引进资源是目前比较快速的收集资源的方法，但各国对种质资源保护越来越严格。

购买。购买的主要是商品品种。目前国内市场上辣椒商品品种很多，有国内品种也有国外品种。通过杂种后代可以分离纯化创新种质资源。

3. 种质资源收集工作的要点

正确取样。在田间收集品种资源时，应采取正确的取样策略，即由近及远以尽可能少的样本获得尽可能丰富的遗传性变异。取样地点应尽可能的多，使取样地点能充分代表该作物或野生种分布地区的环境条件。

准确记载。搜集资源的同时，要详细、准确记载资源信息，记载的主要内容包括材料名称、原产地、搜集地点和日期、收集人、搜集途径和原产地的自然特点、生产条件、栽培要点以及该资源主要的特征特性，有条件的可以拍下植株和果实照片。

归类整理。对所搜集的资源进行归类整理，并登记编号，以后有鉴定评价结果，也要归类存档。

妥善保存。搜集到的辣椒果实，对果实进行拍照，记载果实性状，取种子晾干，干燥器内保存。搜集到的种子，直接在干燥器内保存。搜集到的植株，必须带土，尽快移栽到有隔离措施的棚室，收种保存。

种质资源库。种质资源保存分超长期库、长期库、中期库和短期库。超长期库：温度－18 ℃，相对湿度 40%左右，贮藏期为 50 年。长期库：温度－10 ℃以下，相对湿度 30%～40%，贮藏期为 30 年以上。中期库：温度 0 ℃～5 ℃，相对湿度 30%～40%，贮藏期为 15 年左右。短期库：温度 10 ℃～15 ℃，相对湿度 50%～60%，贮藏期为 1～3 年。科研单位、育种机构少量的种质资源一般采用玻璃干燥器保存，也有的采用双层薄膜袋＋干燥剂保存。

二、辣椒种质资源鉴定与评价

1. 辣椒种质资源鉴定内容

辣椒种质资源的鉴定包括植物的生物学鉴定（形态特征、生物学性状）、抗逆性鉴定、抗病虫性鉴定和经济性状鉴定。

（1）生物学鉴定

形态特征鉴定。在辣椒生长发育各阶段，对根、茎、叶、花、果实等器官的基本形态进行观察和描述，参照植物学形态描述的标准和术语进行记载。主要包括外观的性状、大小、颜色、色泽以及必要的度量记载。质量性状一般进行描述，数量性状进行测量。

生物学特性鉴定。辣椒资源在所生存的环境条件下，经过自然选择和人工选择，长期适应而形成的生物学特点，也就是辣椒种质资源在生长发育过程中对温度、光照强度、光照时间、水分、土壤的物理结构和化学组成等环境因素的要求，以及对这些因素变化的忍耐程度。生物学特性记载的内容主要有环境因素、物候期、植物生长发育状况，这实际上是一种自然环境下的鉴定，也是对植物抗病、抗逆等性状的一个初步鉴定。

（2）抗逆性鉴定

不利于植物生长发育的恶劣环境，如干旱、水涝、盐碱、瘠薄、高温、低温等，统称为逆境。抗逆性鉴定有自然逆境鉴定、人工模拟逆境鉴定、间接鉴定等。辣椒资源的抗逆性鉴定，在生物学初步鉴定的基础上，采用人工模拟逆境再鉴定。也可通过研究逆境条件下的相关指标（如酶活性、电导率等），在此基础上进行间接鉴定。

（3）抗病虫性鉴定

辣椒主要病害有炭疽病、疫病、青枯病、白粉病、疮痂病、烟草花叶病毒、黄瓜花叶病毒、马铃薯 Y 病毒、番茄斑萎病毒等；虫害主要有粉虱、蚜虫、烟青虫、蓟马、茶黄螨等。病虫害的鉴定一般采取自然鉴定与室内接种鉴定、室内分子鉴定相结合。

（4）经济性状鉴定

物候期与熟性。物候期指辣椒的开花、结果、采收等时期，反映辣椒种质资源的熟性。辣椒熟性一般分为早熟、中熟和晚熟，熟性与产量、生产季节密切相关，如春提早栽培品种要求熟性早。

产量。在辣椒种质资源鉴定中，一般鉴定早期产量和总产量。早熟品种早期产量更重要，中晚熟品种主要是鉴定总产量。

品质鉴定。品质是植物种质的另一个重要经济性状。辣椒的品质包括商品品质（果实外观商品性、耐贮运能力）、加工品质（辣椒素、辣椒红素、干物质含量等）、风味品质（口感和风味物质）和营养品质（蛋白质、维生素 C 含量等）等。

2. 辣椒种质资源鉴定方法

对种质资源的鉴定需要统一标准。多年的辣椒种质资源研究，制定了一些标准，已建立了一个相对完善的鉴定体系，便于育种家、生产者进行科学研究。但目前我国对辣椒虫害鉴定描述很少。

（1）中华人民共和国农业行业标准 NY/T 2234—2012《植物新品种特异性、一致性和稳定性测试指南 辣椒》，该标准规定了 55 个性状。植物新品种保护和新品种登记都必须进行 DUS 测试。

（2）《辣椒种质资源描述规范》（国家农作物种质资源平台，国家作物科学数据中心），该描述规范与 DUS 测试标准大致相同。

（3）《中华人民共和国农业行业标准 NY/T 060.1—2011 辣椒抗病性鉴定技术规程第 1 部分：辣椒抗疫病鉴定技术规程》。

（4）《中华人民共和国农业行业标准 NY/T 060.2—2011 辣椒抗病性鉴定技术规程第 2 部分：辣椒青枯病鉴定技术规程》。

（5）《中华人民共和国农业行业标准 NY/T 060.3—2011 辣椒抗病性鉴定技术规程第 3 部分：辣椒抗烟草花叶病毒病鉴定技术规程》。

（6）《中华人民共和国农业行业标准 NY/T 2060.4—2011 辣椒抗病性鉴定技术规程第 4 部分：辣椒抗黄瓜花叶病毒病鉴定技术规程》。

（7）中华人民共和国国家标准 GB/T 21266—2007《辣椒及辣椒制品中辣椒素类物质测定及辣度表示方法》。

（8）《NY/T 2475—2013 辣椒品种鉴定技术规程 SSR 分子标记法》。

（9）《辣椒炭疽病室内抗性鉴定技术规程 DB 43/T 954—2014》。

（10）《辣椒抗疮痂病室内鉴定技术规程 DB 43/T 983—2015》。

（11）《辣椒抗白粉病室内鉴定技术规程 DB 43/T 984—2015》。

（12）《辣椒耐低温性鉴定技术规程 DB 43/T 989—2015》。

（13）《辣椒耐弱光性鉴定技术规程 DB 43/T 990—2015》。

（14）《辣椒素含量测定取样规程 DB 43/T 994—2015》。

（15）《辣椒红色素含量测定取样规程 DB 43/T 993—2015》。

（16）《辣椒种质资源繁殖与保存技术规程 DB 43/T 1243—2016》。

3. 辣椒种质资源鉴定

随着辣椒育种的需要和育种技术的发展，辣椒种质资源鉴定也从一般鉴定向精准鉴定、分子鉴定方向发展，为挖掘更多的优异资源、服务细分的品种需求奠定基础。

一般鉴定。运用已有的评价标准对辣椒种质资源进行田间和室内鉴定。

精准鉴定。就是"精"挑细选在产量、品质、抗病虫、抗逆、高效等方面至少具有 1 个突出优异性状的种质资源，以骨干亲本和主栽品种为对照，建立大群体、多个生态区种植，综合集成表型与基因型鉴定技术，系统鉴定相关表型与基因型，揭示遗传构成与综合性状间的协调表达，并依据育种与生产需求，"准"确评判各材料的可利用性以及如何有效利用，解决育种亲本贫乏的问题。

分子鉴定。近年来，随着现代生物技术的发展，分子生物学向其他生物学科的渗透，利用现代生物技术，从分子水平上对辣椒种质起源进化、遗传多样性、抗病虫特性、有效成分含量等方面进行快速、精确地鉴定分析。

4. 辣椒种质资源评价

辣椒种质资源鉴定是评价的基础。收集到辣椒种质资源后，在标准的生产基地统一种植，一般每份资源种植 30 株左右。辣椒为常异花授粉作物，为避免生物学混杂，要采用网纱隔离、空间隔离或采用包花、同株授粉等方法繁殖保纯。在辣椒生育期内，进行生物学、抗逆性、抗病虫性和经济性状初步鉴定。在此基础上，按辣椒资源鉴定标准，进一步对抗逆性、抗病虫性和品质性状进行室内鉴定。

综合比较各辣椒种质资源的生物学性状、抗病虫性、抗逆性以及产量、品质、熟性等，按评价标准，给出一个评价意见。通过评价，筛选出一批优良种质资源，挖掘出一批特异种质资源。

第二节　辣椒育种技术

育种技术就是通过创造遗传变异、改良遗传特性，培育优良动植物新品种的技术。育种技术以遗传学为理论基础，综合应用生态、生理、生化、分子、细胞工程、病理和生物统计等多种学科知识。随着辣椒育种目标的改变，原有的辣椒资源和自然突变材料已不能满足育种要求，需要通过人工诱变和分子辅助选择等育种技术，创造新的材料和高效选择材料，提高育种效率。

一、诱变育种技术

诱变育种依据的原理是基因突变，利用物理、化学等因素诱发生物体产生基因突变，以创造新材料。诱变育种技术通过拓宽遗传基因范围、创新种质资源，在短时间内极大地丰富育种材料。诱变育种技术在创制具有高产、早熟、矮秆、不育等农艺性状方面取得了丰硕的成果，但也存在一定的局限性，主要表现为诱发有益突变的频率低，诱发突变的方向和性质难以控制。

1. 辐射诱变育种

辐射诱变有着常规育种和杂交育种不可替代的特殊效应，通过辐射诱变不仅可以改良品种，而且可以创造新的种质材料。目前辣椒育种中一般用 α 射线、β 射线、γ 射线、X 射线、中子和其他粒子、紫外辐射以及微波辐射等物理因素诱发变异。王兰兰等（2008）用钴 60－γ 射线处理兰州大羊角椒干种子，经过多代选择，选出了性状稳定的自交系 C14。

2. 空间诱变育种

空间诱变育种是指利用返回式航天器或高空气球所能到达的空间环境（宇宙射线、微重力、高真空、弱地磁等因素）对植株、种子等的诱变作用而产生有益变异，在地面选育新种质、新材料，培育新品种的育种技术，已发展为一种诱变育种的新途径。我国航天育种始于 1987 年，1987 年首次实现了种子的太空之旅。2011 年航天育种被正式列入"十二五"国家战略新兴产业发展规划，2015 年空间诱变育种被列入了"十三五"重点研发计划。开展辣椒航天育种最早的是黑龙江省农科院园艺研究分院，郭亚华等（2004）选育出具有高产、优质的空间诱变"宇椒一号"（原代号"卫星 872"）甜椒新品种，还选育出一批具有不同特色的辣椒新品系。

2006 年通过航天育种又选育了"宇椒二号"甜椒，并通过了黑龙江省农作物品种审定。天水神舟绿鹏农业科技有限公司选育"航椒"系列辣椒品种近 20 个，并大面积应用于生产。

3. 化学诱变育种

化学诱变育种是用化学诱变剂处理植物材料，以诱发遗传物质的突变，从而引起形态特征的变异，然后根据育种目标，对这些变异进行鉴定、培育和选择，最终育成新品种。化学诱变的药剂有三类，一类是烷化剂，一类是核酸碱基类似物，还有其他如亚硝酸、叠氮化钠、秋水仙碱等。甲基磺酸乙酯诱变是目前最为有效的植物化学诱变方法之一，因其具有诱变频率高、点突变多等优点，被广泛用于植物育种。甲基磺酸乙酯诱变在植物育种上的应用，打破了传统的植物育种方式，获得的突变群体对培育植物新品种和丰富植物种质资源具有重要意义。湖南省蔬菜研究所选用辣椒骨干亲本"6421"进行甲基磺酸乙酯处理，构建了"6421"辣椒突变体库，含有 562 个家系突变体，突变类型可归纳为叶、茎秆、果实、育性、生育期等 5 个类别，突变植株数分别占总突变植株数的 12.73%、21.56%、6.92%、45.33% 和 13.46%。

二、单倍体育种技术

单倍体育种主要是指通过花药培养或游离小孢子培养的方式得到单倍体植株，再经秋水仙碱等处理加倍为双单倍体，从而直接获得纯合的品系。单倍体培养从开始培养到获得纯合的自交系需一年左右的时间，可以大大缩短育种年限，加速育种进程。辣椒单倍体培养有花药培养和游离小孢子培养两种方法。花药培养是指在无菌操作下，将发育到一定阶段的花药接种到人工培养基上，诱导花粉单性发育和分化形成植株。游离小孢子培养是指将花粉粒从花药中分离出来，以单个花粉粒作为外植体，进行直接离体培养，使花粉粒分化，发育成植株。1973 年，中国和印度首次报道通过花药培养获得了辣椒单倍体植株，但目前辣椒单倍体培养还存在转化等限制。

1. 辣椒花药培养条件

（1）材料基因型

无论选择哪种方式离体诱导形成单倍体，基因型都是诱导成功的关键，这不单单存在于物种间，在物种内也有所体现。现有的研究表明，辣椒存在顽固的基因型依赖性，相同的培养条件下，不同的基因型诱导频率差异很大。胚状体诱导率差异较大的两种基因型杂交后代的诱导率处于两者之间，因此可以通过此方法改善低诱导率的基因型。大果型品种相较小果型诱导率高，且甜椒比辣椒在单倍体诱导方面更具优势。

（2）材料生长状态和环境

在适合的温度条件下，幼龄植株花药培养的效果最好。16 ℃～30 ℃条件下生长的材料，花药培养均能得到单倍体，以 26.4 ℃最为适宜，且随株龄增大，诱导率明显下降。也有研究表明，在温室中生长的材料比露地材料出胚率高。

（3）花粉发育时期

花粉发育时期是花药培养成功的关键因素之一。花粉发育主要分为三个时期：四分体时期、小孢子时期和花粉成熟期。辣椒单倍体诱导多选用小孢子发育时期中单核靠边期的花蕾，此时小孢子刚好处于第一次有丝分裂阶段，最适于诱导向单倍体方向发育。该时期花朵的花萼和花瓣等长或花瓣稍长一点，且花药末端为淡紫色。不同品种辣椒花萼与花瓣比与单核靠边期小孢子比例关系不尽相同，所以在采集后应在荧光显微镜下观察。第一朵花现蕾后，一个月内产生的花蕾都适宜作为离体诱导材料。后期花粉活力降低，诱导率和再生率都有所下降。

（4）预处理

对供体材料的预处理是引发小孢子从配子发育转向孢子体发育，诱导小孢子胚发生的重要措施。预处理包括对整个植株、穗、花芽（花蕾）、花药或游离小孢子的处理，处理手段有冷、热、饥饿等预处理方法。热处理是辣椒花培中最有效的一种预处理方式。

（5）培养基

培养基的类型对于胚状体诱导率有着重要影响。小孢子的基本培养基多借用同种花药培养的培养基，辣椒小孢子培养一般用 MS、改良的 White 和 B 培养基。李春玲等经过多年的摸索，配制出 SPD 培养基，取得了很好的培养效果。

（6）碳源

添加一定浓度的糖类物质既可作为碳源，又具有维持培养基渗透压的作用，常用的糖类物质有蔗糖、麦芽糖。现有的研究表明，添加蔗糖的培养基所获得的胚状体在数量和质量上均优于麦芽糖，以 9％的蔗糖诱导效果最好。也有研究表明，无碳源的花药预培养对提高小孢子存活率作用明显。

（7）活性炭

在培养基中添加活性炭，可吸附培养过程中小孢子释放的毒性代谢物质，如 ABA 和酚类化合物等，从而促进小孢子胚的发生、发育。活性炭对小孢子胚的形成是必需的，且活性炭的最适浓度为 1％，低浓度的活性炭可增加小孢子胚总产量和子叶形胚产量，高浓度的活性炭会影响小孢子胚的成苗。

（8）温度和光照

一般培养温度为 25 ℃～28 ℃，温度过低或过高都不利于愈伤组织和胚状体的产生。光照对小孢子培养也比较敏感，在红光培养条件下形成胚所需的时间比在黑暗中缩短 5 天。

（9）附加成分（激素配比）

激素对细胞脱分化形成愈伤组织及其生长有决定性作用。激素种类配比不同，花培效果明显不同。王立浩等研究发现，50～100 微摩尔/升硝酸银、50 微摩尔/升维生素 C 均可以通过降低组织褐化程度来提高胚状体的发生率。

2. 单倍体的繁殖

（1）幼苗的移栽

培养出辣椒单倍体幼苗，移栽到土壤后能否成活，与苗龄和苗情关系很大。具 4～7 片真叶，根、茎、叶和生长点均正常的幼苗最易移栽成活。移栽前对花盆和培养土要进行消毒，花盆消毒用 0.1% 高锰酸钾水溶液浸泡 1～2 小时即可，培养土可以用购买的已消毒的栽培基质，移栽前洗干净幼苗根上的培养基，7 天后逐步将幼苗移至室外或温室。移栽后将幼苗置于原培养条件下培养。

（2）染色体加倍

无论是通过花药离体培养还是游离小孢子途径，所获得的再生植株都有可能是单倍体及双单倍体混合，且两者比例与辣椒品种有关。因此，在染色体加倍前，应对植株进行倍性鉴定，具体方法包括根尖压片染色体计数法、花粉粒大小判别法、保卫细胞长度测量法、气孔保卫细胞叶绿体计数法等。经鉴定为单倍体的植株，当幼苗长到 8～10 片真叶时，选择生长健壮幼苗，用氟乐灵、胺磺灵或 0.2%～0.3% 秋水仙碱涂抹生长点加倍，处理 12 小时。

（3）花药培养后代的选择

花培植株是由一套染色体加倍而成的双单倍体，其主要性状能够保持系内的稳定性和遗传的稳定性，根据育种目标，对加倍后代进行选择。

3. 辣椒单倍体育种的成就

北京市海淀区植物组织培养技术实验室是我国最早开展辣椒单倍体育种的单位。李春玲等利用从国外引进的品种 782031，通过花培获得了多个花培品系，于 1982 年成功选育出了国内第一个用花培法育成的辣椒品种海花 3 号，以后他们又相继育成了海花系列、海丰系列等多个辣椒品种，并应用于生产。花培育种一是直接育成新品种，如海花 1 号、海花 3 号、海花 31 号等；二是用杂交育成方法选育海花 29 号、海花 19 号等新品种；三是以花培品系作为亲本，配制杂交组合，育成杂种一代新品种，如海丰

23号。以花培品系作亲本配制杂交种是单倍体育种的主要方向。

三、分子标记辅助育种技术

分子标记辅助育种是指将分子生物学技术应用于辣椒育种中，在分子水平上进行选择，提高选择精准度，加快育种效率。

1. 分子标记类型

近年来分子生物学发展迅速，开发辣椒重要性状标记类型较多。RFLP（限制性内切酶酶切片段长度多态性）标记，为发展最早的 DNA 标记技术；RAPD（随机扩增多态性 DNA）标记，广泛地应用于品种鉴定、系谱分析及进化关系研究；SSR（简单序列重复，微卫星）标记，广泛用于遗传图谱的构建、目标基因的标定、指纹图的绘制等研究；ISSR（简单重复序列区间多态性）标记，广泛应用于植物种质资源鉴定、进化与亲缘关系分析、遗传多样性与遗传结构检测、遗传作图、基因定位、分子标记辅助育种等方面的研究；AFLP（PCR 扩增限制性内切酶酶切片段长度多态性）标记，是一种新的而且有很强功能的 DNA 指纹技术；SNP（单核苷酸多态性）标记，在进化、种群演化等领域取得了一系列重要成果；SCAR（特定序列扩增）标记，是由 RAPD、SRAP、SSR 标记转化而来，成为分子标记在育种实践中能直接应用的首选标记（表 3-1）。

表 3-1 　　　　　　　　　主要类型 DNA 分子标记比较

主要类型	RFLP	RAPD	ISSR	AFLP	SSR	SNP	SCAR
遗传特点	共显性	多数显性	共显性	多数显性	共显性	共显性	共显性
多态性	中等	较高	较高	高	高	极高	—
检测基因座位数	1～3	1～10	1～10	20～200	1	>100	—
DNA 质量要求	高	低	低	高	中等	高	—
DNA 用量	2～10μg	10～25 ng	25～50 ng	50～100 ng	10～100 ng	1～50 ng	—
技术难度	高	低	低	中等	低	极高	—

续表

主要类型	RFLP	RAPD	ISSR	AFLP	SSR	SNP	SCAR
放射性	是	不是	不是	是	不是	不是	不是
可靠性	高	低	高	高	高	高	高
耗时	多	少	少	中	少	很少	少
成本	高	较低	较低	较高	中等	高	高

2. 构建辣椒分子遗传图谱

最初是用单一分子标记构建辣椒连锁图，随着分子生物学技术快速发展和图谱研究的深入，目前利用 RFLP、SSR、CAPS、AFLP 等分子标记技术，建立了 20 多张比较完整的种内和种间辣椒分子遗传连锁图谱，将辣椒主要功能基因和农艺性状定位在染色体上，为辣椒分子育种提供理论依据。

3. 分析辣椒遗传多样性和物种亲缘关系

目前，分子标记技术已经被广泛地运用到辣椒种质资源遗传多样性的研究中。通过分子标记技术，区分栽培种和野生种，并将辣椒资源进行聚类，分析资源之间的亲源关系。

4. 辣椒分子标记辅助选择技术

分子标记辅助选择的基本原理是通过利用与目标性状基因紧密连锁的分子标记，对目标性状进行精准选择。分子标记辅助选择程序包括：准确定位目的基因，基因与分子标记间的遗传距离越小越好；分子标记最好可以转化为稳定的标记，如 SCAR、SSR、CAPS 标记；利用分子标记首先检测亲本间的多态性；用分子标记在分离群体中辅助选择。

利用分子标记与决定目标性状基因紧密连锁的特点，通过检测分子标记，即可检测到目的基因的存在，达到选择目标性状的目的，具有快速、准确、不受环境条件干扰的优点。可作为鉴别亲本亲缘关系，回交育种中数量性状和隐性性状的转移、杂种后代的选择、杂种优势的预测及品种纯度鉴定等各个育种环节的辅助手段。

辣椒病毒病、疫病、疮痂病、白粉病等主要病害，已实现分子标记辅助育种，对促进辣椒种质创新及抗病新品种培育具有重要作用。利用 DH 分离群体，通过分析育性的分离情况，得出恢复性由主效基因和 4 个微效基因控制的结论，并将主效基因定位到 P6 染色体上。通过对辣椒恢复基因进行 SSR 标记定位，建立了与育性基因有关的多重 PCR 技术，辅助选择恢复系，显著提高了辣椒雄性不育三系的选择效率。此外，国内外学者还利用分子标记技术定位了辣椒果实相关性状基因，如果实颜色、果实大小与形状、辣味、辣椒红素等。

第三节　辣椒优异材料创制

优良品种是辣椒产业发展最重要的支撑，而种质资源是选育辣椒新品种的基础。辣椒遗传资源十分丰富，辣椒属包括 30 个种，国际植物遗传委员会，确定了有 5 个栽培种（1983），分别为 *C.annuum*、*C.chinense*、*C.frutescens*、*C.baccatum* 和 *C.pubescens*。5 个栽培种又属于 3 个复合体。*C.annuum* complex 包括 *C.annuum* L.，*C. frutescens* L.，*C.chinense Jacquin*，*C.chacoense* Hunz 和 *C.galapagoense* Hunz。*C.baccatum* complex 包括 *C.baccatum*、*C. pendulum*、*C. proetermissum* 和*C. tovarri*。*C.pubescens* complex 包括 *C.pubescens* Ruiz & Pavon、*C.cardenasii* Heiser & Smith 和 *C.eximium* Hunz。其中栽培最广泛、类型最丰富的种为一年生辣椒 *C.annuum* L.。辣椒育种主要集中在一年生栽培种中。由于一年生辣椒栽培种资源遗传基础狭窄，优异资源已有充分利用；近年来，育种突破性进展较少，种质资源创新势在必行。随着辣椒产业的发展和人们生活水平的提高，产业对辣椒品种的要求更细化，为了选育出符合产业发展需求的新品种，必须对现有的辣椒资源进行创新。

一、育种材料创制

1. 黄辣椒材料的创新

黄色辣椒品种是近期产业发展的一个新类型，但现有黄色资源中，存在抗病性差和辣味不强等问题。湖南省蔬菜研究所采用杂交聚合、定向选择方法创制新材料，用湖南衡东黄辣椒地方品种黄贡椒作母本，与抗疫病、病毒病和辣味强的优良红色线椒自交系杂交，通过 5 代单株定向选择，选育了优良黄辣椒材料 3 份，其中 HJ09 - 4 果长 22 厘米左右，果宽1.4 厘米，辣度 67939 SHU，抗烟草花叶病毒、炭疽病、疫病，克服了黄贡椒抗病性差、辣味不强等缺点，并以其为材料选育出优良组合兴蔬黄贡椒。

2. 抗病辣椒材料的创新

辣椒规模化种植后，病害发生频率高，造成辣椒产量下降，创制多抗新材料，是选育抗病品种的前提。湖南省蔬菜研究所利用亚洲蔬菜研究发展中心的炭疽病抗原、法国农科院的根结线虫抗原、湖南本地的抗病毒病、疮痂病、疫病等抗原材料与综合性状好的自交系进行复合杂交，运用分子标记辅助选择技术，对杂交后代进行精准选择，实现抗多种病害的基因聚合，创制出抗烟草花叶病毒、黄瓜花叶病毒、炭疽病、疫病、疮痂病、青枯病等病害材料 4 份（SJ07 - 339、SJ06 - 79、SJ08 -103、SJ09 - 101）。SJ07 - 339 抗炭疽病、疫病和疮痂病，SJ06 - 79 抗烟草花叶病毒、黄瓜花叶病毒、炭疽病、疫病和疮痂病。

3. 高辣椒素含量材料的创新

目前，5 个辣椒栽培种，中国辣椒栽培种辣椒素含量最高，但熟性较晚，适宜在温度较高的热带或亚热带地区种植，病毒病较严重。一年生栽培种，辣椒素含量一般在 3 万 SHU 以下，达不到辣椒深加工品种辣椒素含量 5 万 SHU 以上的要求。通过一年生栽培种（6421）与中国辣椒栽培种"海南黄灯笼椒"远缘杂交，采用胚胎组织培养技术，克服种间杂交 F_1

胚胎发育不良、种子发芽率低的难点，并与 6421 多代回交，创制辣椒素含量高、坐果性好、适应性强的优异材料 2 份。SJ05 - 46 辣度 93901 SHU，SJ05 - 47 辣度 86507 SHU。

4. 高辣椒红素含量材料的创新

选育辣椒红素含量高的品种，是实现辣椒精深加工的关键。利用辣椒红素含量高的美国红与我国地方品种益都红杂交，从后代定向选择高红素含量材料 5 份（SJ05 - 22 - 2、9701 - 11 - 1、06 克 13、LU - 40、NX203），其中 SJ05 - 22 - 2 色价最高，抗病毒病和疫病，并选育出辣椒红素含量高的新品种"博辣红星"；9701 - 11 - 1 色价为 13.74，抗疮痂病、病毒病和疫病，选育出辣椒红素含量高的加工辣椒新品种"博辣新红帅"。

5. 耐低温弱光材料的创新

早春大棚栽培，要求品种在早春低温弱光时能正常开花坐果。选择耐低温、弱光的优良地方品种"南京早"、"伏地尖"作母本，熟性早、坐果集中、果实大、果皮薄的自交系作父本，杂交一代种子通过钴 60 - γ 辐射处理，诱导突变，通过多代单株定向选择，选育出耐低温弱光、抗病能力强的材料 4 份（H2802、H3885、H2002、H2005）。H2802 耐低温弱光，前期坐果性好，选育了福湘早帅。H3885 弱光条件下不徒长、坐果性好，选育了福湘二号。2 个品种适合春提早或秋延后保护地栽培。

6. 适于机械化采收材料的创新

干制辣椒机械化采收将是发展的必然趋势。机械化采收干辣椒品种除对加工干辣椒品质有要求外，还要求植株坐果集中、成熟期一致。通过多份材料杂交聚合，定向选择干物质含量高、辣味强、油分多、坐果集中的杂交后代，选育出具有以上优良性状的材料 2 份（SJ05 - 12、H2803）。其中 SJ05 - 12 果长 16 厘米、果宽 1.6 厘米、果表光亮微皱，一次性可采收红熟果 89 个。以其作亲本，选育出我国第一个适于机械化采收的杂交辣椒新品种"博辣红牛"。

二、辣椒骨干亲本的选育

湖南省蔬菜研究所利用伏地尖、河西牛角椒、湘潭迟班椒育成骨干亲本 5901、6421、8214 及其衍生系 9001、9704A、9003、J01-227，利用 3 个骨干亲本及衍生系育成品种 165 个，占全国同期审定辣椒新品种的 23.34%；在 20 多个省大面积应用，累计推广面积达 1.2 亿亩，占同期新品种推广面积的 42.16%，成为我国应用范围最广、推广面积最大的骨干亲本。

1. 5901 的选育

20 世纪 80 年代，湖南省蔬菜研究所提出了早熟辣椒品种自交系的选择标准：极早熟（始花节位 8 节以下）、低温弱光条件下坐果率在 60% 以上、前期产量占 40% 以上。

1980 年在长沙种植的"伏地椒 1 号"群体中发现了部分植株较早熟，坐果集中，果实粗长，基本符合早熟自交系的要求。采用单株选择方法，当年选择单株 15 个，编号为 59-01、59-02、59-03……59-15。1981 年种植 15 个单株，严格按照自交系的要求，选择出 59-01、59-03、59-14 等 3 个株系，并从每个株系群体中选择 5 个单株，编号为 59-01-01、59-01-02、59-01-03……59-14-05。1982 年继续种植 15 个单株材料，经田间调查和比较，选择表现好的 59-01-01、59-01-03 和 59-03-01 等 3 个株系，每个株系选择 3 个单株，编号为 59-01-01-01、59-01-01-02、59-01-01-03……59-03-01-03。1983 年对选择的 9 个株系进行比较，59-01-01-01 和 59-01-01-03 两个单株群体表现突出，早熟性好、耐低温弱光、前期产量高，群体整齐，混合留种。1984 年对两个株系进行比较，根据田间考察和数据调查结果对比，株系 59-01-01-01 表现最突出，混合留种，并命名为"5901"（图 3-1）。

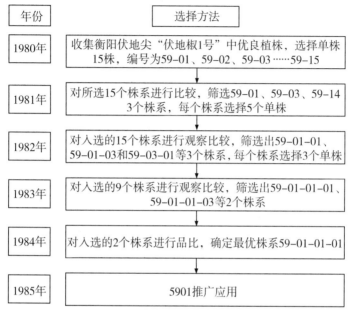

图 3 - 1　5901 选育过程

2. 6421 的选育

1984 年，湖南省蔬菜研究所在河西牛角椒原产地长沙市岳麓乡搜集河西牛角椒单株材料 64 份，分单株隔离种植，根据熟性、果实性状、株型等农艺性状和抗病性、抗逆性等指标进行系统选择，选留植株整齐度高、经济性状和农艺性状优良的株系，并从中继续选留最优单株。其中 21 号株系表现最优，在下一年度继续按单株、分株系种植选优汰劣。经过 3 年的系统选育，3 个株系已基本稳定。随后采用生态穿梭法进行选择。利用湖南长沙夏季高温高湿和秋季高温干旱的气候条件进行抗病抗逆性筛选，利用山西气候温和、土壤肥沃的条件进行经济性状筛选，并严格按照两心室和白花丝标记选择单株。6421 选育过程见图 3 - 2。

年份	地点	选择方法
1984年	长沙	搜集原产地河西牛角椒64份
1986年	长沙	选留纯度好、经济性状优良的株系10份
1987年	长沙	选留最优单株（13、21）优良株系各选3个单株
1988年	长沙	21-1、21-2、21-3中选留变异小的株系混合留种
1989年	长沙（夏）	进行耐湿、耐热、耐旱、抗病性筛选，优胜劣汰（10个单株）分别留种
1990年	三亚（冬）	进行综合性筛选，优胜劣汰（5个单株）混合留种
1991年	原平	进行经济性状筛选，优胜劣汰（1个单株）混合留种
1991年	长沙	抗病耐湿耐热耐旱筛选，去掉劣株混合留种

图 3 - 2　6421 选育过程

3. 8214 的选育

湖南省蔬菜研究所在对搜集的资源进行田间观察和整理时，挖掘了湘潭迟班椒（湘潭晚）优异辣椒资源。湘潭迟班椒为湘潭市郊传统品种，中晚熟，粗牛角形，果大，肉较厚，耐肥、耐湿能力强，产量高。

1982 年对新搜集和以往搜集的湘潭迟班椒材料共 43 份进行隔离种植，根据熟性、果实性状、植株性状、坐果性、抗病性、抗逆性等指标进行系统选择，选留植株整齐度高、经济性状和农艺性状优良的株系，并从中继续选留最优单株，1983年继续按单株、分株系种植选优汰劣。经过5年的系统选优，成功从14号株系中选育出稳定的株系82-14-1-2，混合留种，定名为8214（湘晚14号），选育途径见图3-3。

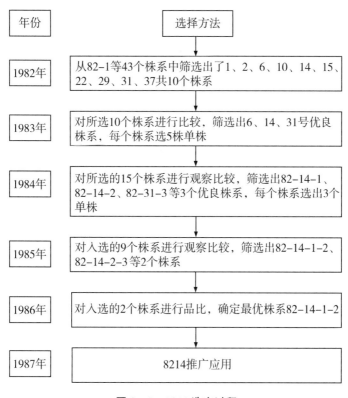

图3-3　8214选育过程

第四节　系统育种和有性杂交育种

我国辣椒相对其他农作物，育种研究起步较晚，经历了从常规品种到杂种一代选育过程，系统（选择）育种和有性杂交育种在我国辣椒新品种选育中发挥了重要作用，选育了一批优良品种。

一、系统（选择）育种

系统育种即在现有的品种群体中选择优良的自然变异，通过比较鉴定而培育出新品种，其实质是优中选优。该方法主要用于自花授粉作物、常异花授粉作物和无性繁殖作物。系统育种的特点，立足于选择自然突变体，没有人工创造变异；育种速度快，所选个体一般为同质结合；推广应用快，只在原推广品种的基础上进行了部分改造，适应性强。系统育种存在局限性：一是依靠自然变异，不能有目的地创新；二是只在个别性状上有改进，综合性状上较难突破。

1. 单株选择法

株选是育种的基础，在辣椒育种过程中，无论采用哪一种方式，都必须对植株进行株选，株选标准一般根据育种目标确定，具体株选应遵守以下原则：

（1）明确目标性状。目标性状是指那些在选择过程中需要在株间进行比较的性状。笼统的丰产、优质、抗逆性强和生育期长等性状不够具体，在选择时难于掌握，必须根据育种目标具体化。例如，进行早熟品种选育，目标具体到第一花节位、始花期、始收期和早期产量等；进行干制辣椒品种选育，目标具体到干制率、辣椒素和辣椒红素含量、油分、能否晒干等。

（2）分清目标性状主次。根据育种目标，将多个目标性状分清主次。如进行早熟品种选育，将影响早熟的性状和早期产量作为第一目标性状，然后再选择产量和抗病、抗逆性；抗病育种则是先选抗病性，再选产量和其他性状。

（3）入选单株数要恰当。根据育种目标和供选材料的数量、变异情况，确定各性状的当选标准，高于此标准的植株才能当选。当选标准如果定低，选择植株多，工作量大；当选标准定高，当选单株少，从而影响对其他性状的选择。因此，在进行株选之前，需要先对供选材料进行了解，然后制定当选标准和计划选留的单株数。

（4）减少环境误差和排除生物学混杂干扰。性状表现是遗传和环境条件共同作用的结果。当选单株综合性状符合育种目标，经济性状表现较好。但进行单株选择时要排除由于局部土壤或肥水条件较好造成的生长好的植株，通常在一块辣椒地里，如果发现优良植株集中在某一小区或几条垄行里，这常常是土壤差异造成的。如果发现少数植株性状非常突出，只选择1～2株，因为可能是生物混杂，后代会分离。

辣椒的株选应该在始花期、始收期、盛收期和采收末期分四次进行。始花期和始收期重点选熟性，盛收期和采收末期重点选丰产性、品质、抗病性和抗逆性等。

2. 系统育种方法

（1）单株选择法

单株选择法是从原始群体中选出的一些优良单株，分单株编号、采种，各单株采收的种子不混合，下一代分株系定植，根据各株系的表现，选择符合育种目标的单株的方法。单株选择法又称为系谱选择法或基因型选择法，一般根据需要进行多次单株选择。在第一次株系比较圃选留的株系内，继续选择单株分别编号，分别采种，下一代播种于第二次株系比较圃，选择当选株系。进行两代为二次单株选择，进行三代为三次单株选择。实际育种时根据株系内植株间一致性来决定几次单株选择。经过几次单株选择后，当选株系内植株表现基本一致，不再进行单株选择。

单株选择法优点：通过对所选单株的后代进行遗传性优劣比较，能正确地选择出具有优良性状的株系，选择效果好；多次单株选择可以定向累积变异，有可能选出超过原始群体的新品种。单株选择法缺点：需要隔离，工作量大。

（2）混合选择法

混合选择法是根据植株的表型性状，从混杂的原始群体中选取符合选种目标要求的优良单株或单果混合留种，将下一代播种在混选区里，与标准品种（当地优良品种）和原始群体的小区相邻种植，进行比较鉴定。在实际工作中，可根据需要进行多次混合选择，也就是第二代在第一次混合选择的种植地内，继续选择优良单株或单果混合留种，在以后几代连续进行第三、第四代甚至更多代的混合选择，直到产量比较稳定、性状表现比较一致并胜过标准品种为止。在生产上应用的片选、株选、果选、粒选等大多数属于混合选择法。

混合选择法的优点：简单易行，花费的劳动力较少。混合选择法的缺点：无法消除环境所引起的选择误差，选择效果较差。因此，混合选择法多用于品种提纯，防止品种混杂退化。

3. 系统育种成就

我国 20 世纪 50—60 年代开展了辣椒的系统选育工作，先后育成了一批优良品种，如 21 号牛角椒、华椒 1 号、红旗方椒、同丰 19 号等品种。这些品种成为我国 20 世纪 60—80 年代生产上的主栽品种。例如，湖南省农业科学院蔬菜研究所利用本地资源育成的伏地尖 1 号、21 号牛角椒、湘晚 14 号曾经在全国大面积推广，后来这些优良地方品种又作为湘研、中椒、苏椒系列杂交品种的骨干亲本。

二、有性杂交育种

有性杂交育种是根据育种目标选配亲本，通过人工杂交的手段，把分散在不同亲本上的优良性状组合到杂种之中，对其后代进行培育选择、比较鉴定，获得遗传性相对稳定、有栽培和利用价值的定型新品种的一种育种途径。杂交育种是被广泛采用、卓有成效的育种方法，世界上许多高产、优质、抗病和适宜于机械化栽培的优良辣椒品种都是通过有性杂交育成的。亲本选择是指根据育种目标选用具有优良性状的品种类型作杂交亲本。亲本选配是指从入选的亲本中选用两个亲本进行杂交。

1. 杂交育种亲本的选择原则

（1）亲本应具有尽可能多的优良性状

双亲具有较多的优良性状，则提高了育种的起点，有利于杂交后代性状互补和累加，从而选育出具有更多优良性状和性状超亲的优良个体。根据品种选育目标，要分清主次，主要目标性状要好，某些必要性状（如丰产性、商品性等）不能低于主栽品种，这样选育的新品种才能在生产上大面积推广应用。

（2）重视选用地方品种

地方品种经历了当地长期的自然选择和人工选择，对当地的自然条件和栽培条件的适应性强，产品也较符合当地的消费习惯。因此，用地方品种作亲本，育成的品种对当地的适应性也强，容易在当地大面积推广。

（3）选用优良性状遗传力强的亲本

不同亲本的同一性状在杂交后代的表现有强有弱，一般杂交后代出现优良性状个体的频率和水平倾向于遗传力强的个体，所以应选择优良性状遗传力强的个体作亲本，从而使杂交后代群体内有较多优良性状组合个体出现。

2. 杂交育种亲本选配的原则

（1）双亲性状互补

性状互补就是杂交亲本双方"取长补短"，把亲本双方的优良性状综合在杂交后代的同一个体上。优良性状互补有两方面的含义：一是不同性状的互补；二是构成同一性状的不同单位性状的互补。不同性状的互补如早熟、抗病品种的选育，亲本一方面应具有早熟性，另一方面要具有抗病性。同一性状不同单位性状的互补，以早熟性为例，有些品种主要是由于现蕾早、开花早，另一些品种的早熟主要是由于果实生长速度快，这两类不同早熟性状的亲本杂交，其后代有可能出现开花早、果实生长速度快，早熟性明显超亲的类型。质量性状育种时要求双亲之一要符合育种目标。

（2）以最接近育种目标的材料作母本

由于母本细胞质对后代的影响，一般后代性状较多倾向于母本，因此，用最接近育种目标的材料作母本，以具有需要改良性状的材料作父本，杂交后代出现优良性状的个体往往较多。在实际育种中就是要选择具有最多优良性状的材料作母本，如果是对某个主栽品种进行改良，则用被改良的品种作母本，用具有改良性状的材料作父本。

3. 回交育种

杂种第一代及其以后世代与其亲本之一再进行杂交称为回交。应用多次回交方法育成新品种（品系）称为回交育种。参加回交的亲本为轮回亲本，只参加一次杂交的亲本为非轮回亲本或称供体。一次回交的杂种为 BC_1 或 BC_1F_1，二次回交的杂种为 BC_2 或 BC_2F_2，依此类推。遗传学理论和育种实践表明，随着回交次数的增加，后代各个体的轮回亲本性状逐步增强。因此，只要在每次回交后选择那些具有供体优良性状的个体继续回交，经过四五代的回交就能获得既有供体的优良性状，又在其他性状方面与轮回亲本十分相似的个体。

辣椒育种时，遇到以下情况，可用回交育种方法。利用辣椒野生种的抗病性和抗逆性，选育品种的抗性，一般用野生种与栽培种杂交，再与栽培种回交。目前生产上选育辣椒雄性不育系，主要是采用回交转育法，利用已有的不育源与优良材料杂交，后代表现全不育，经过五代以上的回交即可选育出新的不育系。远源杂种往往表现不稔，不能繁殖后代等弊端，用亲本之一作为轮回亲本回交，克服远源杂交不稔，可逐步提高远源杂种的结实性。

4. 杂交育种选育成就

杂交育种是 20 世纪辣椒育种最重要的方法，特别是在抗病育种中发挥了重要作用，选育了一大批品种在生产中推广应用，如美国选育的味辣、抗细菌性叶斑病品种 Truhart Perfection D Pimiento，我国 20 世纪 70—80 年代，选育了 8819、农大 40、华椒 17 号、选丰 46 号、九椒 3 号、吉农方椒、天津 8 号、同丰 16 号、早丰 9 号、通椒 4 号等辣椒品种。

第五节 辣椒杂种优势育种

两个遗传性状不同的亲本杂交，产生的杂种一代在生长势、生活力、繁殖力、抗逆性、产量和品质等一种或多种性状上优于两个亲本的现象为杂种优势，杂种优势是生物界普遍的现象。辣椒在产量、抗性、品质、熟性等方面杂种优势非常明显，杂种优势利用是目前辣椒育种的主要途径。

杂种优势育种与杂交育种的相同点是都需要选择选配亲本，进行有性杂交。不同点是杂交育种先进行杂交，然后使杂种后代纯化，定型为生产用品种；杂种优势育种则先使亲本纯化成为自交系，然后用纯化的自交系杂交，获得 F_1 种子用于生产。简单地讲，杂种优势育种是"先纯后杂"，杂交育种是"先杂后纯"。

一、辣椒自交系的选育

1. 自交系

杂种优势育种是从自交系选育开始的。自交系是指从某品种的一个单株连续自交多代，结合选择而产生的性状整齐一致、遗传性相对稳定的自交后代。优良自交系应具备配合力高、抗病能力强、产量高、商品性好、品质优等尽可能多的优良性状，且这些优良性状可以遗传。作母本的自交系还要求杂交授粉坐果率高，果实发育速度快，转色快，产籽量高等优点。

2. 自交系选育

选育自交系的作用在于经过多代自交，使有害的隐性性状基因纯合，通过选择淘汰；有利的显性性状基因处于纯合状态，在杂交后代中发挥作用。

（1）单株选择

一般从优良的品种中选择单株。近年来品种更新很快，应注意从推广的新品种或优良的地方品种中选择单株，作为自交系选择的基础材料。在选择单株时，特别应该注意排除环境误差和生物混杂。经验告诉我们，在辣椒选择地里，极少数特别优秀的单株，多数为杂交种。每个品种中选择的单株数不宜过多，有代表性就行，否则工作量太大。

（2）单株自交

辣椒为常异花授粉作物，对选择的单株要进行自交，防止生物学混杂。辣椒自交方法很多，常用套袋、包棉花、罩纱网、同株或同朵花人工授粉等方法防止窜粉，同时做好标记，区分没有处理的果实。果实成熟后，分单株留种，第二年分单株种植。

（3）选择淘汰

一般选择的单株数很多，能够用于配制组合的自交系较少，淘汰是自交系选育中非常重要的工作。根据育种目标和自交系要求条件，在开花期、始收期、盛果期和采收末期反复比较育种目标性状，将优良的株系材料留下，淘汰不合格的材料。具体方法参考系统育种中的单株选择章节。

二、辣椒杂种优势育种程序与亲本选配原则

1. 辣椒杂种优势育种方式

根据配制杂种一代所用亲本的自交系数，可分为单交种、双交种、三交种。

单交种：用两个自交系配制而成的杂种。单交种的优点是杂种优势强，植株整齐一致，制种成本高。因双亲都是稳定的自交系，所以每年都可以生产出相同基因的杂交种。单交种父母本选配原则：双亲杂交结果能力差异大时，以高产者作母本；双亲经济性状差异大时，以优良性状多者为母本；选择繁殖力强的自交系作母本；父母本花期要基本一致，父本花粉要多，或早于母本开花，晚于母本谢花；尽量选择具有苗期隐性性状的自交系作母本，以便于苗期淘汰假杂种。

双交种：4 个自交系先配成 2 个单交种，再用 2 个单交种配成用于生

产的一代杂种。由于双交种的遗传组成不像单交种那样单纯，一致性较差和果实整齐度稍差，但适应性强。因果实整齐度较差影响辣椒商品性，所以生产中使用较少。

三交种：用三个自交系配成的杂种一代。三系杂交通常用单交种作母本，用另一个自交系作父本。这是由于单交种生活力强，结实率高，有效利用了杂种优势以降低种子生产成本。三交种的缺点与双交种相近，这种配组方式在辣椒育种上有少量应用。

2. 杂种优势育种程序

（1）确定育种目标

根据市场需求和生产需要，明确育种目标。随着加工业的发展和人们生活水平的提高，产品需求呈多元化。按种植方式可分为露地与设施栽培品种，按熟性可分为早、中、晚熟品种，按用途分为鲜食与加工等。确定产量、品质、抗病性、耐逆性等目标顺序。

（2）搜集、评价与创制育种材料

根据育种目标，搜集、整理和鉴定辣椒资源，创制育种材料。

（3）自交系和不育系选育

对筛选的育种材料和创制的材料进行自交纯化，选育自交系；利用已有的雄性不育系、转育不育系。

（4）配制组合

利用选育的自交系和不育系，根据育种目标，配制新组合，并进行配合力鉴定。

（5）组合筛选

根据育种目标，对新配制的组合进行比较、鉴定，筛选符合目标的组合。

（6）区域试验和生产示范

筛选的组合按要求进行区域试验和生产示范。

（7）品种登记

按农业部品种登记的要求，准备资料和 DUS 检测，申报品种登记。

3. 优良组合选配的原则

杂种优势具有以下特点：杂种优势不是某一两个性状单独表现突出，而是许多性状综合表现突出；杂种优势的大小，取决于双亲的遗传差异和互补程度；亲本基因型的纯合程度不同，杂种优势的强弱也不同；杂种优势在 F_1 代表现最明显，F_2 代以后逐渐减弱。杂种优势在性状上表现为不同类型，如营养体发育较旺的营养型、器官发育较旺的生殖型和对外界不良环境适应能力较强的适应型。选育优良品种一般遵循以下原则：

（1）选择农艺性状互补的双亲配组

辣椒杂交育种实践表明，杂种优势强弱与双亲遗传差异大小密切相关，双亲遗传差异越大，杂种优势越强。

（2）选择农艺性状优良的亲本配组

研究表明单果重、单株果数、单株产量、门花节位、果长、果宽等双亲平均值与杂种一代均呈极显著的正相关。

（3）选择配合力高的双亲配组

研究表明，辣椒杂种性状主要受亲本的一般配合力影响，用一般配合力好的双亲配制的杂交组合一般表现优良。但在杂种优势利用中，还应注意特殊配合力的选择。育种实践表明，两个表现一般的亲本，由于特殊配合力高，也有可能选育出优良的杂交组合。

三、辣椒杂种优势利用成就

我国在 1972 年育成了第一个杂交一代品种"早丰一号"，80 年代在全国大面积推广应用。80 年代开始，我国有数十家科研单位与企业开展辣椒新品种选育，选育了一批高产、优质、抗病、商品性好的杂交一代品种，推动了我国辣椒产业的快速发展。目前比较有影响的辣椒品种有中椒系列、湘研系列、兴蔬系列、苏椒系列、甜杂系列、沈椒系列、辽椒系列、赣椒系列、冀椒系列、洛椒系列、川椒系列、卞椒系列等。

第六节　辣椒雄性不育系选育与利用

辣椒杂种优势非常明显，优良组合比传统主栽品种增产 30％～40％，辣椒杂种一代已广泛应用于生产，并取得了明显的经济效益。但目前大量应用的辣椒杂交种子均是人工去雄、授粉，制种成本高，种子价格昂贵，雄性不育系的利用是迄今为止降低辣椒制种成本的最有效途径。因此，国内外对辣椒雄性不育的研究非常重视，并做了大量工作，雄性不育系在辣椒杂交种子生产上被广泛利用。

一、辣椒雄性不育的类型

1. 细胞质不育型

细胞质不育型的不育性受细胞质控制，理论上只有不育系和保持系，没有恢复系。目前有关辣椒细胞质雄性不育型的报道较少，也没有选育出新品种。

2. 核雄性不育型（GMS）

研究认为，核雄性不育的不育性受核基因控制，与细胞质无关，可育对不育为显性。不育系（msms）与纯合的可育系（MsMs）杂交，F_1 代（Msms）育性恢复，F_1 的自交后代 F_2 群体，可育株与不育株的分离比例为 3∶1。不育系（msms）与杂合基因型（Msms）杂交，F_1 代不育株与可育株比例为 1∶1。核雄性不育系不需要选择保持系，通过不育系（msms）与杂合基因型（Msms）杂交，来保持不育系。由于任何可育系都能与不育系杂交，后代可育，配组自由变大。

杨世周（1981）在克山尖椒中发现不育株，并育成了我国第一个核雄性不育系。

3. 核质互作不育型（CMS）

核质互作不育型简称胞质不育型，一般认为雄性不育性是核基因与细胞质共同作用的结果，只有不育的细胞质（S）与不育的核基因型（msms）结合在一起才表现不育，Ms 对 ms 为显性。若含有可育的细胞质 N 或可育的核基因 Ms 则表现可育。不育系的基因型为（S）msms，保持系的基因型为（N）msms，恢复系的基因型为（S）MsMs 或（N）MsMs。由于 CMS 类型的不育性既能找到保持系，又能找到恢复系，可以实现"三系配套"，生产中也称三系育种。

我国杨世周等（1984）从"向阳椒"中发现的不育株育成的不育系和湖南省蔬菜研究所选育的"9704A"都属于 CMS 类型。我国辣椒育种，多数采用 CMS 育种，杂交种子生产减少了去雄环节，降低了种子生产成本，提高了种子质量。

二、辣椒核雄性不育系选育与利用

辣椒核雄性不育系也称辣椒雄性不育两用系，简称两用系。由于两用系配制组合自由度大，杂交后代的育性受环境影响小，杂交种子生产过程能降低成本，在朝天椒和甜椒新品种选育中普遍采用核雄性不育系育种。

1. 辣椒核雄性不育基因来源

地方品种高代自交突变是获得辣椒核雄性不育的主要途径。Meshram 等在干辣椒品种 CA452‐1 发现的不育株育成的不育系。1980 年日本从朝鲜南部原有辣味品种中发现的不育株育成不育系。Shifriss 和 Frankel、Daskaloff、Shifriss 和 Rylsky 等报道育成的不育系均属 GMS 类型。沈阳市农业科学院在 1978—1989 年间，先后从克山尖椒、克山大辣椒、东塔矮秧和兖州羊角椒品种中分别发现辣椒核雄性不育株，先后育成了 AB14‐12、AB832、AB154、AB 东 03 等雄性不育两用系，后又育成了 AB092、AB 华 17、AB 伏等辣椒雄性不育两用系。

经过 EMS 处理自交系种子，在后代的突变体中，也能找到辣椒核雄性不育株。

2. 辣椒核雄性不育系转育

（1）回交选育不育系

自交系具有优良的农艺性状和较高的配合力，是理想的母本育种材料，将其转育为核雄性不育系程序如下。用育成的两用系中的雄性不育株作母本，以转育的自交系为父本，两者进行杂交。杂交一代自交留种，第二代播种后便可分离出可育株与不育株，再以不育株作母本，以自交系为父本，进行第一代回交；回交一代自交留种，第二代播种后可分离出可育株与不育株，再以不育株作母本，以自交系为父本，进行第二代回交。以后再按上述方法重复进行自交和回交。在理论上，杂交后的组合 F_1 代就具有自交系性状的 50%，回交一代组合具有自交系性状的 75%，回交二代组合具有自交系性状的 87.5%，回交三代则具有自交系性状的 93.75%。在正常情况下，回交三代就不会明显地显现出原不育系的植物学性状。在育性方面要选育出符合 1∶1 育性分离的稳定系，在回交三代之后，再经自交即可分离出可育株与不育株，再以株系内不育株作母本，可育株作父本进行成对姊妹交，一般进行两代姊妹交即可育成新的核雄性不育系。回交转育两用系按回交三代计算需 8～9 代才能完成。

（2）二环系法转育两用系

为将两用系与转育品种的优良性状综合为一体，采用二环系法进行转育。二环系法转育就是以育成两用系中的不育株作母本，以优良品种作父本进行杂交，再将获得的杂交一代进行自交，从组合的第二代出现育性分离开始，在株系内连续进行成对姊妹交的方法。应用二环系法转育两用系，从出现 1∶1 育性分离开始，继续作姊妹交组合，保持其后代 1∶1 育性分离的稳定性。在选择植物学性状方面，尚须在育性表现为 1∶1 育性分离以后，作单株成对姊妹交的"对数"上，应不少于 5 对，这样就可以从数量较多的姊妹交组合中选择植物学综合性状优良的组合。一般连续进行三代姊妹交，便可进行早代配合力试验和扩繁。利用二环系法转育成的两用系如 AB092、AB 华 17、AB 西、AB 伏及 AB 四叶等。

3. 辣椒核雄性不育系的利用

沈阳市农业科学院自 20 世纪 80 年代以来，利用育成的辣椒两用系，选育了一批优势较强的系列一代杂交种，成为辽宁省主栽品种，在东北三省及湖北、新疆、河北等地亦有较大推广面积。至 2004 年，沈椒系列一代杂交种累计推广面积 10 万公顷（150 余万亩）以上，创造社会效益 60 多亿元。该项技术为辣椒杂交制种开辟了新途径。"辣椒雄性不育两用系选育及利用"项目于 1994 年获农业部科技进步一等奖。

山西省农业科学院以"克山大辣椒雄性不育两用系"为不育源，本地早熟甜椒优良亲本材料"7906"为转育父本，采用"二环系"的转育方法，育成适于本地区生产利用的新青椒雄性不育系，并转育成辣椒雄性不育两用系 AB18。

河北省农科院经济作物研究所在田间发现甜椒雄性不育源，育成甜椒雄性不育两用系 AB91，并利用 AB91 选育了冀研系列甜椒杂交品种，在生产上大面积推广应用。其中冀研 4 号、冀研 5 号获得"河北名牌产品"和"河北农业名优产品"。"甜椒雄性不育两用系 AB91 的选育及利用"项目于 2001 年获河北省科技进步二等奖。

由于辣椒雄性不育两用系中，可育株和不育株各占 50%，因此，在制种时，母本的播种量和种植株数比人工去雄要增加 1 倍。在授粉开始前的初花期，要识别和除净 50% 的可育株。尽管如此，由于雄性不育两用系的不育性遗传仅受细胞核内一对隐性基因控制，其选育和转育方法比较简单，目前仍是辣椒育种的一种主要方法。目前我国朝天椒和甜椒采用核不育系选育新品种，并在生产上大面积推广应用。

三、辣椒核质互作雄性不育系选育与利用

核质互作雄性不育系也称胞质雄性不育系（CMS），因有不育系、保持系和恢复系，又称三系。不育系由保持系保持，繁殖不育系；不育系100% 不育，杂交种子生产时不需要去除可育株；杂交后代的育性受环境

影响。目前我国线椒和尖椒新品种选育，一般采用核质互作雄性不育系育种。

1. 辣椒核质互作雄性不育基因来源

目前主要通过自然突变、远缘杂交、物理和化学诱变等方法获得核质互作雄性不育源，辣椒育种时，通过分离用核质互作雄性不育系选育的品种后代获得不育源。

（1）自然突变

自然突变是获得核质互作雄性不育源的主要途径。由于宇宙射线的诱变作用，自然界时常发生一定数量辣椒雄性不育基因突变，属隐性遗传，因此在生产中被可育的显性基因作用掩盖，不育性没有表达，表现为可育。在辣椒地方品种的自交提纯复壮中，常能发现比例较小的不育株，目前报道的获得核质互作不育系多数是自然突变株转育而成。

Peterson 在印度小果型红辣椒 USDA PI164835 中最早发现了雄性不育株。沈阳市农业科学院杨世周等在向阳椒中发现了天然雄性不育株，并成功转育成稳定的辣椒 CMS 系 8021A。中国农业大学沈火林等在"8633"辣椒株系中发现了雄性不育株，进行测交，连续回交和父本株自交，育成灯笼椒、羊角椒和线椒等不同类型的雄性不育系和相应的保持系，并筛选出恢复系。湖南省蔬菜研究所邹学校等从 21 号牛角椒群体中发现了一株天然不育株，经多代选育，育成了辣椒雄性不育系 9704A，于 2000 年通过湖南省农作物品种审定委员会不育系审定。甘肃省农业科学院王兰兰等以株系 9108 中的一株花药退化雄性不育株为不育源，选育雄性不育系 8A，并转育了不育性稳定、综合性状优良的辣椒雄性不育系 2A。

（2）远缘杂交

由于不同栽培种有生殖隔离，在辣椒远缘杂交后代中，获得雄性不育株也是一种途径。Cillery 和 Woony 在辣椒 *C.frutescens*×*C.annuum* 种间杂交后代中发现了雄性不育株。Rusinova-Kondareva 在 *C.peruvianum* 和 *C.annuum* 种间杂种的后代中发现了细胞质雄性不育类型。Rusinova-

Kondareva 通过 *C.annuum* × *C.pendulum* 种间杂交获得了雄性不育株。隋益虎等利用种间杂交和聚合杂交方法获得不育源，再利用回交转育方法获得辣椒核质互作雄性不育系 1110A。

（3）物理和化学诱变

Daskaloff 对甜椒干种子用 X 射线处理，在 M_2 代发现了雄性不育突变，并育成了不育系。Hirose 和 Msrkus 用喷洒 2,3-二氯酪酸钠的方法诱导了花粉不育。

（4）分离

通过三系选育的杂交一代品种，基因型为（S）Msms，F_2 代基因型比例 1（S）MsMs：2（S）Msms：1（S）msms，其中（S）msms 表现不育。因此，很多辣椒育种者通过分离核质互作雄性不育系选育的品种后代获得不育株。

（5）引种

引入外地不育系，转育优良不育系。曹春信等用国外引进的高辣度辣椒不育系 103A 为不育源，通过回交转育，成功育成了高辣度辣椒雄性不育系金椒 3A。江苏省农业科学院以国外引进的长灯笼形甜椒雄性不育系 LANES 为不育源，以国内抗病、丰产的 21 号辣椒为父本，进行回交转育，选育出与 21 号辣椒园艺性状相似的羊角形辣椒雄性不育系 21A。再以 21A 为不育源，以抗病丰产的 8 号和 17 号甜椒为父本，经五代回交转育，育成新的甜椒雄性不育系 8A 和 17A。陕西省宝鸡市农业技术推广服务中心利用不育源 0918A 与二荆条杂交，继续回交四代，培育出辣椒雄性不育系 304A，2016 年通过省级登记；利用辣椒雄性不育源 1012A 与百里香杂交得到辣椒雄性不育系 144A。天水市农业科学院 2012 年育成的辣椒雄性不育系 46A，通过了品种登记。天津神农种业有限公司引进辣椒胞质雄性不育源 9801A，通过连续 4 年回交转育，成功转育胞质雄性不育系及配套的保持系 KA 及 KB、江 A 及江 B、丰 A 及丰 B、迟 A 及迟 B、上园 A 及上园 B、椒 A 及椒 B。

2. 辣椒核质互作雄性不育系的选育

核质互作雄性不育系是我国辣椒育种的主要方法，选育一个不育系不难，但选育一个好的不育系难度较大。好不育系标准：①不育系的不育性稳定，要求不育率和不育度达100％；②不育系性状优良，能满足辣椒新品种选育目标要求；③不育系配合力要高，能与多个恢复系杂交，后代优势强；④恢复系的恢复能力强。

（1）不育系和保持系的选育

不育系和保持系一般是成对选育，发现不育源后，用其他可育植株与不育源成对测交，父本自交，单株留种。再对 F_1 全不育组合用对应父本回交，同时父本自交，回交三至四代后基本可选育出不育系和相应保持系。不育系选育流程如图 3-4。

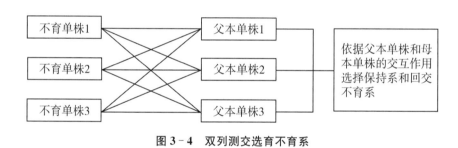

图 3-4　双列测交选育不育系

在选择过程中，为了保证转育不育系的实用性，早期世代主要以育性选择为主，较高世代则以经济性状、抗性性状选择为主。

对不育系和保持系的选育，已有的研究表明，甜椒类型、大牛角类型较易选出不育系和保持系，而小尖椒型较难选出不育系和相应保持系。徐毅等报道，在羊角椒一类的品种中，可保持不育的品种较多，如湖南的21号牛角椒、道县早椒、浙江的羊角椒等。

（2）恢复系的选育

恢复系的选育可直接用不育系为母本，以自交系为父本成对测交，观察其 F_1 的育性，可育组合的父本即为恢复系。为了选育配合力高的优良恢复系，一般进行大量引种直接测交筛选，也可利用具有恢复性基因的材料，利用不育系×恢复系的一代杂交种再与优良品系进行复合杂交，再以优良品系的自交后代进行多次回交转育恢复系。另外，利用恢复系×恢复系，优良品系×恢复系等途径，再经过测交和育性鉴定，也可选育新的恢复系。如果一个品系具有恢复基因，那么它的性状差异很大的各个株系都有这种基因，有恢复育性的能力，凡是不具100％恢复育性的品系，它的不同株系也不能100％恢复育性。因此，为加速恢复系的选育，首要的是要大量引种，搜集资源，用多品系直接测交筛选，而不宜用同一品系内的许多株系去测交，以免当某品种没有恢复基因时，徒劳地做了许多测交组合。当找到有恢复能力的品种后，再用它的若干株系去测定配合力。

已有的研究表明，一般用羊角椒、小尖椒、野生类型、辣味重的品种选育恢复系。沈火林等用8907A雄性不育系与不同类型的152份辣椒自交系测交筛选恢复系，结果表明带有恢复基因的辣椒自交系占29.6％，恢复基因主要分布在小果型的辣味品种中，灯笼型大果品种中未能筛选出恢复基因。

3. 辣椒雄性不育三系的利用

国内最早研究辣椒雄性不育的是辽宁省沈阳市农业科学研究所杨世周，1984年他成功选育了核质互作型不育系8021A，并实现了三系配套。

中国农业大学沈火林等在8633辣椒株系中发现的雄性不育株，进行测交、连续回交和父本株自交，育成了灯笼椒、羊角椒、线椒等不同类型的雄性不育系和相应的保持系，并筛选出了恢复系。以雄性不育系S200243A为母本，恢复系S200244C为父本配制而成的微辣型辣椒一代杂种农大082，在北京、河北、四川、黑龙江等地示范推广逾400公顷。

安徽农业大学以核质互作雄性不育系97-22A为母本、恢复系96-25C为父本配制辣椒杂交一代新品种安辣6号。以辣椒雄性不育系A-921为母本、甜椒雄性不育恢复系C-097为父本配制辣椒一代杂交新品种江淮8号。

安徽江淮园艺种业股份有限公司采用经多代转育后形成的不育系 jhsp-07-03 为母本，大果泡椒作父本培育杂交一代辣椒新品种。以辣椒雄性不育系"A-617"为母本、恢复系"C-37-4"为父本选育的极辣型辣椒新品种"东方107"，适合在云南、四川、湖南等地及印度、巴基斯坦、孟加拉国等东盟和南亚国家种植。以中早熟辣椒胞质雄性不育系"2006-12A"为母本，早熟恢复系"2009-43"为父本选育出的辣椒三系杂交种"强丰7318"，适合华东与中南地区露地及全国保护地栽植。

湖南省蔬菜研究所利用选育的辣椒雄性不育系 9704A 为母本，育成了湘辣 4 号、湘运 1 号与湘运 3 号、湘研 14 号、湘研 16 号、湘研 20 号。以雄性不育系 5901A 为母本育成了湘辣 1 号。主持完成的"辣椒雄性不育新品种选育及其育种技术研究"获湖南省科技进步二等奖。2015 年制定了湖南省地方标准《辣椒胞质雄性不育系选育技术规程》（DB 43/T 991—2015）。

江苏省农科院选育出了 3 个辣、甜椒雄性不育系，配制出三系配套品种苏椒 3 号 A、碧玉椒等，在生产上推广应用。

1994—1999 年，天津市蔬菜研究所实现三系配套，随后多家单位利用辣椒雄性不育三系配制杂种一代种子进行生产推广。

目前三系配套在甜（辣）椒制种应用上还受一些因素的限制，主要原因是多数甜（辣）椒组合中保持系和恢复系需要转育，在时间上要滞后于配制品种。另外，育性的不稳定也是限制一些品种利用该技术的重要原因之一。

第四章　辣椒主栽品种

我国从 20 世纪 60 年代开始辣椒育种研究，经历了系统育种、杂交育种和杂种优势利用三个不同的育种阶段，特别是 20 世纪 80 年代以后，杂种优势利用已成为辣椒育种的主要途径，并选育了大量新品种，经过四代更新，支撑了我国辣椒产业的快速发展。近年来，由于消费需求细化、更具特色，20 世纪 90 年代几个品种占绝对市场优势的现象已不复存在，不同的产地有自己特色的主栽品种。

第一节　牛角椒

1. **兴蔬 215**　湖南省蔬菜研究所选育，中熟杂交一代品种。生长势和分枝性中等，坐果性好，挂果多，首花节位 11 节左右，果实长牛角形，青果绿色，生物学成熟果红色，果长 20.0 厘米左右，果宽 3.0 厘米左右，肉厚 0.33 厘米左右，单果重 40 克左右，果表光亮微皱。亩产 2500 千克左右。该品种适宜在湖南、湖北、广东、河南、四川、广西和重庆等地春季露地栽培。

2. **兴蔬皱辣 1 号**　湖南省蔬菜研究所选育，中早熟杂交一代品种。植株生长势较强，首花节位 11 节左右，青果绿色，生物学成熟果鲜红色，果长 23.6 厘米左右，果宽 2.8 厘米左右，肉厚 0.22 厘米左右，单果重 37.5 克左右，果表皱、棱沟明显，果型较直顺。皮薄肉嫩，辣味强。坐果多，连续坐果能力强。亩产 2700 千克左右。该品种适宜在湖南、江西、湖北、河南、云南、四川等地做春季露地栽培和春、秋两季保护地栽培。

3. **兴蔬皱辣 2 号**　湖南省蔬菜研究所选育，中熟杂交一代品种。植株生长势较强，株型紧凑，果长约 25.0 厘米，果宽约 3.0 厘米，果肉厚约 0.23 厘米，单果重约 45.0 克，平均单株结果数 42 个。青果嫩绿色，生物学成熟果红色，光泽度好；果面皱，近果肩部位皱褶明显，整齐一致；嫩果微辣，青熟果辣味较强，果皮较薄，口感风味好。亩产 2500 千克左右。该品种适宜在湖南、湖北、江西、河南、安徽、广东、海南等省做春季露地栽培或者设施栽培。

4. **兴蔬皱辣 4 号** 湖南省蔬菜研究所选育，中早熟杂交一代品种。植株生长势较强，株型较紧凑，首花节位 11 节左右，青果绿色，生物学成熟果鲜红色，果表光亮有皱。果长 28.5 厘米左右，果宽 2.5 厘米左右，肉厚 0.23 厘米左右，单果重 41 克左右，单株结果数 46 个左右，味辣。亩产 2400 千克左右。该品种适宜在长江流域、华北地区和华南地区做春季露地栽培或者设施栽培。

5. **兴蔬 201** 湖南省蔬菜研究所选育，早中熟杂交一代品种。株型较紧凑，分枝中等，首花节位 11～12 节。果长 20.0 厘米左右，果宽 3.5 厘米左右，果肉厚 0.4 厘米左右，单果重 50.0 克左右，果面光滑有光泽，青果浅绿色，生物学成熟果鲜红色，果皮薄，果肉厚，肉质脆嫩，辣味适中。果实空腔小，较耐贮运，品质较好。较耐寒，较抗疫病、炭疽病，耐病毒病。该品种适宜在湖南、湖北、江西、河南、安徽、贵州、广东、广西等地做春、秋两季保护地栽培和春季露地栽培。

6. **兴蔬 208** 湖南省蔬菜研究所选育，早熟杂交一代品种。首花节位 8 节左右，果实牛角形，青果绿色，果长 22～25 厘米，果宽 3.4～3.8 厘米，果肉厚 3 毫米左右，单果重 40 克左右。一般亩产 2300 千克。该品种适宜在湖南、山东、江西、安徽、浙江、四川、山西、陕西、江苏和重庆等地做春、秋两季保护地栽培和春季露地栽培。

7. **湘研美玉** 湖南湘研种业有限公司选育，中熟杂交一代品种。植株生长势强，枝条硬；果长约 18 厘米，果宽约 6.5 厘米，果肉厚约 0.4 厘米；果尖钝圆，青果绿色、光亮，果实一致性好，单果重 160 克左右；连续坐果性强，挂果集中，产量高，肉软质脆，辣味适中。亩产约 1800 千克。该品种适宜在长江流域及黄河流域种植。

8. **丰抗 21**　湖南省蔬菜研究所和湖南湘研种业有限公司选育，早熟杂交一代品种。果实长牛角形，坐果集中，果长 20.0 厘米左右，果宽 3.2 厘米左右，果肉厚 0.38 厘米左右。抗逆性强，后期果实商品性好。一般亩产 2000 千克左右。适宜在长江流域及黄河流域种植。

9. **软皮早秀**　湖南湘研种业有限公司选育，早熟味辣高品质杂交一代皱皮椒品种。植株生长势较强，果实牛角形，果长 22 厘米左右，果宽 2.5 厘米左右，单果重 40 克左右；青果绿色，生物学熟果红色，果皮薄，肉质脆嫩，味辣，品质好；耐低温弱光日照能力强，连续挂果能力强，综合抗性好。该品种适宜嗜辣地区做早春大棚栽培或者露地丰产栽培。

10. **长研清香**　长沙市蔬菜研究所选育，早中熟尖椒品种，生长势较强，青果深绿色，光泽度好，生物学熟果红色，货架期长，商品性佳。果长 23 厘米左右，果宽 1.5 厘米左右，单果重 20 克左右。较抗病、抗逆，适应性广，该品种适宜鲜食、加工制酱。该品种适宜湖南作早春设施栽培。

11. **湘研 55 号**　湖南湘研种业有限公司选育，中熟高品质长牛角椒杂交一代品种。生长势强，分枝多；果表微皱，顺直，果长约 21 厘米，果宽约 3.2 厘米，果肉厚约 0.2 厘米，单果重 40 克左右；青果绿色，生物学成熟果红色，味微辣，皮薄，肉质细腻，口感好；耐湿热，综合抗性好，适宜在长江流域做越夏栽培，产量高，采收期长，适合青红鲜椒上市。

12. **渝椒五号**　重庆市农业科学院选育，早中熟杂交一代品种。生长势强，株型半开展，首花节位 11.5～13 节；果实绿色，果面光滑，光泽度好。微辣，有清香，口感好，耐储运，丰产、稳产性好，宜作鲜食辣椒。果长约 19.8 厘米、果宽约 2.87 厘米、果肉厚约 0.3 厘米，平均单株挂果 25.4 个，单果重约 32.5 克。耐低温能力强，有较强的耐热性，越夏能力较强，抗黄瓜花叶病毒、烟草花叶病毒、疫病和炭疽病。该品种亩产 2500 千克左右，适宜在重庆、四川、云南、贵州、广东、广西、海南、福建及相似区种植，塑料大棚或露地地膜栽培均可。

13. **渝椒 15 号**　重庆市农业科学院选育，早中熟杂交一代品种。生长势中等，大牛角形，果面光滑，果实顺直，果实浅绿色，光泽度好，果肉较厚，耐贮运。果长约 21.2 厘米，果宽约 3.56 厘米，果肉厚约 0.30 厘米，平均单株结果数 22.8 个，单果重约 55.0 克。抗病毒病、疫病、炭疽病。口感微辣，宜作鲜食辣椒。该品种亩产 2200 千克左右，适宜在重庆、海南、广东、广西及相似区域种植。

14. **早又多 918**　成都高收农业科技有限公司选育，中早熟杂交一代品种。株型较紧凑，首花节位 9～11 节，挂果能力强，果实牛角形，果长约 22.6 厘米，果宽约 5.4 厘米，果肉厚约 0.35 厘米，平均单果重 158.0 克，青果绿色，生物学熟果红色，微辣，果实膨大快，适宜青椒鲜食。该品种较耐涝，抗疫病和青枯病能力较强，较耐低温和高温，亩产 3800 千克左右，适宜在重庆、四川相似地区种植。

15. **赣丰辣玉**　江西省农业科学院蔬菜花卉研究所选育，中熟杂交一代品种。株型紧凑，分枝多，首花节位 11～12 节；果长约 18.5 厘米，果宽约 3.3 厘米，果肉厚约 0.32 厘米，单果重约 47.0 克。果肩微凸或平，果顶钝尖；青果深绿色，生物学成熟果鲜红色，辣味适中；果面光亮、顺直，耐贮运。品质佳，以鲜食为主。抗病，耐湿耐热性较强，丰产稳产。该品种一般亩产 3000 千克，适宜在江西等地作春夏露地栽培和大棚秋延后栽培。

16. **赣丰 5 号**　江西省农业科学院蔬菜花卉研究所选育，早熟杂交一代品种。株型紧凑，分枝力强，首花节位 10～11 节。果长约 17.0 厘米，果宽约 2.5 厘米，果肉厚约 0.25 厘米，单果重约 25.7 克。果面光滑顺直，青果绿色，生物学成熟果为鲜红色，辣味适中，品质佳。该品种一般亩产 2500 千克左右，适宜在江西等地作春季早熟栽培，露地或保护地栽培均可。

17. **赣椒 15 号**　江西省农业科学院蔬菜花卉研究所选育，早熟杂交一代品种。植株生长势中等，株型紧凑，分枝多，首花节位 10 节。果长约 18.4 厘米，果宽约 1.9 厘米，果肉厚约 0.21 厘米，单果重约 18.8 克。青果绿色，生物学成熟果红色，辣味适中，果面光亮、顺直、口感好，以鲜食为主。该品种抗病、耐湿耐热，丰产稳产，一般亩产 2000～2500 千克，适宜在江西等地区种植。

18. **皖椒 101** 安徽省农业科学院园艺研究所选育，杂交一代品种。植株生长势强。果实螺丝形，果长约 19.2 厘米，果宽约 4.2 厘米，果肉厚 0.21～0.25 厘米，平均单果重 60 克。果面有凹陷，光泽较好，果皮较薄，肉质脆，风味口感好。青果为深绿色，生物学成熟果为深红色，抗黄瓜花叶病毒、烟草花叶病毒、炭疽病、疫病，耐弱光。春季亩产 3000 千克，秋季亩产 2500 千克，适宜安徽省及相同生态区种植。

19. **绿先锋** 安徽江淮园艺种业股份有限公司选育，早熟杂交一代品种。株型紧凑，首花节位 8 节左右。坐果性强，采收期长；果直且果腔小，果长约 21 厘米，果宽约 2.5 厘米，果肉厚约 0.2 厘米，单果重 40 克以上，辣味极强；生物学成熟果颜色红且光亮，果皮薄，品质优。综合抗病性强，抗炭疽病和疫病、病毒病。亩产鲜椒 4000 千克左右。该品种适宜在安徽、湖南等尖椒种植区域栽培。

20. **豫椒 101** 河南省农业科学院园艺研究所选育，早中熟杂交一代品种。植株生长势强，首花节位 9.7 节。果实羊角形，青熟期黄绿色；果面光滑，果长约 20.4 厘米，果宽约 3.4 厘米，果肉厚约 0.31 厘米，单果重约 62.1 克，平均单株结果数 28.3 个；抗烟草花叶病毒、疫病、炭疽病。亩产 2500～3000 千克。该品种适宜在河南地区早春塑料大棚种植。

21. **墨秀 58** 河南豫艺种业科技发展有限公司选育，早熟杂交一代品种。大果型牛角椒中辣味较浓的优良品种，长势强，但株型紧凑，耐低温、弱光能力较强，坐果早且多，上部果不易变短，果实淡绿色，果长 23～28 厘米，果宽约 6 厘米，单果重 120～180 克，大果可达 500 克。亩产鲜椒 4000～5000 千克。该品种适宜全国很多地区做早春、秋延大棚及春露地栽培，两广地区也可以露地栽培。

22. **新金富 808** 河南豫艺种业科技发展有限公司选育，早熟杂交一代黄皮椒品种。节间短，分枝能力强，首花节位 7~8 节，连续坐果能力强，门椒多为 2 个，果长 25~33 厘米，果宽 3.5~4.5 厘米，果色黄亮如玉，膨果快。耐寒、耐弱光能力好，保护地栽培长势强壮，不易徒长。亩产 4000~5000 千克。该品种适宜做北方早春和秋延保护地栽培，广东露地栽培。

23. **金富 807** 河南豫艺种业科技发展有限公司选育，早熟黄绿皮牛角椒，果长 25~30 厘米，果宽 3.5~4 厘米，单果重 80~120 克，果实光滑顺直光亮，坐果集中，膨果速度快，长势稳健，耐低温弱光能力强，抗病能力强，易栽培，好管理，前期产量高，适宜河南及其周边省份做春秋大棚、早春小拱棚栽培。

24. **甘科 10 号** 甘肃绿星农业科技有限责任公司选育，植株长势强，抗病，早熟，结果集中，产量高。分枝紧凑，株高约 90 厘米，株幅约 65 厘米。果实皱、皮粗、长羊角形、青果深绿色。果长 30~33 厘米，果宽约 4.5 厘米，果肉厚 0.3~0.4 厘米，单果重约 90 克。微辣、细嫩、口感好，品质优良，一般亩产 4500 千克以上，是理想的鲜食品种。该品种适宜河南、山东、甘肃、新疆等地做露地、保护地种植。

25. **园椒 27 号** 新疆农业科学院园艺作物研究所选育，中熟鲜食螺丝椒品种，植株生长势强，枝叶茂盛，植株半开展。平均株高 64 厘米，开展度 44 厘米，叶片较大，卵圆直立，主侧枝结果能力均较强。首花节位 9~12 节，果长约 22.3 厘米，果宽约 4.17 厘米，果型指数 5.3，果实长羊角形。2~3 心室，青果绿色，上部略有褶皱，果尖略有弯勾。平均单果重 60 克，胎座中等。平均单株结果数 25 个，皮薄，肉质脆，辣味适中。连续坐果性极强，耐贮运。从定植到采收 50 天左右，平均亩产干椒 5500 千克。该品种适宜在新疆区域做大棚春提早、秋延后及春季露地种植。

26. **园椒 28 号** 新疆农业科学院园艺作物研究所选育，中熟鲜食螺丝椒品种，植株直立，生长势强，株高约 72 厘米，开展度约 70 厘米，叶片较小，叶色绿，根系较发达。首花节位 8~9 节，连续坐果能力强。果实长羊角形，果面光滑，青果绿色，果长约 24.8 厘米，果宽约 3.12 厘米，果形指数 7.9，果肉厚约 0.35 厘米，2~3 心室，胎座大小中等，平均单果重 53 克，果肉厚嫩，辣味中等，脆嫩，口感好，耐贮运。抗逆性强，有较强的耐热和耐寒性。平均亩产干椒 5500 千克。该品种适宜在新疆区域做大棚春提早、秋延后及春季露地种植。

27. **陇椒 10 号**　甘肃省农业科学院蔬菜研究所选育，早熟一代杂种，生长势强，株高约 84 厘米，株幅约 77 厘米，平均单株结果数 24 个，果实羊角形，果长约 28 厘米，果宽约 3.1 厘米，果肉厚约 0.25 厘米，平均单果重 62 克，青果绿色，果面皱，味辣，果实商品性好。干物质含量 104.7 克/千克，可溶性糖含量 32.8 克/千克，品质优良。耐低温日照，抗病毒病，耐疫病，用于鲜食青椒生产，露地亩产量约 4000 千克，保护地亩产量约 5000 千克。该品种适合西北地区及气候类型相似地区的保护地及露地种植。

28. **天椒 15 号**　天水市农业科学研究所选育，早中熟螺丝椒，从定植到始收 58 天左右。株高约 75 厘米，株幅约 68 厘米，生长势中等。叶深绿色，卵圆形。首花节位 12~13 节，柱头浅绿色，花冠白色。平均单株结果 47 个，单果重约 58.3 克。果实羊角形，青熟果绿色，果顶尖，果面皱，果长约 27.2 厘米，果宽 3.3 厘米，果肉厚约 0.34 厘米。可溶性固形物含量 75.0 克/千克，粗脂肪含量 11.5 克/千克，辣椒素含量 0.092%，抗病毒病、疫病、炭疽病和白粉病。用于鲜食青椒生产。每亩用种量 60 克，亩产 4500 千克左右。该品种适宜在甘肃省及其生态条件相似地区做保护地和露地栽培，最适宜保护地早春茬栽培。

29. **天椒 16 号**　天水市农业科学研究所选育，中熟，从定植到始收 65 天左右。株高约 63.5 厘米，株幅约 61 厘米，生长势中等。首花节位 10~12 节。平均单株结果 10 个，青果深绿色，粗羊角形，果顶尖，果基部萼片平展，果面皱，果长约 25.56 厘米，果宽约 5.83 厘米，果肉厚约 0.41 厘米，单果重约 103.8 克。青果维生素 C 含量 1201.3 毫克/千克，粗脂肪含量 5.13 克/千克，可溶性固形物含量 80.0 克/千克，辣椒素含量 0.064%，辣味适中。抗病毒病、疫病、炭疽病。亩产 6000 千克左右，主要用于鲜食青椒生产，在新疆焉耆盆地可以晒辣皮子。该品种适宜在甘肃省及其生态相似地区做保护地和露地栽培。

30. **航椒 8 号**　甘肃省航天育种工程技术研究等单位选育，中早熟，从出苗至青果成熟 100 天左右，定植至青果采收 45 天左右。生长势强，株高 90 厘米左右，株幅约 75 厘米，首花节位 9～11 节。果实长羊角形，果长 28～35 厘米，果宽约 4.0 厘米，果肉厚约 0.25 厘米，单果重 65～80 克，可溶性固形物的含量 9.6%。株型半紧凑，果肩皱，青果绿色，生物学成熟果深红色，味辣，耐低温弱光。抗疫病、白粉病、病毒病等。用于鲜食青椒生产。亩产 5000 千克左右。该品种适宜在甘肃、内蒙古、新疆等地及生态环境相似区域做保护地栽培。

31. **华美 105**　酒泉市华美种子有限责任公司选育，早熟大螺丝椒品种，果面有皱褶，果长可达 26～30 厘米，果宽 4～5 厘米，单果重 80～120 克。植株健壮，叶片小，节间短，挂果多，膨果快，低温下坐果能力强。果深绿色，味香辣，商品性好。辣椒素含量 0.41%。抗黄瓜花叶病毒，用于鲜食青椒生产。亩产 5000 千克左右。该品种适宜在甘肃酒泉、武威，宁夏中卫、银川，青海西宁，山东寿光、昌乐、莘县，辽宁锦州，陕西阎良，山西太谷，河北乐亭，福建漳州，江苏宿迁，广东茂名、湛江，广西南宁种植。

32. **国福 910**　京研益农（北京）种业科技有限公司、北京市农林科学院蔬菜研究中心选育，中早熟辣椒 F_1 杂交种，株型紧凑，坐果性好，膨果速度快。果实牛角形，果实顺直光滑。果长 26 厘米左右，果宽 5.5 厘米左右，单果重 160～200 克。果色由淡绿转红色，青椒、红椒均可上市，辣味适中，口感佳，耐贮运。抗烟草花叶病毒。每亩可达 5000 千克以上。该品种适宜在河北、内蒙古、山西、陕西、辽宁等地做保护地及露地种植。

33. 胜寒 740 京研益农（北京）种业科技有限公司、北京市农林科学院蔬菜研究中心选育，中早熟辣椒，是适合华北地区越冬长季节生产的设施专用品种。植株开展度中等，生长势旺盛。连续坐果性强，耐寒性好，果实长牛角形，果型顺直，果面光滑。青果淡绿色，生物学成熟果红色。果长 24～30 厘米，果宽 5.2 厘米左右，外表光亮，商品性好。单果重 120～170 克，辣味中等。抗烟草花叶病毒病能力强。日光温室越冬茬生产，亩产可达 15000 千克以上。该品种适宜在辽宁、河北、山东和内蒙古等地区的日光温室种植。

34. 冀研 20 号 河北省农林科学院经济作物研究所选育，早熟辣椒杂交种，首花节位 8.4 节，植株生长势强，株高约 75 厘米，株展约 60 厘米，果实长牛角形，果色黄绿色，顺直，果面光滑，果长约 25.8 厘米，果宽约 4.3 厘米，平均单果重 130 克，最大可达 160 克，微辣，商品性好，较耐低温弱光，抗病毒病、疫病。主要适于春提前和秋延后设施栽培。春提前栽培，平均亩产 4695 千克；秋延后栽培，平均亩产 3420 千克，是一个优质、抗病、丰产的辣椒杂交种。该品种适宜在河北、山东、河南等地做保护地种植。

35. 包椒 2 号 包头市农牧业科学研究院选育，杂交一代，生长势旺盛，株型紧凑，叶片卵圆形，连续坐果能力强，果实长羊角形，果色为亮黄绿色，果长约 26 厘米，果宽约 4 厘米，果肉厚约 0.4 厘米，平均单果重 58.4 克，商品性好，味中辣，口感佳，综合抗病性较强。露地栽培每亩产量 3100～3300 千克。该品种适宜在内蒙古包头地区春夏季节保护地种植。

36. 运驰 37‐82 荷兰瑞克斯旺种子公司选育，植株生长旺盛，节间长度中等，中熟品种，从定植至采收约 50 天，连续坐果性强。耐寒性好，适合越冬、早春等日光温室种植。果实粗羊角形，果色鲜绿色，表面光亮，辣味浓，主要用于鲜食。首花节位 10～11 节，株高约 62.2 厘米，株幅约 44.8 厘米，果长 20～25 厘米，果宽 4～5 厘米，果肉厚约 0.4 厘米，果实 3 心室，单果重 80～120 克。抗烟草花叶病毒病。越冬茬栽培亩产 5000 千克。该品种适合越冬、早春保护地栽培。

37. 鹿椒十六　包头市三主粮种业有限公司选育，该品种中熟，是大果型杂交一代牛角椒新品种。植株生长势强，株高 65 厘米左右，株幅 56 厘米左右。果实呈粗长牛角形。果长 28～35 厘米，果宽 5 厘米左右，果肉厚 0.35 厘米左右，单果重 180～230 克，椒条光亮顺直，青果绿色，生物学成熟果红色，品质佳，商品性好，连续坐果能力强，抗病抗逆性强。高产、肉厚、耐长途运输，主要用于青椒销售。亩产 6000 千克左右。该品种适宜在北方地区春秋季露地及保护地种植。

38. 忠椒 12 号　包头市南德种业有限公司选育，大果型杂交一代新品种，植株生长势强，株高约 90 厘米，株幅约 55 厘米，连续坐果能力强，平均单果重 130 克，最大 200 克，果长 28～35 厘米，果宽 4～5 厘米，品质优，果皮翠绿色，微辣，商品性好，平均亩产 6000 千克，抗病毒病、疫病、枯萎病。适合大型种植基地推广种植。该品种适宜在内蒙古西部地区及华北地区早春露地及秋延保护地栽培。

39. 蒙椒 4 号（保加利亚尖椒-2）　赤峰市农牧科学研究院选育，常规品种，中熟，鲜食青椒或红椒；植株长势中等；株高约 65 厘米，株幅约 60 厘米；果实羊角形；果色黄绿色；果长 18～22 厘米，果宽约 3.8 厘米，果肉厚约 0.4 厘米；单果重 55～65 克，挂果率高；微辣，品质优，肉质脆嫩；抗病性中等；耐贮运；蒙椒 4 号以其优良的品质在栽培过程中受到农民的欢迎。露地栽培产量每亩 2800～3200 千克。该品种适于南菜北运地区，陕西、山西等省做露地栽培。

40. 日禾宾利　沈阳日禾种苗有限公司选育，为国外最新引进的三系杂交种，该品种极早熟，植株生长健壮，抗病抗逆性强，株高 60 厘米以上，开展度 65 厘米左右。果实为大牛角形，顺直，果面光滑，果色为浅黄绿色，椒形美观，辣度适中，抗疫病、病毒病、耐贮运，果长 26～32 厘米，最长可达 38 厘米以上；果宽约 6.0 厘米，连续坐果能力强；平均单果重为 120 克。一般亩产 4000 千克左右，保护地亩产最高可达 6000 千克，是保护地栽培的最佳品种。适宜于北方露地或保护地栽培。

41. 景长椒 1 号 黑龙江省景丰农业高新技术开发有限责任公司选育，鲜食杂交种。中晚熟，从定植到始收 50 天左右。株高约 58 厘米，株幅约 60 厘米，叶片深绿，叶片大，首花节位 9 节，果实长牛角形，果长约 26 厘米，果宽约 5 厘米，果肉厚约 0.4 厘米，单果重 80 克左右，生物学成熟果实红色，品质佳，商品性好。亩产 4550 千克左右。该品种适宜在黑龙江、吉林、辽宁、内蒙古、河北、北京、天津、山东、河南、安徽、陕西、山西、甘肃、宁夏、江苏、浙江、江西、湖南、湖北、广东、广西、福建、四川、云南、贵州、新疆等地春、秋季节露地种植，海南秋季露地种植。

42. 龙椒 9 号 黑龙江省农业科学院园艺分院选育，鲜食、加工兼用，杂交种。早熟品种，熟期 103 天左右；植株直立，长势强，株高约 50 厘米，株幅约 60 厘米，叶片卵圆形，深绿色，首花节位 8～9 节，花冠白色，果实牛角形，果面光滑，青果绿色，生物学成熟果红色，微辣，果肉脆嫩，蜡质层薄，果长约 17.5 厘米，果宽 3.5～4.5 厘米，果肉厚约 0.3 厘米，平均单果重 90 克，亩产 3000～4000 千克。该品种适宜在黑龙江春、夏季节保护地、露地种植。

43. 龙椒 15 号 黑龙江省农业科学院园艺分院选育，加工型，中熟杂交种。生育期 135 天左右，直立生长，植株生长势强，株高约 60 厘米，株幅约 65 厘米，茎较粗，叶片卵圆形，首花节位 11～12 节，花冠白色，花梗着生状态下弯，青果绿色，生物学成熟果红色，辣味适中，果顶钝尖，果柄突出，干果果面平整，平均单果重 28.3 克，亩产 2000～2500 千克。该品种适宜在黑龙江春、夏季节保护地、露地种植。

44. 龙椒 16 号 黑龙江省农业科学院园艺分院选育，中早熟，生育期 105 天左右，植株直立，生长势强，株高 70～90 厘米，株幅 50～70 厘米，果实长牛角形，分权早，幼椒果胎大，膨大快，连续坐果性强，果长 26～32 厘米，果宽约 6.0 厘米，平均单果重 120 克，青果浅绿色，生物学成熟果红色，辣味适中，光滑而富有光泽，果实商品性好，品质优良。植株上、下部果实大小较一致，亩产 5000 千克以上。该品种适宜在黑龙江、吉林、辽宁、河南、河北等地春、夏季节保护地、露地种植。

45. 千金红　青岛明山农产种苗有限公司选育，加工、鲜食兼用。中熟品种。全生育期约 180 天。株高平均 75 厘米，株幅平均 50 厘米，株型较直立、紧凑，节间短。叶片卵圆形，叶面无蜡粉，无刺瘤，少量茸毛。花白色，首花节位 10 节，花向下单生。果型粗长，羊角形，果面光滑，果肉厚。青果绿色，生物学成熟果紫红色，果面光滑，辣味浓香，果长 12～14 厘米，果宽 3～4 厘米，果肉厚约 0.3 厘米，平均单果重 26 克，亩产约 2500 千克。该品种适宜在山东省即墨、内蒙古开鲁县和山西忻州市、辽宁北票市无霜期 150 天以上干鲜椒种植地区露地种植。

46. 美特佳　沈阳市阳光种业有限责任公司选育，该品种为极早熟牛角椒，抗病高产，连续坐果性强，果长 24～30 厘米，果宽 5～6 厘米，平均单果重 150 克。青果浅绿色，光亮，辣味适中。亩产 4500～5000 千克。该品种适宜在东北及同气候地区种植，适于春季露地及保护地栽培。

47. 迅驰（37‐74）　荷兰瑞克斯旺公司选育，F_1 代杂交种。植株开展度中等，生长势旺盛。连续坐果性强，耐寒性好，果实羊角形，果色淡绿色。果长 20～25 厘米，果宽约 4 厘米，外表光亮，商品性好。单果重 80～120 克，辣味浓。抗锈斑病和烟草花叶病毒病，亩产 5000 千克以上。该品种适宜于日光温室和早春大棚种植。

48. 亮剑（37‐79）　瑞克斯旺（青岛）农业服务有限公司选育，植株开展度中等，生长势旺盛，连续坐果性强；耐寒性好，果实牛角形，果色淡绿色，外表光亮，辣味浓，果长 23～28 厘米，果宽 4 厘米左右，外表光亮，商品性好。单果重 80～120 克，抗烟草花叶病毒病，亩产 5000 千克以上。该品种适宜在辽宁、内蒙古东部、山西、陕西、甘肃、宁夏、新疆等地秋冬季温室栽培；广西、四川、云南冬季拱棚栽培。

49. 长征 58　纽内姆（北京）种子有限公司，杂交种，鲜食。该品种生长势强，耐低温，低温下连续坐果能力强且果实不变短。果色黄绿色，果实大而顺直,果面较光滑,果长 26～30 厘米,果宽 3.5～4.5 厘米,辣度适中,商品性优良,亩产 5000 千克以上。该品种适合在山东、辽宁保护地越冬栽培。

50. **沈研 13 号** 沈阳市农业科学院选育,鲜食。根系发达,植株长势强,株高约 65 厘米,株幅约 58 厘米,果实大牛角形,果长 28～32 厘米,果宽 5.0～5.5 厘米,果色绿色,果面光滑,微辣,单果重 120～150 克,可食率 85% 以上。熟性早,首花节位 7～8 节,坐果率高,连续坐果能力强,果实膨大速度快,始收期 103 天左右,维生素 C 含量 68.14 毫克/100 克,辣椒素含量 0.29%。抗烟草花叶病毒、黄瓜花叶病毒、疫病、炭疽病,抗寒性强,耐热性强,抗旱耐涝。该品种适宜在辽宁早春大棚、露地、秋延迟、越冬温室等多种栽培方式种植。

51. **景尖椒 773** 黑龙江省景丰农业高新技术开发有限责任公司选育,鲜食杂交种。中熟,从定植到始收 45 天左右。植株长势强,株型紧凑,株高约 50 厘米,株幅约 45 厘米,坐果集中,果实长牛角形,果面光滑,果肩无褶皱,青果绿色,生物学成熟果红色,辣味中等,亩产 4400 千克左右。该品种适宜在黑龙江、吉林、辽宁、内蒙古、河北、北京、天津、山东、河南、安徽、陕西、山西、甘肃、宁夏、江苏、浙江、江西、湖南、湖北、广东、广西、福建、四川、云南、贵州、新疆等地春、秋季露地种植,海南秋季露地种植。

52. **辽椒 19** 辽宁省农业科学院蔬菜研究所选育,该品种为三系 F_1 代杂交种,果实绿色、大牛角形,果长 26～32 厘米,果宽 5～7 厘米,单果重 160～200 克,果型顺直,果面光滑,果肉厚,耐储运,辣度适中,口感良好,约 8 叶现蕾,株型直立,茎秆粗壮,抗倒伏。生长势较强,抗逆性强,高抗病毒病,是大棚早春抢早栽培和秋季延晚栽培的优良品种,露地生产同样表现突出。大棚生产亩产可达 5000 千克以上。该品种适宜在东北、华北、西北等冷凉生态区种植。

53. **辽椒 25** 辽宁省农业科学院蔬菜研究所选育,该品种为三系 F_1

代杂交种，青果淡绿色、牛角形，一般果长 26～32 厘米，果宽 5 厘米左右，单果重 120～160 克，果型顺直，果面光滑，果肉厚，耐储运，辣度适中，口感良好，植株开展度中等，生长旺盛，连续坐果能力强，采收期长，耐寒性好，适宜长季节栽培，抗白粉病。亩产 5000 千克以上。该品种适宜在东北日光温室越冬长季节栽培。

54. 巴莱姆　荷兰瑞克斯旺公司选育。果实大，牛角形，果实长度可达 16～25 厘米，果宽 4～5 厘米，外表光亮，商品性好。单果重 100～150克，辣味淡。抗烟草花叶病毒病，亩产 5000 千克以上。该品种适宜于日光温室和早春大棚种植。

55. 农大 11‑28　中国农业大学园艺学院选育，中早熟品种。植株长势强，较直立。始花节位 10 节左右。果实长羊角形，果长 28 厘米左右，果宽 4 厘米左右，单果重约 100 克，青果浅绿色有光泽，生物学成熟果红色，果型顺直，基部略有皱褶，辣味中等。连续坐果能力强。较耐低温，抗烟草花叶病毒、轻斑驳病毒、根结线虫病。该品种适宜于早春和秋冬保护地栽培。

56. 余干辣椒　江西省农业科学院蔬菜花卉研究所选育，常规品种，原产于江西省余干县，早熟。植株生长势中等偏弱，成株株高约 45.0 厘米，株幅约 46.0 厘米，分枝力强，首花节位 6～7 节；主茎直立，绿色，茎节紫色，茎表茸毛较少；叶片单叶互生全缘、卵圆形、绿色；果实为短羊角形，顶端稍尖，表面略皱、有光泽，果长约 6.59 厘米、果宽约 2.32厘米，果肉厚约 0.13 厘米，平均单果重 6.5 克；青果绿色，生物学成熟果为红色；单株坐果可达 200 个以上，多的可达 300 个；青果维生素 C 含量150.0 毫克/100 克，辣椒素含量 98.0 毫克/千克；氨基酸（17 种含量之和）含量为 1.50 克/100 克。果实辣味适中，口感风味好，品质好。春季早熟栽培，生育期 240 天，耐热性和耐旱性较强，耐涝性差，不抗辣椒疫病。春季早熟栽培亩产 1000～1500 千克，秋季延后栽培亩产 1000 千克左右。该品种适宜在江西及周边地区、海南地区种植。

第二节　线椒

1. 博辣 5 号　湖南省蔬菜研究所选育，该品种为晚熟线椒品种，株高 69 厘米左右，植株开展度 86 厘米×83 厘米，植株生长势旺，首花节位 14 节，果实羊角形，果长约 20.6 厘米，果宽约 1.58 厘米，果肉厚约 0.22 厘米，果肩平或斜，果顶锐尖，果面光滑，果型顺直，青果深绿色，生物学成熟果鲜红色，平均单果重 19.5 克，果实味辣，风味好，可鲜食或加工盐渍酱制。挂果性较强，连续坐果率较高，采收期长，一般亩产 2300 千克。适宜在湖南、山西、山东、江西、四川、贵州、广东、广西、海南、河北、河南和重庆等地春季露地栽培。

2. 博辣艳丽　湖南省蔬菜研究所选育，株高 84 厘米左右，株幅 65 厘米×68 厘米。中熟长线椒品种类型，首花节位 11～13 节，坐果集中，且连续挂果能力强，单株挂果数 60 个；青果深绿色，生物学成熟果鲜红色，果实长线形，光亮直顺，光泽度好，果长 28 厘米，果宽 2.0 厘米，单果重 32 克。皮薄，肉脆，皮肉不易分离，干物质含量高，辣味较强，耐贮运，商品性好一般亩产 2200 千克。适宜在湖南、湖北、山东、山西、广东、广西、浙江、江西、四川等地春季露地栽培。

3. 博辣红牛　湖南省蔬菜研究所选育，早熟杂交羊角椒品种，首花节位 10～11 节，株高约 65 厘米，植株开展度 63 厘米×63 厘米，植株生长势较强，果长约 18.4 厘米，果宽约 1.6 厘米，果肉厚约 0.2 厘米，果肩平或斜，果顶尖，果面光亮，果型较顺直，青果浅绿色，生物学成熟果鲜红色，平均单果重 14.9 克。一般亩产 1700～2000 千克。适宜在湖南、河南、四川、云南、广东、辽宁、河北、陕西、山西、山东、新疆等地春季露地栽培。

4. 博辣皱线 1 号　湖南省蔬菜研究所选育，株高 62.0 厘米，株幅 75.0 厘米，植株生长势强，首花节位 10 节左右，中早熟。青果绿色，生物学成熟果鲜红色。果实羊角形，果肩平，果顶尖，果表光亮有皱。果长 26.0 厘米，果宽 2.64 厘米，果肉厚 0.29 厘米，单果重 32.0 克，连续坐果能力强，味辣。一般亩产 2600 千克。适宜在湖南、河南、四川、云南、广东、辽宁、河北、陕西、山西、山东等地春季露地种植。

5. **兴蔬 301**　湖南省蔬菜研究所选育，早熟，植株生长势中等，首花节位 8～9 节，青果深绿色，生物学成熟果深红色，果实长羊角形，果长 19～23 厘米，果宽 1.8～2.0 厘米，果肉厚约 0.2 厘米，单果重 20～25 克，果表微皱，味香辣，鲜食、加工均可，持续挂果能力强，抗病、抗逆性强，适应性广。一般亩产 2300 千克。适宜在湖南、江西、四川、河南、山东、云南、河北、山西等地春季露地栽培和保护地栽培。

6. **湘辣 17 号**　湖南湘研种业有限公司选育，丰产型青红两用长线椒品种。植株生长势较强，株型方正，分枝多，叶片小，叶色浓绿；果实细长、顺直，果长 22～24 厘米，果宽约 1.8 厘米；青果深绿色，生物学成熟果红色，果实红熟后硬，耐储运，前后期果实一致性好，单果重 24 克左右，味辣，有香味；耐湿热、干旱，坐果性好，综合抗性强，适宜鲜椒上市或酱制加工。两年区试平均亩产 1700 千克。适宜在湖南、广东、广西、云南、江苏、贵州、山西、四川、海南、湖北、山东等地春夏两季种植。

7. **湘妃**　湖南湘研种业有限公司选育，中熟长线椒品种，果实长线形，果长 23～26 厘米，果宽 1.8 厘米左右，青果浅绿色，生物学成熟果红色，果实长而直，果实肩部稍皱，味辣，香味浓，皮薄，肉质脆嫩。口感品质上等，植株挂果能力强，连续坐果性好，果实生长速度快，耐湿热，综合抗性好，适应性广。适宜在湖南、广东、安徽、河南、山东等地春夏两季种植。

8. **娇龙**　湖南湘研种业有限公司选育，中熟干鲜两用长线椒品种。植株生长势强，叶色绿色；植株高大，株高约 70 厘米，株幅约 65 厘米，果实线形、绿色、光亮，果长 28～30 厘米，平均果宽 1.4 厘米，果肉厚约 0.15 厘米，平均单果重 18 克。生物学成熟果深红色，易干制，味辣，连续坐果能力强，综合抗性好，适宜鲜椒上市或干制加工。亩产 3000～3500 千克。适宜在长江流域及黄河流域种植。

9. **辣旋** 湖南湘研种业有限公司选育，早熟细长螺丝线椒品种。植株生长势较强，株型紧凑，分枝多，叶片小，叶色深绿；果实细长，果肩皱，螺旋形，果长 28～31 厘米，果宽约 2.0 厘米；单果重 25 克左右，青果深绿色，生物学成熟果红色，光亮，前后期果实一致性好，皮薄，味辣，品质好；耐低温日照能力强，连续坐果能力强，综合抗性好，适宜早春大棚栽培或者秋延后栽培。长江、黄河流域均能种植。

10. **辣丰 3 号** 深圳市永利种业有限公司选育，中熟，植株生长势旺，分枝多，节间较短，连续坐果能力强，节节有果，株高 55～65 厘米，株幅 50～60 厘米，果实细长、羊角形，前期果长 22 厘米左右，果宽 1.6 厘米左右，单果重 22 克左右，果实光亮、顺直，果型整齐且美观，青果深绿色、生物学成熟果鲜红且不变软。辣味较强且辣中带甜，口感好，食味极佳，且耐储运，商品性好，种植容易，适应性广，抗病强，不易死苗，连续收获期长，产量高。一般亩产鲜椒 4000 千克以上。该品种全国各地均可种植，尤其适宜于山区、丘陵地区种植。

11. **艳椒 11 号** 重庆市农业科学院选育，中熟类型，首花节位平均 13.8 节。生长势强，株型半直立，主茎生长优势较明显，果实长羊角形，青果绿色，生物学成熟果大红色，果面微皱，有光泽，连续坐果能力强。株高约 81.5 厘米、株幅约 75.3 厘米，果长约 21.5 厘米、果宽约 2.1 厘米、果肉厚约 0.21 厘米。平均单果重 23.1 克，单株平均挂果 37.6 个。表现出较强的抗病性。口感微辣、嫩、脆，品质优，适宜青椒鲜食，红椒作酱制和干制加工。鲜红椒平均亩产为 2200 千克。该品种适宜在重庆、四川、湖南、湖北及相似区域作春季露地或地膜覆盖栽培。

12. **石椒 5 号** 石柱土家族自治县辣椒研究所选育，中熟，从定植至红椒始采 75～85 天。首花节位 12～14 节。株型较紧凑，株高约 88 厘米，株幅约 70 厘米。果实长线形，果长 18～20 厘米，果宽 1.3～1.4 厘米，果肉厚约

0.2 厘米，平均单果重 15.1 克，单株平均挂果 80 个，果面光滑，果型顺直，青果绿色，生物学成熟果大红色，成熟果硬度好，有光泽，味香辣。辣椒素含量 0.062%，脂肪含量 3.0%。抗黄瓜花叶病毒、烟草花叶病毒、疫病、炭疽病、细菌性叶斑病，抗倒伏，较耐高温、干旱。该品种适宜鲜食及酱制、泡制、干制等加工用途。在重庆石柱及周边地区作加工辣椒栽培，鲜红椒平均亩产 1825.8 千克。该品种适宜在重庆、云南、贵州、四川及相似区域种植。

13. **飞越 2018** 四川海迈种业有限公司选育，早熟线椒品种，首花节位约 10 节，果实线形，果长约 28 厘米，果宽约 1.8 厘米，果肉厚约 0.16 厘米，平均单果重 20 克，青果绿色，生物学成熟果红色，辣味强，品质佳，以采收青果为主。株高约 67 厘米，株幅 65 厘米×65 厘米，节间短，挂果集中，经田间观察较抗病毒病。该品种亩产 3000～3500 千克，适宜在四川、重庆、云南、贵州、广东、广西、湖南、湖北、重庆等地种植。

14. **海迈 3000S** 四川海迈种业有限公司选育，中熟，首花节位约 14 节，植株长势中等，株高约 70 厘米，株幅 65 厘米×65 厘米，果实线形，青果深绿色，生物学成熟果红色，果长 20 厘米，平均果宽 1.4 厘米，辣味强，品质佳，以采收青椒和红椒鲜食为主。该品种亩产 3000 千克左右，适宜在四川、重庆、云南、贵州、广东、广西、湖南、湖北、重庆等地种植。

15. **海迈 PC20** 四川海迈种业有限公司选育，中熟线椒，果实线形，果长 38 厘米，平均果宽 1.1 厘米、平均单果重 13 克，青果绿色，生物学成熟果红色，辣味强，品质佳，青椒红椒均可上市，植株长势强，株高约 85 厘米，株幅 73 厘米×73 厘米，节间短，经田间观察较抗炭疽病。该品种亩产 3000 千克左右，适宜在四川、重庆、云南、贵州、广东、广西、湖南、湖北、重庆等地种植。

16. **川腾 9 号** 四川省农业科学院园艺研究所选育，中早熟，首花节位 9～13 节，从定植到始收青椒平均为 69 天，始收红椒平均为 102 天；果实线形，果长约 21.6 厘米，果宽约 1.4 厘米，果肉厚约 0.17 厘米，平均单果重 17.8 克；株高约 60.9 厘米，株幅 79.0 厘米×79.8 厘米，株型较散，结果多、较集中，坐果能力强；商品性优，青果绿色，生物学成熟果红色，味辣；适合鲜食、制酱和干制；耐涝、耐重茬、抗疫病和青枯病。该品种亩产 2000 千克，适合四川和全国线椒产区及其他辣椒产区种植。

17. **赣丰辣线 101** 江西省农业科学院蔬菜花卉研究所选育，早熟，鲜食干制兼用品种。植株生长势中等，成株株高约 55.0 厘米，株幅约 60.0 厘米，株型紧凑，分枝多，首花节位 9～10 节；单叶互生全缘、卵圆形；果实羊角形，果面光亮，微皱，果长约 19.5 厘米，果宽约 1.4 厘米，果肉厚约 0.1 厘米，2～3 心室，平均单果重 15.1 克。青果深绿色，生物学成熟果鲜红色，维生素 C 含量 125.0 毫克/100 克（鲜重），干物质含量 12.0%，粗纤维含量 4.09%；味辛辣，制干后有特殊香气。抗病抗逆性较强，春季栽培从定植至采收青椒约 45 天，采收期 60～70 天。鲜椒亩产 2000～2500 千克，干椒亩产 300～350 千克，适宜在江西及周边地区种植。

18. **赣椒 16 号** 江西省农业科学院蔬菜花卉研究所选育，早熟。植株生长势中等，成株株高约 58.0 厘米，开展度约 66.0 厘米，株型紧凑，分枝多，首花节位 11～12 节。主茎，绿色带紫，茎节紫色，茎表茸毛中等。单叶互生、全缘，卵圆形，先端渐尖，叶绿色；果实长羊角形，果长约 21.0 厘米、果宽约 1.5 厘米，果肉厚约 0.2 厘米，2～3 心室，辣味较强；果顶锐尖，果面光滑，果型顺直，青果为深绿色，生物学成熟果鲜红色，平均单果重 19.5 克；口感好，品质佳。抗青枯病，长江流域春夏季栽培从定植到采收青果约需 42 天，全生育期 270 天左右。该品种亩产 2500～3000 千克，适宜在江西及周边地区作早熟丰产栽培和秋延后大棚栽培。

19. **大家族二十三号** 江西大家族种业有限公司选育，早熟。鲜食、加工兼用。成株株高约 60.0 厘米，株幅约 60.0 厘米，挂果集中，果实膨大速度快，前期产量高，后期果不易变短，果实线形，果长约 32.0 厘米、果宽 1.8～2.0 厘米，青果绿色，味辣。抗黄瓜花叶病毒、烟草花叶病毒、

疫病、炭疽病，适应性强，耐低温，较耐湿热。该品种大田一般亩产
2500～3000 千克，适宜在海南、广东、广西、云南等地冬季露地种植；湖
南、湖北、四川、贵州、陕西、山西、河北、河南、山东、安徽、江苏、
重庆、江西等地作春、夏、秋季保护地或露地种植。

20. **辛香 8 号**　江西农望高科技有限公司选育，早中熟。植株生长势
较强，成株株高约 55.0 厘米，株幅约 56.0 厘米，株型紧凑，分枝力强，首
花节位 10 节左右。果实长羊角形，果长约 22.0 厘米，果宽约 1.7 厘米，果
肉厚约 0.15 厘米，平均单果重 20 克。青果嫩绿色，生物学成熟果红色。维
生素 C 含量 98.67 毫克/100 克，总糖含量 2.46%，干物质含量 9.90%。生
育期适宜生长温度 16 ℃～32 ℃，花芽分化和开花结果期适宜温度 20 ℃～
30 ℃。该品种大田一般亩产 2500～3000 千克，适宜在江西、湖南省种植。
春种、秋种、越夏栽培均可。

21. **皖椒 18**　安徽省农业科学院园艺研究所选育，鲜食、加工兼用型
杂交种。中熟，全生育期 150 天左右。植株生长势较强，株型直立紧凑，
平均株高 70 厘米，首花节位 13.5 节。果实羊角形，果长 25～30 厘米，果
宽 1.8～2 厘米，鲜椒单果重 15～25 克，干椒单果重 3.0～4.5 克，果面光
滑。青果深绿色，生物学成熟果暗红色、光亮，高油脂，辣椒红素含量
高。持续坐果力强，丰产性好，抗病性强，可抗病毒病、青枯病、叶斑
病、炭疽病、疫病等，商品椒烂椒、病椒现象少。该品种一般每亩可产鲜
红辣椒 1500～2000 千克，干椒 300～400 千克，适宜在安徽、江苏、四川、
云南等相同气候区种植。

22. **强丰 7301**　安徽江淮园艺种业股份有限公司选育，优质鲜食型线
椒品种，熟性早，首花节位 9 节左右，株高约 50 厘米，开展度约 60 厘米。
青果浅绿色，生物学成熟果鲜红且有光泽；辣味香浓。果实长羊角形，平
均果长 24 厘米，果宽 1.5 厘米左右，果肉厚 1.5 毫米左右，椒条顺直。该
品种花柱紫色，无紫茎秆和茸毛；花多，易坐果，挂果性好，果实商品性
好，且商品率高，耐储运，综合抗病性强，抗炭疽病、疫病和病毒病。红

椒适合做辣椒酱等加工型产品。该品种在南方地区从定植到始收 53 天左右，全生育期 185 天左右。平均亩产 3500 千克，适宜在安徽、湖南、西南及两广和海南等地种植。

23. **辣秀 109** 安徽福斯特种苗有限公司选育，早中熟辣椒品种。植株高 40～50 厘米，首花节位 7～9 节，茎节间无显色，茸毛稀，叶片绿色，叶片长椭圆形，花梗挺直弯曲，花冠颜色白色。青果绿色，生物学成熟果红色，果实呈长羊角形。辣味浓，生育期 100 天左右。果长 26～30 厘米，果宽 1.6～1.8 厘米，单果重 25～30 克，果面光滑，顺直，光亮，颜色好。挂果集中，株型紧凑，连续坐果能力强。抗逆性强，尤其在坐果后期对肥水供应不敏感，前后期果实大小一致。该品种亩产 4000 千克左右，适宜在安徽、河南省春秋季保护地及露地栽培。

24. **豫艺鲜辣 2 号** 河南豫艺种业科技发展有限公司选育，早熟黄绿皮条椒品种。叶片小，叶色深绿；生长稳健，叶、果比例适宜，株高约 60 厘米，株幅约 65 厘米。连续坐果能力强，几乎节节有果，果实长羊角形，果长 24～29 厘米，果宽约 1.5 厘米，单果重 30 克左右，果型顺直，整齐美观，青果黄绿色，生物学成熟果鲜红，味辣而香浓，商品性好，适应性广，抗逆性强，抗病性好，连续采收期长。该品种一般亩产鲜椒 4500 千克左右，适宜在河南、山东、安徽等省份进行春季露地或设施栽培。

25. **红安 6 号** 新疆天椒红安农业科技有限责任公司选育，早熟加工型线椒常规品种。矮秧自封顶，株高 60 厘米左右，株幅 20～30 厘米，主侧枝同时结果，坐果集中，果实多簇生，果长 15～16 厘米，青果绿色，顺直，生物学成熟果深红色，易晒干，石河子地区生育期 130 天左右。辣椒素含量 0.127%。抗炭疽病和病毒病，耐热性弱，耐冷性中，耐旱性弱。该品种平均亩产干椒 450 千克，高产可达 550 千克以上，适宜在新疆无霜期大于 150 天的地区种植。

26. **红安 8 号** 新疆天椒红安农业科技有限责任公司选育，中早熟加工型线椒常规品种。无限分枝类型，株高 70 厘米，株幅 20～30 厘米，主枝结果，首花节位 13～14 节，坐果集中，坐果能力强，果实多簇生，果长 16～18 厘米，果宽 1.4～1.5 厘米，单株坐果数 30～40 个，青果绿色，上部略皱，生物学成熟果深红色，易晒干，果实成品率高。生育期 132 天左右。维生素 C 含量 287.9 毫克/100 克，辣椒素含量 0.152%。抗疫病、黄瓜花叶病毒、烟草花叶病毒，耐热性中，耐冷性弱，耐旱性中。该品种平均亩产干椒 450 千克，高产可达 550 千克以上，适宜在新疆无霜期大于 150 天的地区种植。

27. **园椒 33 号**　新疆农业科学院园艺作物研究所选育，加工型中熟线椒品种，从定植至始熟为 105 天左右，植株生长势强，株高 65～70 厘米，开展度 65～70 厘米，第一花序节位 14～15 节，9～10 个侧枝，侧枝生长势强，主茎高约 27 厘米。果实粗线形，果面略皱缩，平均鲜果重 12.8 克，果长约 20.0 厘米，果宽 2.0 厘米，青果绿色，生物学成熟鲜红色，果实大小均匀，成熟集中，单株坐果数 55～60 个，辣椒素含量为 0.15%。色价高，品质优良，易制干，抗逆性强。坐果性强，果实大小均匀，丰产性好，抗病性强，果实易脱水，干椒商品性状佳。该品种平均亩产干椒 500 千克，适宜在新疆区域春季露地种植。

28. **天椒 23 号**　天水市农业科学研究所选育，早中熟，从定植到青果成熟 60 天左右，到红果成熟 90 天左右。株高约 73.5 厘米，株幅约 64 厘米，茎基粗约 1.43 厘米，生长势中等。叶绿色，卵形。首花节位 10～13 节。柱头浅绿色，花冠白色。平均单株结果 24.3 个，青果绿色，生物学成熟果深红色，线椒，果顶尖，果基部宿存萼片浅下包，果面微皱，果长约 25.4 厘米，果宽约 1.7 厘米，果肉厚约 0.18 厘米，平均单果重 20.4 克。可溶性糖含量 13.87%，可溶性蛋白含量 3.51 毫克/克，辣椒素含量 0.167%。抗黄瓜花叶病毒病、烟草花叶病毒病、疫病和炭疽病。鲜干兼用品种，青果可鲜食，生物学成熟果可酱制或干制加工。该品种亩产干椒 400 千克，适宜在甘肃、新疆及生态条件相近的地区栽培。

29. **天椒 24 号**　天水市农业科学研究所选育，早中熟品种，从定植到红果成熟 90 天左右。株高约 96 厘米，株幅约 85 厘米，茎基粗约 1.45 厘米，生长势较强。叶绿色，卵圆形。首花节位 12～14 节。柱头浅绿色，花冠白色。坐果集中，平均单株结果 32.4 个，青果绿色，生物学成熟果深红色，线椒，果顶尖，果基部宿存萼片浅下包，果面微皱，果长约 22 厘米，果宽约 1.5 厘米，果肉厚约 0.16 厘米，鲜椒单果重约 13.1 克，干椒单果重约 2.1 克。干辣椒中维生素 C 含量 176.1 毫克/100 克，可溶性糖含量 13.58%、可溶性蛋白含量 2.73 毫克/克，辣椒素含量 0.329%。抗黄瓜花叶病毒病、烟草花叶病毒病、疫病、炭疽病。主要用于干制。该品种亩产干椒 400 千克，适宜在甘肃及生态条件相近的地区栽培。

30. **鄂椒墨丽**　湖北省农业科学院经济作物研究所选育，干鲜兼用辣椒品种，早中熟，首花节位 10～11 节，植株生长势强，株高 60～70 厘米，株幅 70 厘米×75 厘米，叶色绿。果实线形，成熟果长 22～24 厘米、果宽 1.5～1.7 厘米，果肉厚约 0.25 厘米，平均单果重 18～20 克。青果绿色，生物学成熟果鲜红色，肉质脆，挂果集中，优质，丰产。抗黄瓜花叶病毒、疮痂病、疫病。该品种亩产量可达 4000～5000 千克，适于湖北省种植。

31. **鄂椒帅亮**　湖北省农业科学院经济作物研究所选育，中熟长线椒一代杂交种，株高 45～50 厘米，株幅 50 厘米左右，分枝多，叶片小，叶色深，果实线形、绿色，果长 22～25 厘米，果宽约 1.5 厘米，果肉厚约 0.2 厘米，单果重 18～20 克。植株生长势强，分枝多，连续坐果率强，青果绿色，生物学成熟果红色，果实硬度好，口感好，味辣，有香味，坐果性好，综合抗性强。该品种亩产可达 4000～5000 千克，适于湖北省种植。

32. **鸡泽羊角红**　常规种。鲜食、加工兼用。中熟羊角椒。株型整齐。株幅约 50 厘米，株高约 65 厘米，挂果集中，果长约 20 厘米，果宽约 1.8 厘米，果肉厚约 0.1 厘米，青果绿色，生物学成熟果红色，有光泽，辛辣适中，鲜食口感佳。维生素 C 含量 161 毫克/100 克，辣椒素含量 0.02%。抗黄瓜花叶病毒、烟草花叶病毒、疫病、炭疽病，该品种中度抗倒伏，对低温不敏感，耐高温高湿。该品种一般亩产 1500～2000 千克，高产可达 3000 千克以上，适宜在河北、河南、天津、山东等地春夏露地种植。

33. **景尖椒 618** 黑龙江省景丰农业高新技术开发有限责任公司选育，鲜食杂交种。早熟，从定植到始收 40 天左右。植株长势强，株型紧凑整齐，小叶，坐果能力强，果实羊角形，绿色，果面光滑，果长约 20 厘米，果宽约 2.4 厘米，辣味强。该品种亩产 4300 千克，适宜在黑龙江、吉林、辽宁、内蒙古、河北、北京、天津、山东、河南、安徽、陕西、山西、甘肃、宁夏、江苏、浙江、江西、湖南、湖北、广东、广西、福建、四川、云南、贵州、新疆等地春、秋季节露地种植，海南秋季露地种植。

第三节　泡椒

1. **福湘秀丽** 湖南省蔬菜研究所选育，从定植到采收约需 52 天，前期果实从开花到采收需 28 天。株高 69 厘米左右，株幅 64 厘米×65 厘米，生长势强，株型紧凑，分枝多，节间短，叶为单叶，互生、全缘、卵圆形，先端渐尖，绿色。首花节位为 13 节左右。青果绿色，生物学成熟果红色。果长 16.0 厘米左右，果宽 5.5 厘米，果肉厚 0.45 厘米，单果重 110.0 克，最大单果重 150 克，果皮厚度适中，光滑，肉质细软，微辣。第一生长周期平均亩产 2010.0 千克，第二生长周期平均亩产 2190.0 千克，适宜在广东、广西、海南等地冬季露地栽培，江苏、云南、安徽等地冬季大棚栽培，湖南、河南、河北、山东等地春季露地栽培。

2. **福湘新秀** 湖南省蔬菜研究所选育，极早熟品种，果实粗牛角形，皮薄，肉脆，植株生长势中等，耐寒。首花节位 8 节，青果绿色，生物学成熟果鲜红色，果表皱多。果长 17.0 厘米，果宽 5.0 厘米，果肉厚 0.35 厘米，平均单果重 70.0 克。坐果多，抗病能力强。第一生长周期平均亩产 2170.0 千克，第二生长周期平均亩产 2070.0 千克，适宜在广东、广西、适宜海南等地冬季露地栽培，江苏、云南、安徽、湖南、河南、河北、山东等地冬季大棚栽培。

3. **大果 99** 湖南湘研种业有限公司选育,生长势强、熟性早,果实粗牛角形,果长 15～17 厘米,果宽约 5.8 厘米,单果重 90～110 克,果色由嫩绿色转鲜红色,坐果率高,结果集中且多,果实皮薄,肉脆嫩,品质佳,抗病抗逆性强,适应性广,适合于作早春保护地或露地丰产栽培,也可作秋季延后栽培。第一生长周期平均亩产 3016.4 千克,比对照苏椒五号增产 19.2%;第二生长周期平均亩产 2639.4 千克,适宜在湖南、广东、湖北、海南等地春夏两季种植。

4. **渝椒 13 号** 重庆市农业科学院选育,早熟品种,生长势中等,从定植到青椒成熟一般 55 天左右,株型半开展,坐果性好,不易早衰。果实向下单生,长灯笼形,果面光滑多纵棱,光泽度好,果皮肉薄,商品性好。株高约 57.0 厘米、株幅约 67.2 厘米,果长约 13.1 厘米、果宽约 5.0 厘米、果肉厚约 0.21 厘米。平均单株挂果 26.4 个,平均单果重 46.3 克,抗病毒病、疫病、炭疽病。作鲜食辣椒。青熟椒平均亩产 2200 千克,适宜在重庆、四川、贵州、湖北及相似区域种植,塑料大棚或露地地膜栽培均可。

5. **实丰 802** 临沂大学选育,早熟品种,生育期 120 天左右,春季露地定植至始收 45 天左右。首花节位 8～9 节,株型直立,分枝能力强,株高 60～70 厘米,株幅 55～60 厘米。果实表面有皱,果长 15～18 厘米,果宽 2.5～3 厘米,平均单果重 20 克。青果绿色,生物学成熟果红色,果实皱皮,光泽度强,果型一致性好,2 个心室,果肩部有浅凹陷,纵切面长方形,辣味强。维生素 C 含量 173.0 毫克/100 克,辣椒素含量 0.218%。抗黄瓜花叶病毒、烟草花叶病毒、疫病、炭疽病。抗逆性好,品质优良,口味佳。第一生长周期平均亩产 1958.4 千克,第二生长周期平均亩产 2013.9 千克。适宜在鲁南地区作春早熟、秋延迟保护地栽培。

6. **乐平灯笼辣椒** 江西省农业科学院蔬菜花卉研究所选育,常规品种,原产于江西省乐平市一带,晚熟。植株生长势较强,成株株高约 65.0 厘米,株幅约 55.0 厘米,分枝力较弱;主茎直立,绿色,茎表茸毛较少;叶片单叶互生全缘、卵圆形、叶较大，深绿色；果实圆锥形，果顶凹陷呈马嘴形或锥形，果肩平或凹，果实朝下生长，果柄长约 2.6 厘米，果长约 8.1 厘米，果宽约 5.6 厘米，平均单果重 52.8 克；青果深绿色，生物学成熟果红色，果面有纵沟，光滑，味微辣带甜，脆爽，果肉厚，耐贮运。耐热性和耐旱性较强，结果期长，经整枝处理，可作延秋栽培。该品种亩产量一般为 1000～1500 千克，适宜在江西乐平及周边地区种植。

7. **精质 018**　江西大家族种业有限公司选育，中早熟大果薄皮椒。成株株高约 65.0 厘米，株幅约 60.0 厘米，果实长灯笼形，果长约 23.0 厘米，果宽 6.0 厘米，平均单果重 110.0 克，青果黄绿色，微辣，皮薄品质佳，抗逆性好，产量高。抗黄瓜花叶病毒、烟草花叶病毒、炭疽病、叶霉病、疫病，适应性较强，较耐寒，耐弱光，抗湿热一般。该品种一般亩产 2500～3000 千克。适宜在重庆、湖北、四川、山东、安徽、江苏、江西作早春、秋季保护地及夏季高山区域露地种植；海南、广东、云南作冬季露地种植。

8. **皖椒 9 号**　安徽省农业科学院园艺研究所选育，鲜食，杂交品种。全生育期 150～170 天，始收期 90～120 天，第一雌花 9～10 节。生长势强，株型紧凑，节间密，不易徒长。株高约 75 厘米，株幅约 70 厘米，果实为牛角形，果面较光滑，青果绿色，生物学成熟果红色，有光泽，果长 20 厘米，果宽 5 厘米，平均单果重 85 克，该品种前期果实大，连续坐果能力强，且不易僵果。抗病毒病、炭疽病、疫病。春季亩产约 5000 千克，秋季亩产约 4000 千克，适宜在安徽、江苏及其相似生态区种植。

9. **皖椒 10 号**　安徽省农业科学院园艺研究所选育，鲜食杂交早熟薄皮辣椒品种。生长势强，株型较分散，全生育期 130 天左右。平均株高 63 厘米，株幅约 80 厘米，茎基粗约 1.13 厘米，首花节位 8～9 节。果实长灯笼形，青果绿色，生物学成熟果红色，果面微皱有光泽，果长约 13.7 厘米，果宽约 4.6 厘米，果肉厚约 0.25 厘米，微辣，平均单果重 64 克，最大果重达 100 克。抗病毒病、炭疽病、疫病。耐低温弱光，适合早春和秋延后大棚栽培。春季亩产约 3000 千克，秋季亩产约 2500 千克，适宜在安徽、江苏及其相似生态区种植。

10. **福椒 37** 安徽福斯特种苗有限公司选育，鲜食杂交一代早熟品种，全生育期 90 天左右，定植至始收期 35 天左右。植株生长势强，植株高 55～70 厘米，首花节位 7～9 节，茎茸毛稀，节间无显色，叶片绿色，卵圆形，花梗直立，白色花冠。果实成熟前浅绿色，成熟时绿色，生物学成熟时红色，辣味中等。果长 16～22 厘米，果宽 4.5～5.0 厘米，皮薄，有光泽，褶皱多，单果重 50～70 克，形状灯笼形，有 2～3 个心室。连续结果能力强，产量高。表现耐低温性好，低温坐果率高，耐热性中等。抗黄瓜叶病毒、烟草花叶病毒、炭疽病、疫病。该品种平均亩产 3500 千克，适宜在安徽、江苏、山东等地作早春棚、秋延棚两季种植及高山露地栽培。

11. **好农 11** 河南红绿辣椒种业有限公司选育，早中熟品种，首花节位 9 节，叶片绿色肥厚，株高 55～60 厘米，株幅 57 厘米，节间短，株型紧凑，挂果集中，花冠为白色，柱头和花丝均为紫色，青果绿色，生物学成熟果红色；红果果肉致密硬度高，变软慢，耐贮藏运输，货架期长。果实为粗牛角形，果长 15～17 厘米，果宽 5.5～6 厘米，平均单果重 130 克，果肩平，头部马嘴形或钝圆形，3 心室为主。果实辣味中等偏轻。种子扁圆形，饱满，金黄色，千粒重 6.2 克左右。抗黄瓜叶病毒、烟草花叶病毒、疫病、炭疽病、疮痂病，抗低温能力较强，抗高温能力中等。秋季栽培亩产 2000～2500 千克，适宜在安徽及周边地区种植。

12. **墨秀 58** 河南豫艺种业科技发展有限公司选育，大果型优质品种，早熟、生长势强，但株型紧凑，耐低温，弱光能力较好，正常情况下，连续坐果能力强，上部果不易变短，果色淡绿色，果长 23～28 厘米，果宽 6 厘米，单果重 120～180 克，大果可达 500 克，辣味中等。该品种亩产 4000 千克，高产田可达 5000 千克。适宜全国很多地区早春、秋延大棚及春露地栽培，两广地区也可以露地栽培。

13. **豫艺新时代** 河南豫艺种业科技发展有限公司选育，高产、薄皮优质大果泡椒品种，分枝能力强，坐果多，果个粗、长、大，秋大棚正常条件下8～9节开花，属于较早熟的品种，株型半开展，连续结果能力很强，果长26～33厘米，果宽6～7厘米，平均单果重180克，上部果也能达25厘米，果色浅绿，特别翠亮，果面有优质薄皮椒果面不平展的特点，果型顺直，商品率高，口感脆甜，劲辣，该品种亩产4000～5000千克，高产田可达6000千克，适宜在河南、山东、江苏、安徽、四川等地春秋大棚栽培。

14. **豫园巨椒** 河南省豫园科技发展有限公司选育，早熟微辣型泡椒品种，植株生长健壮，抗逆性强，坐果能力强，连续坐果性好，较耐低温弱光，株高60～73厘米，株幅48～55厘米。果实粗牛角形，果皮深绿色，亮度好，果面光滑，偶有微皱，椒肉厚度中等，果实整齐度高，果长18～20厘米，果宽4～6厘米，单果重120～160克，最大果可达220克，一般亩产5500千克。适宜在河南、山东、安徽、陕西等地早春、秋延大棚及露地栽培。

15. **楚椒808** 湖北省农业科学院经济作物研究所选育，早熟品种，植株生长势强，株高约85厘米，株幅60厘米×65厘米，叶片卵圆形，先端渐尖，单叶互生，绿色少茸毛，分枝性强且分枝处有紫色斑块，首花节位8～9节，花冠白色，花萼平展，果实为粗牛角形，果长16～18厘米，果宽约4.5厘米，上下粗细均匀，果肉厚约0.25厘米，2～3心室，平均单果重62克，果色浅绿色，顶端马嘴形，肉质脆，味辣，品质佳。耐高温，抗炭疽病、青枯病、疮痂病。该品种亩产3500千克，适于湖北省平原地区做早春或延秋栽培及高山地区栽培。

16. **鄂红椒108** 湖北省农业科学院经济作物研究所选育，中早熟品种，植株生长势较强，株高约55厘米，株幅50厘米×55厘米，叶片卵圆形，始花节位9～10节，花冠白色，花萼平展，果实为粗牛角形，果长13～16厘米，果粗约5.0厘米，上下粗细均匀，果肉厚约0.45厘米，3心室，果肩平，单果重70克，青果绿色，生物学成熟果鲜红色，耐贮运，微辣，品质佳，该品种亩产3500千克，适宜鄂西高山蔬菜产区种植为主，武汉周边、黄石、襄阳等地也有种植。

17. **佳美 2 号** 湖北省农业科学院经济作物研究所选育，早熟品种，植株生长势较强，株高约 100 厘米，株幅 60 厘米×72 厘米，叶片绿色，卵圆形，少茸毛，单叶互生，分枝力强，分枝处有紫色斑块，首花节位 8～9 节，花冠白色，花萼平展；坐果力较强，果长 16 厘米，果宽 4.5 厘米，果肉厚 0.2 厘米，果实长灯笼形，果肩微凹渐平，果顶凹陷带尖，3 心室，平均单果重 50 克，商品浅绿色，微辣；耐病性较强。该品种亩产 3500 千克，以鄂西高山蔬菜产区种植为主，武汉周边、黄石、襄阳等地也有种植。高山茬口为单作；平原茬口为春辣椒—秋甘蓝（莴苣）。

18. **鄂椒佳丽** 湖北省农业科学院经济作物研究所选育，早熟品种，植株生长势较强，株高 80 厘米，株幅 55 厘米×58 厘米；叶片卵圆形、少茸毛，分枝性较强，分枝处有紫色斑块；首花节位 8～10 节，花冠白色，花萼平展；坐果力较强，果实长灯笼形，果色翠绿，果皮皱，皮薄质脆，微辣，果长 16～19 厘米，果宽 5～6 厘米，单果重 65～80 克，大果可达 110 克。该品种亩产量可达 5000～6000 千克，适于湖北省种植。

19. **鄂椒俏佳人** 湖北省农业科学院经济作物研究所选育，早熟品种，株型紧凑，生长势强，株高 55～60 厘米，首花节位 7～9 节，株幅 50 厘米。果实长灯笼形，果长 14～15 厘米，果宽 4～5 厘米，果尖马嘴形，皮薄口感好、果面微皱、条形顺直，单果重约 50 克，最大可达 100 克，结果多而集中，坐果能力强，果实膨大速度快，持续坐果能力强。该品种亩产量可达 5000～6000 千克，适于湖北省种植。

20. **龙椒 16** 黑龙江省农业科学院园艺分院选育，中早熟品种，生育期 105 天左右，植株直立，生长势强，株高 70～90 厘米，株幅 50～70 厘米，果实长牛角形，分权早，膨大快，连续坐果强，果长 26～32 厘米，果宽约 6.0 厘米，单果重 120 克左右，青果浅绿色，生物学成熟果红色，辣味适中，光滑而富有光泽，果实商品性好，品质优良。植株上、下部果实大小较一致。该品种亩产 5000 千克以上，适宜在黑龙江、吉林、辽宁、河南、河北等地春、夏季节保护地、露地种植。

21. **格里菲**　沈阳市阳光种业有限责任公司选育，早熟品种，首花节位 9 节，植株健壮，连续坐果率高，果实膨大速度快，果实长灯笼形，果长 14～16 厘米，果宽 8～10 厘米，平均单果重 190 克，微辣，果色绿色，果皮薄。表面褶皱多，抗病毒病、疫病，适应力强。耐低温，产量高。该品种亩产 3000 千克以上，适宜在东北及同气候地区做春露地及保护地栽培。

22. **沈椒 4 号**　沈阳市农业科学院选育，鲜食型极早熟杂交种。植株长势强，首花节位 9～10 节，株高 33 厘米，株幅 36 厘米，果实长灯笼形，果长 10.5～12.5 厘米，果宽 5.5～7.5 厘米，果色绿色，果面略皱，微辣，果肉厚约 0.35 厘米，平均单果重 60.0 克，可食率 85％以上。坐果率高，果实膨大速度快，该品种亩产 6000 千克以上，适宜在辽宁大部分地区做早春地膜覆盖栽培、保护地栽培。

23. **沈研 18 号**　沈阳市农业科学院选育，鲜食，根系发达，植株生长势强，株高约 68 厘米，株幅约 57 厘米，首花节位 8～9 节，果实长灯笼形，果长约 15.0 厘米，果宽约 9.7 厘米，果色绿色，果面略皱，微辣，平均单果重 195.0 克，可食率 85％以上。果实膨大速度快，连续坐果能力强，耐低温弱光。可作早春地膜覆盖栽培或春秋保护地栽培。维生素 C 含量 61.7 毫克/100 克。抗黄瓜花叶病毒、烟草花叶病毒、疫病、炭疽病，耐寒性强，耐热性强，耐旱耐涝。第一生长周期平均亩产 3500 千克，比对照品种增产 22.9％；第二生长周期平均亩产 3000 千克，该品种适宜在辽宁露地及保护地栽培。

24. **春早 1 号**　江苏省农业科学院蔬菜研究所选育，长灯笼形辣椒品种，早熟，首花节位 7～8 节。果实长灯笼形，绿色，平均单果重 72.5 克，果长约 14.5 厘米，果宽约 4.8 厘米，果肉厚约 0.27 厘米，连续坐果能力强，味微辣。田间调查，抗炭疽病、病毒病、疫病抗逆性较强。该品种平均亩产 3900 千克，适宜在江苏、安徽、山东等地保护地栽培。

第四节　甜椒

1. **中椒 115 号**　中国农业科学院蔬菜花卉研究所选育，定植后 30～35 天可以采收，果实灯笼形，果面光滑，果色浅绿，果肉厚约 0.5 厘米，单果重 100～150 克，耐贮运。抗烟草花叶病毒、轻斑驳病毒病、番茄斑点萎蔫病毒、黄瓜花叶病毒、疫病。定植后 30～35 天可以采收。适宜在河北、山东、安徽、江苏等地设施栽培。

2. **中椒 1615 号**　中国农业科学院蔬菜花卉研究所选育，定植后约 35 天可以采收，果实方灯笼形，果面光滑，果色绿，果肉厚约 0.6 厘米，果大，3～4 心室，单果重 150～200 克，耐贮运。抗烟草花叶病毒、轻斑驳病毒病、黄瓜花叶病毒、疫病。丰产性好。该品种适宜在河北、山东、安徽、江苏等地做保护地和露地栽培。

3. **中椒 105 号**　中国农业科学院蔬菜花卉研究所选育，中早熟，甜椒杂交品种，定植到始收期 35 天左右。生长势中等，叶量较大，露地株高 50 厘米，首花节位 9～11 节；果实灯笼形，绿色，果面光滑，单果重 100～130 克，果长 8～9 厘米，果宽 7～8 厘米，果肉厚 0.45 厘米，3～4 心室，味甜，维生素 C 含量 103.1 毫克/千克。田间抗病性调查，抗病毒病、炭疽病和疫病。每亩平均总产量 2200 千克。适宜在海南、广东适宜地区南菜北运基地秋冬栽培，在河北、河南、江苏、四川、黑龙江、陕西适宜地区作早春露地种植。

4. **京甜 1 号**　京研益农（北京）种业科技有限公司选育，中早熟甜椒杂交种，生长健壮，首花节位 9～10 节，果实长圆锥形，青果翠绿色，生物学成熟果鲜红，味道甜。果实肉厚光滑，耐贮运，商品性好，并适于脱水加工。果长 14～16 厘米，果宽 5.3～6.2 厘米，单果重 90～150 克。品种耐低温能力强，持续坐果能力强。抗烟草花叶病毒、青桔病。平均亩产 5000 千克，适宜在云南、贵州等中高海拔地区露地和拱棚种植。

5. **冀研 5 号** 河北省农林科学院经济作物研究所选育，早熟甜椒杂交品种，植株生长势较强，植株较开展，叶片较小，首花节位 11 节，果实灯笼形，绿色，果面光滑，平均单果重 99.6 克，果长约 9.9 厘米，果宽约 6.9 厘米，果形指数 1.5，果肉厚约 0.42 厘米，抗病毒病和炭疽病。味甜质脆，口感好。鲜食。平均亩产 3066.2 千克。适宜在辽宁、北京、河北及江苏等地作春季保护地栽培。

6. **冀研 13 号** 河北省农林科学院经济作物研究所选育，中熟甜椒杂交品种，植株生长势强，首花节位 10～12 节，果实灯笼形，果肉厚 0.7～0.8 厘米，单果重 220～350 克。果型美观，维生素 C 含量 117 毫克/100克，味甜质脆，商品性优，耐贮运性好，鲜食。抗黄瓜花叶病毒、烟草花叶病毒、疫病，耐热性好。一般每亩产量约 4000 千克，适宜在河北、山东、河南等地做露地越夏栽培和大棚秋延后栽培。

7. **冀研 108 号** 河北省农林科学院经济作物研究所选育，早熟甜椒杂交品种，植株生长势强，平均首花节位 10.4 节，生长势强。果实灯笼形，果色绿，果面光滑，有光泽。味甜质脆，口感好。鲜食。平均单果重 191.4 克，果长约 8.8 厘米，果宽约 8.5 厘米，果肉厚约 0.60 厘米，味甜，维生素 C 含量 128.01 毫克/100 克。田间抗病性调查，抗病毒病、炭疽病、疫病、青枯病。亩平均产量 3700 千克。适宜在北京、河北、山西、山东、上海等适宜地区做保护地栽培。

8. **冀研 16 号** 河北省农林科学院经济作物研究所选育，中早熟甜椒杂交品种，植株生长势较强，果实方灯笼形，首花节位 11 节，株高约 65 厘米，株幅约 60 厘米。果长约 8.9 厘米，果肩宽约 8.4 厘米，果肉厚约 0.50 厘米，平均单果重 168.4 克，果面光滑有光泽，青果绿色，生物学成熟果黄色，味甜质脆，口感好。鲜食。维生素 C 含量 141.0 毫克/100 克。抗病毒病和青桔病。平均亩产 3000 千克。适宜在河北、辽宁、安徽等适宜地区作保护地种植。

9. **金皇冠** 河北省农林科学院经济作物研究所选育，中早熟甜椒杂交种，植株生长势强，首花节位 10～11 节，果实方灯笼形，果面光滑而有光泽，果味甜度大，口感脆甜、成熟果黄色，鲜食，商品性好，平均单果重 200 克，果长 10 厘米左右，果宽 8.5～9.0 厘米，亩产 4478.2 千克，抗病性强。适宜在河北及相似气候类型区域作设施春提前及秋延后种植。

10. **龙椒 13** 黑龙江省农业科学院园艺分院选育，中早熟杂交种。鲜食。生育期 115 天左右，直立生长，植株长势强，盛果期株高 65 厘米，株幅约 70 厘米，叶片卵圆形，中等绿色，首花节位 10～12 节，白色花冠，单株坐果能力强，果实方灯笼形，果面光滑、绿色，生物学成熟果红色，味甜质脆，抗倒伏，平均单果重 116 克，果肉厚约 0.6 厘米。亩产 5000 千克以上，适宜在黑龙江春、夏季节保护地、露地种植。

11. **宇椒 2 号** 黑龙江省农业科学院园艺分院选育，鲜食型常规种。早熟大果型，首花节位低；植株生长势强，株高 65～70 厘米，株幅 65～75 厘米；方灯笼形，果型美观，青果绿色，生物学成熟果红色，果面较光滑，有纵沟，4 心室居多；适宜栽培条件下，平均果长径 10 厘米、果宽 9 厘米，果肉适中，单果重 200～220 克，宜采青果。亩产 3000～4000 千克，适宜在黑龙江、辽宁、内蒙古东部及相似生态地区的春季及秋延后栽培。

12. **龙椒 11 号** 黑龙江省农业科学院园艺分院选育，中早熟杂交种，从播种到采收 110 天左右。直立生长，植株生长势强，分枝性弱，叶片深绿，株高 60 厘米左右，开展度约 60 厘米，茎较粗，青果绿色，首花节位 9～10 节，花冠白色，花梗着生状态水平。单株结果 8～9 个，连续坐果能力强，果实长方形，果面光滑，生物学成熟果红色，果长 10 厘米以上，果宽 8 厘米左右，果肉厚约 0.55 厘米，单果重 125 克以上。亩产 5000 千克以上，适宜在黑龙江省各地露地及保护地栽培。

13. **谢尔德** 沈阳市阳光种业有限责任公司选育，甜椒一代杂交种，中熟，生长势强，抗倒伏，连续坐果率高。上下果实整齐度高，果实方正，味甜，果长 12～13 厘米，果宽 10～11 厘米，果肉厚 0.6～0.8 厘米。青果绿色，生物学成熟果红色，果面光滑油亮，最大果重约 500 克。抗逆性强，产量高。亩产 5000 千克以上，适宜在东北及同气候地区做春露地及保护地栽培。

14. **长冠** 沈阳市阳光种业有限责任公司选育，该品种早熟，生长势强，抗倒伏，连续坐果率高。上下果实整齐一致，果实长灯笼形，味甜，青果绿色，生物学成熟果红色，果面光滑油亮，最大果重 150～200 克。抗病性强，产量高。亩产 4500～5000 千克，适宜在东北及同气候地区做春露地及保护地栽培。

15. **超悦** 沈阳市阳光种业有限责任公司选育，早熟品种，首花节位 8～9 节，连续坐果率高，果实长灯笼形，果长 12 厘米，果宽 9～10 厘米。果大皮薄，微辣，果色绿色，果面褶皱多，抗病高产，适应性广。亩产 3000 千克以上，适宜在东北及同气候地区做春露地及保护地栽培。

16. **景椒 8 号** 黑龙江省景丰农业高新技术开发有限责任公司选育，鲜食、加工兼用杂交种。中晚熟品种，从定植到始收 55 天左右。植株生长较旺，株高约 58 厘米，株幅约 60 厘米，叶片大，深绿色，果实方形，果长约 11 厘米，果宽约 10 厘米，果肉厚约 0.6 厘米，单果重 300 克，青果绿色，生物学成熟果金黄色。亩产 4200 千克左右，适宜在黑龙江、吉林、辽宁、内蒙古、河北、北京、天津、山东、河南、安徽、陕西、山西、甘肃、宁夏、江苏、浙江、江西、湖南、湖北、广东、广西、福建、四川、云南、贵州、新疆等地春、秋季节露地种植，海南秋季露地种植。

17. **红太极** 北京中科京研农业发展有限责任公司选育，鲜食，方果型辣椒品种，植株生长势中等，节间短，大果，果实方形，果肉厚，果长 9～10 厘米，果宽 9～10 厘米，单果重 200～260 克。色泽鲜艳。以绿果采收为主，也可以红果采收，耐运输，货架期长，抗烟草花叶病毒病、番茄斑萎病毒病、马铃薯 Y 病毒。该品种有较好的耐寒性，适合早春日光温室和春夏大棚种植。适宜黑龙江、内蒙古东部、山东、河北冬季温室栽培，云南冬季拱棚栽培。

18. **奥黛丽** 先正达种苗（北京）有限公司选育，鲜食。长方椒品种，早熟，植株长势健壮，节间短，侧枝少，易管理，连续坐果能力强，耐寒性好，返头快。果实大小适中，单果均重 210 克。青果光泽度好，耐运输。抗烟草花叶病毒、马铃薯 Y 病毒、花生斑驳病毒、辣椒细菌性叶斑病菌 1、2 和 3 号小种。亩产 7000 千克以上。适宜在山东、辽宁和内蒙古越冬及早春保护地栽培。

第五节　朝天椒

1. **博辣天玉**　湖南省蔬菜研究所选育，中早熟朝天椒品种，株高 88 厘米，株幅 82.4 厘米×84.2 厘米，植株生长势较旺，首花节位 14 节，青果绿色，生物学成熟果浅红色转鲜红色，果表光亮，果型较直顺。果长 8.5 厘米，果宽 1.1 厘米，果肉厚 0.17 厘米，单果重 5.2 克，辣味强。一般亩产 1100 千克。适宜在湖南、贵州、云南、广东、河南、河北、山东省和重庆市春季露地栽培。

2. **博辣翠玉**　湖南省蔬菜研究所选育，株高 70.4 厘米，株幅 71 厘米×60 厘米，植株生长势较旺，第一花着生节位 13 节左右，中熟。青果乳黄色，生物学成熟果红色，果表光亮，指形。果长 6.5 厘米，果宽约 1.3 厘米，果肉厚 0.17 厘米，平均单果重 5.5 克，辣味强。坐果多，连续坐果能力强。一般亩产 1100 千克，适宜在湖南、贵州、云南、广东、河南、河北、山东省和重庆市春季露地栽培。

3. **飞艳**　湖南湘研种业有限公司选育，中熟单生朝天椒品种，植株高大直立，枝条硬，株高约 92 厘米，叶色浓绿。果实小羊角形，果长约 9.2 厘米，果宽约 1.1 厘米，青果绿色，生物学成熟果橘红再转大红色。果实单生，果尖细长，前后期果实一致，易采摘，单果重 4.0～5.0 克，辣味浓，单株挂果多，丰产潜力大，耐湿热，抗性强，适合作青红鲜椒上市。在云南种植每亩产量可达 2500 千克以上。适宜在湖南、云南、江苏、山西、海南、湖北和浙江春夏两季种植。

4. 湘辣 54　湖南湘研种业有限公司选育，中熟单生小果朝天椒品种。株高约 80 厘米，植株直立性强，枝条硬，叶片小，叶色浓绿；果实小羊角形，果长 5～6 厘米，果宽约 0.8 厘米，青果绿色，生物学成熟果红色；果实单生，朝天，果头尖，前后期果实一致性好，单果重 3.0 克左右，辣味浓，单株挂果多，丰产潜力大，耐湿热，抗性强，适合鲜椒销售或者作干椒加工。每亩产量可达 1000 千克以上。适宜在湖南、云南、江苏、山西、海南、湖北和浙江春夏两季种植。

5. 星秀　湖南湘研种业有限公司选育，中熟单生白色朝天椒品种。株高约 80 厘米，植株直立性强，枝条硬，叶色浓绿，叶片小；果实小米椒形，果长 5～6 厘米，果宽约 1.2 厘米，青果白色，生物学成熟果鲜红色；果实单生，朝天，果尖钝圆，前后期果实一致性好，单果重 3.5 克，辣味浓，挂果多，丰产潜力大，耐湿热，抗性强，适合作干椒或泡辣椒。亩产 785.7 千克。适宜在黄河流域及长江流域种植。

6. 圆珠一号　湖南湘研种业有限公司选育，中熟单生朝天椒类型品种。株高约 90 厘米，植株直立性强，枝条硬，叶片小，叶色浓绿；果实锥形，果长约 3.6 厘米，果宽约 3 厘米，果尖钝圆，前后期果实一致性好，单果重 10 克左右，红果深红色、味辣、有香味，干物质含量 24%，油分多、干制后不皱。熟性早，节间密，单株挂果多，丰产潜力大，耐湿热，抗性强，适合作干椒或泡辣椒。平均亩产 898.3 千克。

7. 红爪　湖南湘研种业有限公司选育，中熟簇生朝天椒品种。植株高大，株高约 92 厘米，分枝性强，植株直立性好，枝条硬，叶片小，叶色浓绿；果实小羊角形，果长 5 厘米，果宽 1.0 厘米，青果绿色，生物学成熟果鲜红色；果实簇生，朝天，每簇结果 5～7 个，平均单株结果 400 个，果尖钝圆，前后期果实一致性好，单果重 5 克，辣味浓，单株挂果多，丰产潜力大，耐湿热，抗性强，适合用于脱水加工，作干椒或泡辣椒。平均亩产 624.3 千克。适宜在河南、河北、山东等省份春季露地栽培。

8. 艳红　泰国东西方公司选育，杂交一代小辣椒，果实单生，中熟，朝天生长，果型整齐一致，株高 80 厘米，果长 5～6 厘米，果宽 0.6～0.8 厘米，单果重 3～4 克，植株生长旺盛，坐果能力强，产量高，椒形美观，味道辛辣，适合鲜食和加工干制，抗病毒病、枯萎病，适应性较广。一般亩产鲜椒 1000～2000 千克。适宜在海南、广西平均气温 20 ℃以上秋季栽培，云南、河南等无霜期 100 天以上同一生态区越冬种植。

9. 艳椒 425 重庆市农业科学院选育，中晚熟类型，平均首花节位 16.3 节。生长势强，株型开展，坐果多，连续坐果能力强。株高约 91.8 厘米、开展度约 84.5 厘米、果长约 8.89 厘米、果宽约 1.10 厘米、果肉厚约 0.14 厘米，平均单株挂果 154.6 个，平均单果重 4.5 克。耐热、耐瘠，抗病毒病、疫病和炭疽病。果实朝天单生，果面较光滑，光泽度好，果肉薄，辣椒素含量 36800SHU，干物质含量（23.9%）高，脂肪含量（14.82%）高，加工品质优良。易干制，从青椒到红椒的转色期长，适宜红椒干制、酱红椒泡制等加工，也可作火锅底料、辣椒制品加工的原料。鲜红椒平均亩产 1556.5 千克，适宜在重庆、云南、贵州、四川及相似区域种植。

10. 艳椒 435 重庆市农业科学院选育，中晚熟类型，平均首花节位 15.0 节。生长势中上，株型开展。平均株高 85.6 厘米、开展度 66.1 厘米、平均果长 7.9 厘米、果宽 1.47 厘米、果肉厚 0.16 厘米。平均单株挂果 131.7 个，平均单果重 8.1 克，果面更光滑，硬度好，适合泡制和深加工提取辣椒素。抗病毒病、疫病、炭疽病。果实朝天、单生，小羊角，果面光滑，光泽度好，青椒和红椒硬度好，辣椒素含量高，干物质含量 21.4%，加工品质优良，适宜泡制和深加工提取辣椒素。鲜红椒平均亩产 1762.58 千克。适宜在重庆、贵州、四川、云南及相似区域种植，地膜覆盖和露地栽培均可。

11. 艳椒 465 重庆市农业科学院选育，鲜食、加工兼用型朝天椒品种，中晚熟，平均首花节位 14.2 节，生育期 180 天左右。生长势中上，株型开展，坐果多，整齐度好。果实朝天、单生、小尖椒，综合农艺性状优良。平均株高 89.6 厘米、株幅 98.1 厘米，平均果长 8.5 厘米、果宽 1.4

厘米、果肉厚 0.14 厘米。平均单株挂果 129 个，平均单果重 8 克。果型较顺直，果面光滑、硬度好。青果深绿色，生物学成熟果鲜红色。辛辣，干物质含量 23.5%，适宜酱红椒泡制、红椒干制，也可深加工提取辣椒素。抗病毒病、炭疽病。鲜红椒平均亩产 2016.77 千克，适宜在重庆、四川、贵州、云南、湖南、湖北、河南、山东及相似地区栽培，地膜覆盖和露地栽培均可。

12. **红泰 664** 重庆市农业科学院选育，中晚熟类型，首始花节位平均 18.7 节。生长势中等，株型开展，侧枝抽生能力强，坐果多。果实朝天单生，小尖椒，果面光滑，光泽度好，果肉薄，综合农艺性状优良。平均株高 78.4 厘米、开展度 72.1 厘米，平均果长 8.64 厘米、果宽 1.1 厘米、果肉厚 0.10 厘米。平均单株挂果 146.8 个，平均单果重 6.2 克。抗病毒病、疫病、炭疽病。辣椒素含量 44154SHU，干物质含量 22.0%，脂肪含量 17.26%，加工品质好，适宜酱红椒泡制和红椒干制加工。鲜红椒平均亩产 1838.25 千克，适宜在重庆、贵州、云南、四川及相似区域种植，露地及地膜覆盖栽培均可。

13. **朝天 148** 重庆市农业科学院选育，中晚熟品种，首花节位 14～16 节。植株生长势强，田间表现耐热，抗倒伏。平均株高 80 厘米、株幅 78 厘米，果实朝天，单生，小羊角形。平均果长 6.1 厘米、果宽 2.1 厘米、果肉厚 0.15 厘米，平均单果重 7.2 克，平均单株挂果 85 个。青果绿色，生物学成熟果大红色，果面光滑，果实硬度好，口感辛辣，果肉薄，品质好。抗病性较强。适用泡制和干制加工，泡制 90 天后，色泽、硬度、风味仍然保持较好。鲜红椒平均亩产 1146.9 千克。适宜在重庆、四川、贵州、云南、湖南、湖北及相似地区露地或地膜栽培。

14. **石辣 1 号** 石柱土家族自治县辣椒研究所选育，干制加工型，杂交种。首花节位 18～19 节。长势旺盛，茎秆粗壮，平均株高 127 厘米、株幅 81 厘米。果实单生朝天，果长 5.5～6.0 厘米，果宽约 1.5 厘米，果肉厚约 0.12 厘米，单果重 3.5～4.0 克，青果绿色，生物学成熟果大红色，果型为指形，微皱，光泽强，果肉薄，干物质含量 28.1%，辣椒素含量高，维生素 C 含量 44 毫克/100 克，蛋白质含量 14%。抗黄瓜瓜叶病毒、烟草花叶病毒、疫病、炭疽病、细菌性叶斑病，耐弱光，较耐低温、干旱。适宜红椒干制加工，也可作火锅底料、辣椒制品加工的原料。鲜红椒平均亩产1237.4 千克。适宜在重庆、贵州、四川等海拔 500～1000 米及相似区域作春季地膜覆盖或露地栽培。

15. 锦霞红艳艳　河南豫艺种业科技发展有限公司选育，早熟簇生杂交朝天椒，植株长势中等偏上，叶色深绿，适应性好。适播期较宽，麦茬、瓜茬或大蒜茬均可栽培，也适合大棚西瓜套种栽培，适当延长播种也能正常收获。比一般品种分枝能力强。在良好的栽培管理条件下，早期和总产量都高。果实簇生，青果深绿色，生物学成熟果色深红油亮，椒形好，容易脱水，容易脱帽，易采摘，收获期比普通品种省工很多，椒味浓辣，辣红素含量高，鲜椒和干椒市场均可销售。一般亩产干椒可达 400 千克，高产能达 600 千克左右。

16. 椒哈哈　河南省北科种业有限公司选育，早熟常规种，生育期165 天。株高 60 厘米，椒果朝天簇生，籽多皮厚，果长 6 厘米，果宽 1.5厘米，生物学成熟果深红油亮，辣度高，早熟，脱水快。平均亩产干椒460 千克，适宜在河南、山东、安徽、河北春夏季温床育苗移栽或春季大田直播。

17. 冲天红　天津科润农业科技股份有限公司选育，果实簇生、朝天，果长 5 厘米，果宽 0.8～1.0 厘米，果皮鲜红有光泽，植株生长整齐，抗病性强，分枝性强，结果多、自然干燥性好，适应性广，属于干鲜两用型品种。亩产干椒可达 300～500 千克，鲜椒 1500～2000 千克。适宜在河南、河北、天津、北京、山西、山东、安徽、湖北、四川等全国大部分地区种植。

18. 丰抗二号　红绿辣椒种业有限公司选育，早熟，朝上簇生，株高70 厘米左右，株幅 45 厘米左右，首花节位 20 节上下，果长

5～7厘米，果宽1～1.2厘米，单果鲜重3～4克，味辣。干椒紫红色，光泽度好，椒果簇生性强，单株结果140～180个。该品种生长势强，抗逆性强，丰产和稳产性好。亩产干椒350～500千克。适合华北和东北地区作春露地或麦田套种栽培，其他地区种植，需引种试种成功后再大面积推广。

19. **新二代**　红绿辣椒种业有限公司选育，中早熟，株高约90厘米，株幅45厘米左右，为中小果辣味朝天椒品种，果实簇生，宜干制。叶片小，抗病能力强。亩产干椒350～450千克。适宜在河南、河北等簇生朝天椒主产区种植。

20. **三樱九号**　河南省豫园科技发展有限公司选育，高产早熟小辣椒新品种，植株生长健壮，株高60～65厘米，抗逆性强，抗疫病、病毒病、枯萎病；连续坐果性好，不易落果，椒果整齐度高，辣味浓，干椒颜色亮红，红熟一致性好，商品性极佳，正常水肥条件下亩产干椒400千克左右，适宜河南及周边地区种植。

21. **新一代**　定州市大鹿庄乡伯堡村改良品种，中晚熟品种，株高60～70厘米，新一代分枝能力低，株幅较小。果实圆柱形，像小拇指，长度3～5厘米的果实较多，果实向上，簇生，颜色深红，光泽度好；果宽0.8～1厘米，果肉较厚；辣椒素含量62000SHU，味浓，一般作调味品使用。该品种抗病、抗逆性及适应性强。亩产干椒300～400千克。适宜华北地区种植。

22. **三樱椒**　河南省柘城县于1976年从日本引进。该品种熟性较晚，为簇生朝天椒，株高约80厘米，株幅约0.5米，株型直立，分枝能力较强，植株叶腋处紫色，首花节位22～23节，花白色，辣椒指形，弯曲状，上端形似鹰嘴，青果绿色，生物学成熟果红色，一簇5～6个果，果实长5～6厘米，果肉厚约0.1毫米，单果重约0.45克。该品种抗病能力强，适于加工。干椒亩产量340千克。适于河北、山东、新疆、内蒙古、辽宁、吉林等地种植。

23. 云南小米辣 云南省地方品种，属辣椒属灌木状辣椒种。生长缓慢，极晚熟。植株灌木状，生长势强，分枝多，株高 80～110 厘米，株幅 80～110 厘米。花绿白色，果实长圆锥形，青果黄绿色，生物学成熟果红色或橘红色，果长 3～7 厘米，果宽 1.0～2.5 厘米，单果重 2～6 克，果面皱，果肉厚 0.1～0.15 厘米，果实具有芳香味，味极辣。耐热、耐旱、耐瘠薄，抗病性较强。主要以青熟果加工腌制罐头或腌制调料，其加工产品质脆辛辣，口感较好。一般亩产 800～1200 千克。适宜在云南滇南、滇东南等热带和亚热带地区种植。

第六节 其他类型

1. 丘北辣椒 云南省丘北县地方品种，干椒品种，中熟，生长势中等偏弱，株高约 65 厘米，株幅 65～80 厘米，首花节位 9～11 节，青果淡绿色，生物学成熟果鲜红色或深红色，果实线型，果长 8～10 厘米，果宽 0.7～0.9 厘米，单果干重约 0.9 克。中辣，香味好，干后饱满光滑，果实油亮。抗病毒病和疫病、炭疽病。干椒亩产 100～180 千克。适宜在云南文山、曲靖等地区种植。

2. 湘研辣子王 湖南湘研种业有限公司选育，中熟单生朝下白色辣椒品种。果实小羊角椒形，青熟果白色，生物学成熟果鲜红色，单果重 5 克左右，味辛辣，辣椒素含量 7 万～8 万 SHU，干制率约 22%，干制后颜色为淡红色，香味浓；抗病性强，大棚和露地种植即可；可用于泡制、干制、鲜食等。

3. 云干椒 3 号 云南省农业科学院园艺作物研究所选育，干椒专用型品种。中熟，生长势中等，株高 60～80 厘米。果实长指形，生物学成熟果鲜红色，果长 10～15 厘米，果宽约 1 厘米，单果干重 1～1.5 克。果味香辣，果型直，果面光滑，外观商品性好。抗病毒病、疫病、炭疽病。整椒制干后用于炒食，制辣椒面、辣椒圈等。亩产干椒 200～250 千克。适宜在喜欢小果干椒类型的地区栽培。

4. 云干椒 7 号　云南省农业科学院园艺作物研究所选育，干椒专用品种。中熟，生长势及分枝性强，坐果率高。果实线椒类型，生物学成熟果深红色，平均果长 12 厘米、果宽 1.2 厘米、干果肉厚 0.3 毫米、单果干重 1.5 克。果型直，果面光滑，果味香辣，外观商品性好。抗病毒病、疫病、炭疽病。丰产性好。香味、颜色等表现优良，非常适合制作辣椒圈，口感酥脆，制干后也可用于炒食、制作辣椒面等。亩产干椒 250～300 千克。适宜在喜欢小果干椒类型的地区栽培。

5. 红天湖 101　圣尼斯种子（北京）有限公司选育，泡制类型中熟品种，植株长势旺盛，坐果能力强，产量高，可连续采收。果长 13～14 厘米，果宽 1.8 厘米左右，单果重 18～20 克。青果亮绿色，生物学成熟果橙红至鲜红色，果皮厚、光滑、耐运输，商品性好。辣味中等，品质佳。主要用于腌渍，也可鲜食。亩产 2000 千克左右。适宜在华南热带、云南大部分地区栽培。

6. 德红 1 号　山东省德州市农业科学研究院选育，干、鲜兼用型早熟品种。植株高 90 厘米左右，株幅 80 厘米左右，主茎高度 30 厘米左右；首花节位 10～13 节；嫩茎和叶片上有明显的茸毛；果实呈羊角形，果长 11～14 厘米，果宽 2.0 厘米左右；鲜椒单果重 20～25 克，干椒单果重 3.0 克左右。青果绿色，生物学成熟果深红色，自然晾干速度快，商品率高；辣味中等，干椒果皮内外红色均匀，耐高温，耐干旱，适应性强，抗病毒病和疫病。亩产干椒 382.7 千克。适宜在山东省做干制辣椒露地种植。

7. 英潮红 4 号　中椒英潮辣业发展有限公司选育，常规品种，由地方品种益都红变异株系选择育成，为中早熟品种。植株生长势强，株高 70 厘米，株幅 60 厘米。首花节位 12～15 节；果实呈短锥形，果长 8～10 厘米，果宽约 4 厘米；干椒单果重 4 克以上，鲜椒脱水快，易制干，干椒果皮韧度好，易加工。微辣，商品性好；抗病性突出，坐果多，单株坐果 30～40 个。青果绿色，生物学成熟果紫红色，内外果均呈紫红色。平均每亩产干椒

354.2千克。适宜在山东省做干制辣椒露地种植。

8. **青农干椒2号** 青岛农业大学选育，干制辣椒，杂交一代品种。植株生长势强，叶色绿。植株高110厘米，株幅95厘米，首花节位10～12节。果实粗羊角形，果长12～15厘米，果宽2.5～2.8厘米，干椒单果重2.8克，果皮光滑、青果绿色，干椒紫红色，果实内皮红色，微辣。植株抗病毒病、疫病和炭疽病。果实整齐度高，自然晾干速度较快。干椒果实外形、红色度和亮度俱佳，适于辣椒色素萃取加工。平均亩产370千克，适宜在山东和新疆春季露地或地膜覆盖栽培。

9. **三江红** 青岛明山农产种苗有限公司选育，鲜食、加工兼用中晚熟品种。株高约70厘米，开展度约55厘米，株型较直立、紧凑，分枝多，节间短。首花节位11～12节，花梗下垂。果实长羊角形，果面微皱，果肉厚。青果绿色，生物学成熟果深红色，果长16厘米，果宽3.3～4.0厘米，果肉厚约0.35厘米，干椒单果重4～5克。维生素C含量75.5毫克/100克，辣椒素含量0.17%，干物质含量20.5%。抗黄瓜花叶病毒、烟草花叶病毒、炭疽病、疫病。较耐寒，较耐旱，不耐涝，较耐短期高温。平均亩产干椒492.5千克。适宜在华东区山东即墨，西北区新疆阿瓦提、甘肃肃州和华北区内蒙古开鲁，东北区辽宁北票无霜期150天以上的干鲜椒种植地区春季棚室育苗、露地种植。

10. **红龙17号** 新疆天椒红安农业科技有限责任公司选育，早熟，株高70～80厘米，株幅50厘米左右，株型直立紧凑，茎秆硬，抗倒伏，首花节位9～10节，坐果集中，坐果能力强，果实羊角形，果长16～18厘米，果宽3.2厘米左右，干椒单果重5～6克，单株坐果数30个左右，青果绿色，生物学成熟果深红色，无辣味。定植至红熟期110天左右。辣椒素含量0.005%。抗黄瓜花叶病毒、烟草花叶病毒、疫病、炭疽病、脐腐病，耐热性强，耐旱性中，耐涝性强。平均亩产干椒500千克，适宜在新疆作提取辣椒红素栽培。

11. **红龙20号** 新疆天椒红安农业科技有限责任公司选育，加工辣椒类型，植株长势较强，株型直立紧凑，早中熟，坐果集中，红熟果含水量低，易制干，椒果内外果皮紫红色，红色素含量高，成品率高。果实长锥形，果长13~15厘米，果宽3.5厘米左右，干椒单果重4~5克。辣椒素含量0.066%。抗黄瓜花叶病毒、炭疽病、烟草花叶病毒、疫病、细菌性斑点病，苗期耐冷性强，耐热性中，抗倒伏能力强。平均亩产干椒500千克。适宜在无霜期150天以上的新疆4—10月露地种植。

12. **红龙25号**　新疆天椒红安农业科技有限责任公司选育，早熟加工型色素椒杂交品种，无限分枝类型。株高70厘米左右，株幅50~60厘米，首花节位12节，结果集中，坐果能力强，果实羊角形，果长15厘米左右，果宽3.3厘米左右，干椒单果重4.5克，单株坐果数35个左右，青果绿色，生物学成熟果深红色。维生素C含量146毫克/千克，辣椒素含量0.0055%。抗黄瓜花叶病毒、烟草花叶病毒、疫病、炭疽病、疮痂病，耐热性强。平均亩产干椒500千克，适宜在新疆栽培。

13. **园椒34号**　新疆农业科学院园艺作物研究所选育，加工型羊角辣椒，从定植至始熟100天左右，属中熟品种。植型直立紧凑，生长势中等，株高85~90厘米，株幅65~70厘米，首花节位10~11节，茎秆略有茸毛，果实羊角形，幼果深绿色，成熟果深红色，果面略皱，结果性强，果实大小均匀，果长约15厘米，果宽约3厘米，心室数2个，单株坐果数55~65个，8~9个侧枝，辣度为11635.84SHU，干椒颜色深红，商品性状佳，果实不易灼伤，味辛辣，品质优良，色价高，辣度高，果实脱水速度快，易制干。平均亩产干椒550千克。适宜在新疆区域春季露地种植。

14. **天椒19号**　天水市农业科学研究所选育，中熟品种，从定植到红果采收105天左右。株高约62.0厘米，株幅约50.0厘米，茎基粗约1.7厘米，生长势中等。叶深绿色，卵形。首花节位10~12节。柱头浅绿色，花冠白色。平均单株结果23.4个，生物学成熟果深红色，果顶尖，果基部宿存萼片下包，果面光滑，果长约17.5厘米，果宽约2.85厘米，果肉厚约0.29厘米，单果重约37.2克。维生素C含量563.4毫克/千克，粗纤维含量 39.42 克/100 克，脂肪含量 116.3 克/千克。抗辣椒病毒病、疫病、炭疽病。用于红椒干制和提取辣椒红色素。亩产干椒 400 千克左右。适宜在甘肃省及生态条件相近的地区露地栽培。

15. **鲁红 13** 青岛兴业种子有限公司选育，早熟干鲜两用加工型辣椒杂交种。适宜栽培条件下，株高 70 厘米左右，株幅 60 厘米左右；株型紧凑，坐果早而集中，单株结果数 25～30 个，成熟期一致，适合一次性采收。果实羊角形，果长 13～15 厘米、果宽 2.5 厘米左右，鲜椒单果重 20～25 克；成熟后椒果光滑无皱，转色快，能快速自然脱水，极易晾晒，适合一次性采收。适宜在山东、山西、内蒙古、甘肃、新疆、辽宁、河南、河北等地无霜期 140 天以上加工型辣椒产区春季育苗移栽。

16. **鲁花红** 青岛明山农产种苗有限公司选育，鲜食、加工兼用。中熟，高色素。平均株高 80 厘米，平均株幅 50 厘米。单株结果数 30 个左右，果实羊角形，平均果长 12.5 厘米、果宽 3.5 厘米，鲜椒单果重约 25 克。成熟果平整光滑，无褶，有光泽，内外果皮鲜红色。适宜速冻和打酱，也可以留作干椒。适宜在山东即墨、内蒙古开鲁、山西忻州、辽宁北票等地无霜期 150 天以上地区春季育苗移栽种植。

17. **包椒 1 号** 包头市农牧业科学研究院选育，植株生长势和分枝性中等，果实长锥形，果长 9.72～10.31 厘米，果宽 2.64～2.91 厘米，生物学成熟果暗红色，果面光滑，商品性极佳。露地栽培较抗病毒病、疫病、白粉病等，结果性好，果实色泽鲜红，香辣味适中带香，品质优良，口感好，含水量 55%～65%、易干制，适宜加工。露地栽培亩产 2400～2600 千克。适宜在内蒙古包头地区春夏季露地栽培。

18. **天椒 17 号** 天水市农业科学研究所选育的地方品种，早中熟，从定植到红果成熟 100 天左右。株型半直立，株高约 84.5 厘米，株幅约 72.6 厘米，茎基粗约 1.5 厘米，生长势强。叶绿色，卵形。首花节位 12～14 节。柱头浅绿色，花冠白色。单株结果 51 个，青果深绿色，生物学成熟果深红色，线椒，果顶尖，果基部宿存萼片浅下包，果面皱，果长约 20.4 厘米，果宽约 1.2 厘米，果肉厚约 0.12 厘米，单果重约 7.4 克，可溶性固形物含量 14.83%，辣椒素含量 0.0172%。抗疫病、黄瓜花叶病毒、烟草花叶病毒、炭疽病。主要用于红椒干制。亩产干椒 350 千克左右。适宜在甘肃省露地栽培。

19. **金贵红 3 号** 胶州市东茂蔬菜研究所选育，加工型干鲜两用高色素中早熟常规品种。株高 75 厘米左右、株幅 60 厘米左右；坐果集中，果实圆锥形，单株结果 23 个左右，果长 10.2 厘米左右、果宽 3.6 厘米左右，鲜椒单果重 25 克左右；成熟后转色快，能快速自然脱水，成品干椒光滑无皱。抗逆性好，成熟集中，椒果皮厚，油性好，外表光亮，内外皮均呈紫红色。适宜在山东、内蒙古、甘肃、新疆加工型辣椒产区无霜期 150 天以上区域春季育苗移栽或直播。

20. **金塔一号** 青岛金地斯瑞种子有限公司选育，鲜食、加工兼用。中早熟。植株生长健壮，首花节位 12 节，侧枝分生能力强。株高 75～80 厘米，株幅 65～70 厘米，叶色深绿，果实羊角形，青果深绿色，生物学成熟果深红色，果长 15～17 厘米，果宽 2.5～2.7 厘米，单果重 22～25 克。耐热耐湿性好，抗疫病和炭疽病。亩产 1500～2000 千克，适宜在山东、河南、山西、内蒙古、甘肃、新疆、河北、天津、北京等地春季露地栽培。

21. **景尖椒 X01** 黑龙江省景丰农业高新技术开发有限责任公司选育，鲜食、加工兼用杂交种。中熟品种，从定植到采收 70 天左右。株型紧凑，株高约 40 厘米，株幅约 45 厘米，叶片小，叶色深绿，坐果能力强，果实短羊角形，青果绿色，生物学成熟果鲜红色，果长 7～8 厘米，果宽约 1 厘米，果皮厚约 0.15 厘米，辣味强。亩产 800 千克左右。适宜在黑龙江、吉林、辽宁、内蒙古、河北、北京、天津、山东、河南、安徽、陕西、山西、甘肃、宁夏、江苏、浙江、江西、湖南、湖北、广东、广西、福建、四川、云南、贵州、新疆等地春、秋季节露地种植，海南秋季露地种植。

22. **鲁红 6 号** 青岛三禾农产科技有限公司选育，中熟，干鲜兼用高色素品种。适宜栽培条件下，株高 70 厘米左右、株幅 70 厘米左右；坐果早而集中，单株结果 15～20 个，果实圆锥形，果长 10～12 厘米、果宽 3.5 厘米左右，鲜椒单果重 27 克左右；成熟后转色快，成熟集中，能快速自然脱水，成品干椒表面光滑，光泽度高，不易出现花皮椒和水泡椒。干椒单果重 5 克左右，皮厚、油性好，外表光亮。干鲜两用。亩产 3000 千克以上，适宜在山东、山西、河南、河北、新疆、甘肃、内蒙古、辽宁、吉林中南部无霜期 150 天以上加工型辣椒产区春季育苗移栽。

23. **鲁红 8 号** 青岛三禾农产科技有限公司选育，中早熟干鲜兼用高色素加工型品种。适宜栽培条件下，株高 75 厘米左右、株幅 60 厘米左右；坐果集中，果实圆锥形，单株结果 23 个左右，果长 10.2 厘米左右、果宽 3.6 厘米左右，鲜椒单果重 25 克左右；成熟后转色快，能快速自然脱水，成品干椒光滑无皱。抗逆性好，成熟集中，椒果皮厚，油性好，外表光亮，内外皮均呈紫红色。亩产 3000 千克以上，适宜在山东、山西、河南、河北、新疆、甘肃、内蒙古、辽宁、吉林中南部无霜期 150 天以上加工型辣椒产区春季育苗移栽。

24. **益都红** 株高 40～80 厘米，叶矩圆状卵形、卵形或卵状披针形，花冠白色，果梗较粗壮；果实长指状，顶端渐尖且常弯曲，未成熟时绿色，成熟后呈红色、橙色或紫红色，味辣。种子扁肾形，长 3～5 毫米，淡黄色。果实长羊角形，果长 8～15 厘米，鲜椒青绿色，成熟后呈红色或暗红色。干果色泽紫红，果肉肥厚，油分足，水分少，干物质含量达 16％～20％，辣味适中，为干鲜两用型品种，适宜加工色素和食用优良品种。亩产干椒 350 千克左右。适宜在山东、河北、辽宁等省种植。

25. **龙渊红辣椒** 吉林省延吉市农家品种，植株生长势较强，株高和株幅均为 45～50 厘米，首花节位约 6 节，果实短锥形，青果绿色，生物学成熟果深红色，果长 9～10 厘米，果宽 2.8 厘米左右，单果重 15 克左右。辣味浓，口感清香，适于加工干制。属于早熟品种，亩产约 1000 千克。适宜在吉林省干鲜椒种植地区春季棚室育苗、露地种植。

26. **北京红** 中椒英潮辣业发展有限公司选育，定植至干椒采收

120～150 天。植株生长势强，株高 70 厘米左右，株幅 60 厘米左右。首花节位 12～15 节，果实短锥形，果长 8～10 厘米，果宽 4 厘米左右，干椒单果重 4 克左右。青果绿色，生物学成熟果紫红色。自然晾干速度快、易制干，商品性好；干椒果皮韧度好，易加工。病毒病病株率 3.1%，病情指数 1.0；疫病病株率 1.2%，病情指数 0.5。平均亩产干椒 334.2 千克，适宜在全国干制辣椒生产区露地种植。

27. **辛迪**　沈阳青农种业有限公司选育，鲜食、加工兼用。生育期 150～155 天，早熟品种，株高 80～120 厘米，果实形似长羊角形，辣味较浓，枝干粗壮，果长 8～11 厘米，果宽 1.2～1.5 厘米。亩产 1500 千克以上。适宜在辽宁省新民地区春夏季露地种植。

第五章　杂交辣椒种子生产

第一节　杂交辣椒种子生产基地建设

辣椒杂种优势非常明显，近年来，我国选育了大量的杂交品种，并大面积推广应用，支撑了辣椒产业的发展，取得了显著的经济效益和社会效益。目前我国辣椒年种植面积 3200 多万亩，生产用种 95％以上是国产种子，进口种子不到 5％。种子价格差异很大，国内种子成本 150～200 元/亩，国外种子成本 600～700 元/亩。除极少量的特色农家品种有自留种情况外，我国辣椒生产基本上是良种化，商品率大于 99％。我国自 20 世纪 80 年代开始建设辣椒杂交种子生产基地，经过 40 年的逐步完善，现已建成为世界上最大的辣椒杂交种子生产中心。

一、我国杂交辣椒种子生产基地

杂交辣椒种子作为高科技载体，是一种特殊的生产资料，它质量的好坏，能否正常供应，直接影响到辣椒产业的发展。辣椒产业发展证明，制种基地是杂交种子生产的基础，规划并建设好制种基地是杂交辣椒种子产业化的关键。目前我国已建立了五大各具特色的杂交辣椒种子生产基地，保证杂交种子不同时期供应市场。

1. 海南杂交辣椒种子生产基地

海南冬季温暖，降雨量少，是我国重要的南繁育种基地，也是杂交辣椒种子重要的生产基地。海南杂交辣椒种子生产基地，以三亚为中心，沿东线北至陵水县、西至乐东县。该基地生产杂交辣椒种子的特点：种植时间短，种子产量高、质量好，但投入大，种子生产成本高。生产方式是种子生产单位或个人租用土地和雇用当地劳动力，生产杂交辣椒种子。这些种子生产企业或个人，长期从事杂交辣椒种子生产，技术力量强，种子质量高。海南基地以露地栽培为主，一般在 9—10 月播种，10—11 月定植，授粉期一般在 12 月至翌年 1 月，种子采收期在翌年 1—3 月。如果某一品种缺乏，1 月份收种，能在我国大部分地区播种前供种，因此是理想的种子调节生产基地。海南基地年生产杂交辣椒种子可达 100 吨，平均单产 750 千克/公顷，最高单产达 1125 千克/公顷，适宜早熟辣椒制种。

2. 华东早、中熟杂交辣椒种子生产基地

华东杂交辣椒种子生产基地以江苏的铜山、沛县和安徽的萧县、砀山等地为中心。华东基地的特点：全部采用塑料大棚生产杂交种子，受灾害性天气影响较小；生产基地负责人、技术人员和授粉人员的水平高；生产的杂交辣椒种子质量好，产量高且稳定。华东基地一般于 10—11 月播种，2 月定植，授粉期一般在 5—6 月，种子收获期在 7 月底至 8 月上旬。如某个品种种子断档，安排在华东基地生产，能赶上南菜北运基地如广东、广西、云南、海南等地的秋播。华东基地处于南北交界处，同时具有北方早春的光资源丰富和南方升温快的特点，采用大棚栽培生产杂交辣椒种子，平均单产可达 825 千克/公顷，最高单产达 1200 千克/公顷。适宜早、中熟辣椒制种，晚熟品种制种产量较低。

3. 华北中、晚熟杂交辣椒种子生产基地

华北基地以山西省忻州市为中心，向外辐射至代县、朔州等地，是目前我国甜椒和中、晚熟辣椒杂交品种重要的种子生产基地。该地区处于黄土高坡，年降雨量较少，气候干燥，5—9 月的温、湿度适宜辣椒杂交授粉坐果。山西是我国重要的玉米产区，隔离条件好，同时有充足的土地进行辣椒—玉米间作和轮作。相对其他杂交种子生产基地，华北基地病虫害少，劳动力充足，种子生产成本较低，种子产量稳定。该基地于上年 11—12 月份安排生产，春节后播种，定植期在 5 月上旬，6 月下旬至 8 月上旬授粉，收种时间在 9 月中旬至 10 月上旬。华北基地的年生产能力较大，最高单产达 750 千克/公顷。

4. 西北早熟辣椒和甜椒杂交种子生产基地

西北基地以甘肃的酒泉、张掖为代表，是早熟辣椒和甜椒品种的理想生产基地。播种期一般在春节后，定植期在 5 月中下旬，授粉期在 7 月，收种期在 9 月中旬。该基地的生产特点：昼夜温差大，光照条件好，年降雨量只有 85 毫米左右，病虫害少，特别适宜早熟辣椒和甜椒的生长。西北基地长期为国外公司生产蔬菜杂交种子，当地种子生产公司、基地技术人员和种子生产最基本单位——农户，有很高的种子质量观念，授粉技术好，因此生产的种子质量高。由于授粉季节温度和湿度较为稳定，生产的杂交种子产量高且稳产。一年的降雨量少，气候干燥，相对湿度低，是天然的辣椒种子贮藏仓库。西北基地纬度和海拔都高，适宜辣椒生长期短，如果不用大棚等设施，中、晚熟品种制种产量低。该基地适宜早熟品种种子生产，最高单产可达 1275 千克/公顷，平均单产 900 千克/公顷。

5. 东北杂交辣椒种子生产基地

东北基地以辽宁省的本溪县和盖县为代表，其特点是山多，隔离条件好，有利于品种多、数量少的杂交种子生产。由于距离韩国、日本较近，是韩国、日本等辣椒种业公司外繁的重要基地。播种和收种时间基本同华北基地，但这里劳动力更加充足，制种成本低。不过该基地降雨比华北基地多，湿度大，病虫害多，产量不稳定。一般 1 月份安排种子生产，10 月份种子采收。

二、杂交辣椒种子生产基地建设

辣椒是一种异花授粉作物，异交率为 5%～10%。辣椒杂种优势强，产量优势达 30%～40%，抗逆性强，选育的新品种深受农民喜爱。目前我国商品种植辣椒的杂交品种占有率达 90% 以上，随着辣椒生产面积的增加，杂交辣椒种子用量将会进一步增加，杂交种子生产基地建设将成为行业关注重点。

生产杂交辣椒种子产量取决于单位面积株数、单株杂交果数、单个果种子数和种子千粒重等。由此可见，辣椒栽培技术、适宜授粉条件和杂交授粉技术都会影响上述因素。杂交辣椒种子生产基地建设要充分考虑气候、土壤条件、设施、劳动力等因素。

1. 选择辣椒杂交种子生产基地的原则

（1）气候

温度对生产杂交辣椒种子产量影响最大，要求基地无霜期超过 120 天，连续温度在 20 ℃～25 ℃的天数不少于 80 天。降雨会影响辣椒生长和授粉，在辣椒生长季节，特别是授粉季节，降雨量少，有利于提高制种产量。在选择生产基地时，要避开该地区的雨季，同时要避开灾害性天气如冰雹、暴雨、洪水常发生的时期。

（2）设施

辣椒是一种喜湿润又怕水的作物，因此对基地的排灌设施和水源要求较高，排水沟畅通，下雨能及时排出田间积水；有丰富的水源和灌溉设施，干旱又能灌水。制种地最好交通便利，能形成一定的规模，以保证种子生产实行分区管理。

（3）土壤条件

辣椒种植地块最好选择土层深厚、土壤肥力好的砂壤土。砂壤土耕作比较方便，能减少农事操作的劳动力用工量，同时砂壤土有利于排水，授粉季节下雨后不渍水，对授粉操作影响小。

（4）作物茬口

合适的轮作可以降低病虫害的发生，同一个基地安排茬口时，要有作物可以轮作，可选择水旱轮作和干旱轮作，如与水稻、玉米、小麦、豆类、葱蒜姜作物轮作。基地有与辣椒同期生长的作物时，要考虑在辣椒授粉期有无劳动力冲突。

（5）劳动力

辣椒授粉和采收需要大量的劳动力，制种基地附近应有较为充足的劳动力资源。

2. 杂交种子生产技术培训

杂交辣椒种子生产，不仅涉及田间栽培管理技术，还包括花粉制取、授粉、标记、采种等一系列技术，因此，一个基地杂交种子产量与质量，与基地管理人员、技术人员和授粉工人的技术、责任心密切相关。制种基地需建设一支具有质量意识高和技术熟练、稳定的制种队伍，授粉前需要对相关人员进行责任心和技术的培训。

（1）管理人员

管理人员是指杂交辣椒种子生产基地的栽培管理、授粉管理和采种管理的直接负责人，主要职责是制种田的水肥管理、病虫防控，授粉时期的选择、授粉质量的检查、花粉的制取、授粉器具的发放、辣椒红熟果的采收、采种及晒种、清选等。

（2）技术人员

技术人员是指负责栽培与授粉、采种等环节的人员，直接面向杂交种子生产农户，他们的生产技术、质量意识是影响种子产量和质量的关键。一方面，应着重对基层技术人员的质量意识和生产技术进行培训，提高他们自身的素质；另一方面，要改变管理方式，实行聘用制，同时引入竞争机制，工资与生产种子的业绩挂钩，下一年的繁种数量与上一年度的种子合格率挂钩。

（3）授粉人员

授粉人员是指花期负责给植株去雄授粉、做标记的人员，杂交辣椒种子的生产主要依靠他们的工作完成。一般在杂交授粉开始前，对授粉人员进行集中培训，重点讲解本品种开花的特点，母本花蕾的选择、去雄、授粉和标记等 4 个方面的技术。

（4）花粉采集人员

花粉采集人员是指负责采集父本花粉的人员。高质量的花粉才具有高的花粉活力，才能提高杂交授粉坐果率和种子数。对花粉采集人员需集中培训父本花蕾选择、花药剥离与干燥、花粉筛制与保存等技术。

3. 杂交种子生产基地管理

（1）合理布局

杂交辣椒种子生产基地建成后，一般设立多个生产点，以满足企业多品种生产需求，因此要合理布局、统一安排。确定生产点时，一是要考虑辣椒忌连作，应将3～5年内的生产统一规划，使制种田能进行水旱轮作或与其他非茄科作物轮作，减少病虫为害；二是辣椒制种需要大量劳动力，要合理利用有限资源，确定生产点的面积；三是要充分利用当地的小气候条件，规划好不同品种的适宜制种地点。

（2）选择合理的管理模式

20世纪80年代，辣椒种子生产采用单一的委托方式和生产单位签订制种合同，商定质量标准、数量、价格。这种方式收购价高，由于生产管理环节多，利润层层剥离，农户和各单位实际利润较少，种植积极性不高。遇农作物价格高，农民不愿种植辣椒，生产计划很难落实，如遇种子紧张，种子又容易被其他单位买走。目前辣椒杂交种子生产基地一般采用以下管理模式。一级管理模式：种子企业与有制种经验、管理经验和雄厚经济基础的农民直接签订合同，他们既是管理者，又是直接生产者，由于没有中间环节，生产者利润较高，但投资大，风险也大，目前海南基地主要采用该模式。二级管理模式：①公司＋农户。公司作为管理方，农民是种子的直接生产者，西北地区主要采用该模式。②基地技术员＋农户。基地技术员办理各种生产手续，并提供服务，农户作为生产单位，华北和华东区主要采用该模式。管理方式的改变，去掉了一些中间环节，受益最大的是种子直接生产者。这样保障了制种农户的利益，农民的种植积极性很高，制种基地非常稳固。

4. 技术跟踪与服务

无论是育种单位，还是种子生产企业，都有专业技术人员负责生产杂交种子，他们有着扎实的基础理论知识和丰富的栽培、制种经验，并对组合及其亲本的特征特性非常熟悉。在辣椒杂交种子生产期，特别是育苗期、开花期、授粉前期和种子采收前期这些关键时间节点，技术人员要多次深入基地，对农户直接进行技术指导，能有效地提高制种单产和种子质量。

第二节 杂交辣椒种子生产技术

辣椒杂种优势明显，产量高、品质好、抗病抗逆性强，我国辣椒生产基本使用杂种一代种子。随着城市化进程的加速，农村劳动力价格急剧上升，制种成本显著提高，辣椒种子生产企业纷纷通过技术改进提高生产效率，提高自身竞争力。不育系制种可免除人工去雄和授粉标记，质量可靠，节约劳动成本；通过花粉保存技术不仅能实现异地异季授粉，还能节省制种用地，解决花期不遇；分子标记纯度技术鉴定不受环境因素影响，鉴定结果精确，这些新技术都将大范围应用于杂交辣椒种子生产。

一、人工杂交制种

1. 杂交前的准备

（1）人员培训

杂交制种是劳动密集型且技术含量高的工作。在授粉前1～2天，应对授粉工人集中进行培训，明确责任，熟练掌握操作要领。根据工作性质不同分为制粉组、授粉组，每组设组长1名，专门负责器具的发放和回收，尤其涉及多品种授粉时，组长必须有很强的责任心，不能将花粉弄错。

（2）器械准备

授粉器械主要包括花粉制取和分装工具、授粉工具、标记工具等。

2. 采集花粉

于授粉前一天下午或当天上午 7—10 时，采集成熟的未开裂的花药放置在干燥器内干燥，或采用花粉采集箱干燥。花粉采集箱干燥花药：将花药剥离置于花粉采集箱内的纸片光滑面上，密闭箱体，开启加热除湿设备，控制箱体温度为 28 ℃～35 ℃，湿度在 40％～50％，促进花药干燥散粉。花粉散出后，取出纸片，将纸片上的混合物过筛，筛取高净度花粉。花粉采集箱的结构：箱体底部设有石灰层，石灰一方面用于吸湿，保持箱体内的干燥，另一方面作用于微生物，防止花粉发酸发酵。在生石灰上铺一层纸片，主要用于收集花粉。加热除湿设备主要为箱体提供热源，调节箱体内的温度和湿度以达到辣椒花药散粉的最佳条件。

3. 花粉保存

辣椒花粉在常温条件下活力下降速度快，一般有效贮藏期在 48 小时以内，但是在干燥和低温条件下，能显著延长保存时间。干燥的辣椒花粉在 4 ℃条件下，贮藏 7 天后，活力降至 60％左右；在－20 ℃条件下，贮藏40 天后，活力降至 70％左右；在－196 ℃的超低温条件下，贮藏 1 年后，活力仍可达到 90％。在实际生产过程中，可根据所需要的保存时间创造必要的贮藏条件。无论保存多久，前提是花粉充分干燥。干燥的花粉呈颗粒状，轻轻吹动，能像灰尘一样向上飘扬。

4. 母本植株整理

杂交工作开始前，必须对母本植株进行整理，摘除自交果和已开放的花，同时进行整枝，摘除门椒以下所有分枝和瘦弱枝。簇生型辣椒一般只摘除自交果和已开放的花，不整枝。

5. 去雄

镊子去雄是从"对椒"或"八面风"开始选取第 2 天开放的母本花蕾，用镊子扒开花瓣，夹去雄蕊。此方法去雄速度慢，要求操作人员技术熟练，目前生产上已很少采用。

在镊子去雄技术的基础上，邹学校等发明了徒手去雄法。去雄时，用左手拇指与食指和中指轻轻握住花蕾的基部，右手的拇指、食指和中指握住花冠上部，顺时针轻轻旋转花冠，再返回，左、右手轻轻拉，就能将花药、花冠同时全部从花蕾上拿掉，达到去雄的目的。该方法省时省工，去雄速度快，操作简单易学，是目前辣椒制种上应用最广的去雄方法。

6. 授粉

(1) 授粉时间

去雄后可当天授粉，也可在第 2 天授粉。试验表明，两者在千粒重上无明显差异，但在单果种子数和坐果率上有明显差异，且以去雄后第 2 天授粉为佳，因为这时正值母本开花当日，所以受精结实较好。选用哪种方式可结合本地实际情况，但无论选用哪种方式，授粉时间一定要在上午田中露水稍干后尽早进行。

(2) 授粉工具

目前应用较广的授粉工具是授粉管（器），其为一种特制的玻璃管，一端开口装入花粉，一端用棉签封闭；辣椒柱头从开口端伸入授粉管，沾触花粉，即完成授粉。棉签在授粉管中上下移动，可控制花粉量和花粉离管口的高度。此方法授粉效果好，节约花粉，效率也高。其他授粉的工具如橡皮塞、授粉笔等。橡皮塞授粉是将花粉装入橡皮塞的凹面，授粉时将柱头伸入沾取花粉。该方法操作简便，授粉速度快，坐果率很高，但是很浪费花粉，当田间父本缺少时，不建议用此方法。授粉笔是用毛笔或橡皮头沾花粉，轻抹于柱头上。此方法对柱头伤害小，坐果率较高，但是速度慢。授粉工具的多样性，都是人们在生产实践中发明创造的，每种工具都有自己的优缺点，实际生产中，可根据自己的情况选择合适的授粉工具。

7. 标记

授粉标记是区分后期杂交果和自交果的一种符号，是保证杂交种子纯度的技术手段。采种时，有标记的是杂交果，没有授粉标记或标记不明显的果实必须清除。每个地方甚至同一地方的不同制种户选择的标记方法不尽相同，每种标记方法都有各自的优缺点。

去萼片法是在授粉结束后，将杂交花的萼片掐掉 1/3 左右，果实成熟后，可明显看见果柄处缺失的萼片。由于此方法受外界条件影响小，操作简便，对生长影响小，质量有保证，成本最低，是目前生产上应用范围最广的标记法。

清除法，即授粉果不做标记，而是将未授粉的花全部清除，不形成自交果，仅留下杂交果。清除法可以省去标记的麻烦，采种时也不用区分自交果和杂交果。授粉结束后，需对植株进行打顶或持续清除未授粉的花蕾 10 天以上。

涂抹油漆标记法，是授粉后用添加了印油的红色油漆涂抹在果柄处，辣椒成熟时，油漆依然清晰可见。采种时，只选择果柄上涂了油漆的果实，辨识度高。缺点是费工费料，授粉工需同时手拿授粉管和油漆涂抹工具，操作不便。

系绳标记法是在杂交授粉结束后，在果柄处系一色线做标记。该方法对果实没有任何伤害，坐果率高、种子数多，标记的可靠性强，但比较费时费工。对于需当日去雄、次日授粉的杂交组合制种，宜采用此方法。

8. 授粉后植株管理

授粉结束后应及时进行植株整理，将未去雄授粉的花、花蕾全部摘除。此外，还要摘除顶尖，以免后期再生长花蕾。此项工作应反复进行几次，以保证养分集中供应杂交果实的生长发育。

二、不育系杂交制种

1. 胞质雄性不育系杂交制种技术

（1）三系繁育技术

胞质雄性不育是由细胞质基因与核基因互作而控制雄性不育，胞质雄性不育系雌蕊正常发育而雄蕊花粉败育，不能自交结实，育性受遗传基因控制，在杂交一代种子生产中作母本，用♀表示。胞质雄性不育系杂交制种又称三系杂交制种，生产中需不育系、保持系、恢复系三系配套。不育系与保持系杂交，用于繁制不育系；不育系与恢复系杂交，生产杂交种子。湖南省农业科学院蔬菜研究所自 20 世纪 90 年代初开展辣椒胞质雄性不育研究以来，成功育成了国内第一个通过审定的辣椒雄性不育系——9704A，后相继选育了 30 多个优良的胞质雄性不育系，成功培育了新的优良胞质雄性不育杂交品种。目前已大面积应用于商品杂交种子生产的品种有博辣 5 号、博辣 6 号、湘辣 4 号、极品泡椒、湘研 30 号等，保证了种子质量，降低了生产成本，提高了我国杂交辣椒种子的市场竞争力。

三系繁育均采用 60 目防虫网隔离，繁育圃地与其他辣椒留种田和生产田空间隔离距离 500 米以上，或利用玉米等高秆作物隔离。

将不育系与相应保持系安排在适宜的栽培季节种植，不育系与保持系的植株比例为 3：1。不育系与保持系分区定植，一半保持系作为不育系授粉取粉用，另一半保持系用于自交繁种。为了防止不育系和保持系在多次扩繁中发生遗传漂移，每次繁种应尽可能扩大繁殖群体，采取一次繁种多次使用的办法，来保证不育系和保持系种性的一致性和稳定性。一般不育系的繁殖在 300 株以上，保持系的繁殖在 100 株以上，见图 5-1。

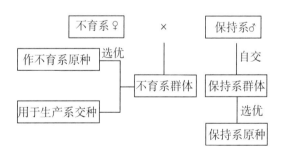

图 5-1　胞质雄性不育系繁殖

（2）制种技术

为保证恢复系和不育系花期相遇和有足够的花粉量，应根据恢复系和不育系的生育期调节播期，生育期相近时，恢复系应早于不育系一周播种。不育系与恢复系的配置比例为 3.5：1。

为提高授粉工的效率，从"八面风"开始授粉较为合适，授粉前应摘除已开放花朵，因为不育系有低温产生微粉的现象，授粉时应注意调查不育系花粉有无及自交结实、结籽等情况，特别是要注意低于15℃条件下发育的花朵，发现有微粉现象，应及时摘除。授粉以当天开放的花朵效果最佳，授粉可在6—11时、14—18时进行，避免高温授粉，以保证结实率和产籽率。授粉时，一般左手持花，右手握授粉器，柱头伸入授粉器沾满花粉。

2. 核雄性不育系杂交制种

核雄性不育系，又称两用系。两用系后代会出现不育株与可育株1∶1分离，将可育株的花粉授到不育株上，产生的后代继续按1∶1的育性分离，从而实现不育系（母本）扩繁。用不育株作母本，优良的自交系作父本生产杂交种子。

应用雄性不育两用系杂交制种，母本的播种数量和定植苗数，均比人工去雄杂交制种增加一倍。授粉前需多次拔除可育株，确保母本留下植株100％不育；授粉前无需去雄，授粉后无需在母本花上做标记。利用两用系生产的雄性不育株作母本生产杂交种，由于雄性不育株的不育度为100％，所获杂交种的纯度可达100％。杂交制种田与一般辣椒生产田、辣椒留种田和其他组合辣椒制种田要有500米以上的空间隔离，如有较高的障碍物，也要保证间隔200米以上，在无法形成足够空间距离时，采用网棚隔离予以弥补；两用系的不育性受温度等因素影响小，应用范围更广。

三、纯度鉴定

1. 田间鉴定

田间鉴定是纯度鉴定最直观的方式，包括苗期鉴定、花期鉴定、成熟期鉴定、苗期黄化性状标记鉴定等，根据F_1代的各种标志性农艺性状，进行种子批次的真实性鉴定。田间鉴定有着最直接的性状表现，操作方式简单，是育种者、种子生产农户、杂交种生产用户普遍接受的鉴定方式。

田间鉴定需要经过苗期、花期或整个生育期，时间一般为 2 个月以上，时间长，土地和劳动力成本高，许多农艺性状还受栽培技术和环境因素的影响，且鉴定者的观测经验也影响鉴定结果的准确性。此外，每年出现大量的新品种，都给鉴定工作增加了难度。

2. 室内鉴定

室内纯度鉴定包含了生化鉴定技术、分子标记技术等多种形式。生化鉴定技术是在分子水平上对具有不同遗传特征的种子予以鉴别。在辣椒品种纯度鉴定中广泛应用的有蛋白质电泳技术和酶谱分析技术。

DNA 分子标记技术又称 DNA 指纹技术。每个品种有独特的遗传基础和 DNA 碱基顺序，根据特定的 DNA 指纹图谱，可鉴定不同的品种。目前用于辣椒品种鉴定的分子标记有：限制性片段长度多态性（RFLP）、随机扩增多态性 DNA（RAPD）、扩增片段长度多态性（AFLP）和简单重复序列（SSR）等。

生化鉴定技术与分子标记技术由于不受环境影响，应用范围广，具有快速准确、经济可靠的优点。

四、提高制种产量的措施

影响辣椒杂交制种产量的因素很多，单位面积成株数、单株挂果数、单果种子数和千粒重是构成产量的直接四要素。气候、土壤等环境因素、栽培技术、授粉技术等人为因素都是通过影响四要素而发生作用的。辣椒杂交制种时，必须增加单位面积母本成株数、单株杂交果数、单个杂交果的种子数和千粒重，才能提高杂交制种产量，降低制种风险及成本。

1. 种植比例与栽培密度

杂交制种中，在母本植株上收获的杂交种子才是可用的，因此，母本植株数决定了种子的产量。生产实际中，可根据情况适当调整种植比例，以增加母本单位面积种植株数。通常父母本种植比例为 1∶3。当父本植株花朵数和花粉量都很充足且花期比较集中，可适当降低父本种植株数。母本为坐果少的甜椒类型，可将父母本比例调整为 1：5，单株坐果较多的线椒、朝天椒不适宜降低种植比例。通过提前播种、定植父本，利用辣椒花粉高效获取和花粉超低温保存方法，提高花粉收集和利用效率，也可以减少父本种植株数，提高土地利用率，降低种子生产成本。

合理密植也是增加单位面积母本植株数，提高辣椒制种产量的重要措施，不同品种在不同地区，其定植密度具有较大的差异性。定植密度过大或过小，都会影响制种产量。定植密度小，植株数减少，单位面积的产量降低；定植密度大，营养生长和生殖生长都受到影响，种子千粒重降低，病害发生加重，也会影响制种产量。实际生产中，应根据该品种在当地生长时的开展度确定株行距，株行距一般为开展度的 1/2 左右。其次，加强植株调整，通过抹除侧枝，增加植株间空气流通，减少病虫害的发生。

2. 选花适宜

在一般条件下，辣椒杂交授粉以用当天或第 2 天的花粉、选择花瓣全白微张开但未散粉的大白花苞授粉，其坐果率和产籽率均最高。刘荣云等以 5901×8214 为研究材料，按照母本花蕾的成熟期分三个处理进行授粉：花瓣颜色全白、微张开，但未散粉的花蕾，坐果率约 70%，单果产籽约130 粒；颜色已转白，但未张开的花蕾，坐果率约 50%，单果产籽约 70粒；花瓣未完全转白，仍带有绿色的花蕾，坐果率约 23%，单果产籽约15 粒。该研究结果显示，只要母本花没散粉，花蕾越成熟，授粉效率和种子产量越高。

3. 最佳授粉时期

戴雄泽等通过对海南、山西、江苏省露地和塑料大棚辣椒授粉后 40天的杂交制种结果的跟踪调查，发现辣椒不同时期杂交授粉的坐果率和种子数的变化规律。坐果率、种子千粒重随着授粉时期的延后逐渐下降，每5 天下降 10% 左右。单果种子数、日授粉花数先上升后下降，第 20 天至第 30 天的辣椒盛花期授粉，单果种子数最高。

4. 最佳授粉时间段

辣椒每天不同时间段杂交授粉的制种效果差异明显，通常以晴天上午和下午为宜。梁成亮等研究认为，辣椒适宜进行杂交授粉的时间段为6—11时，14—16时，适宜温度为 25 ℃～30 ℃，与邹学校等研究结果一致，不同时间段杂交授粉处理的单果种子数量和千粒重没有显著差异。

第三节　海南杂交辣椒种子生产技术

海南冬季温暖，降雨量少，是我国重要的南繁育种基地，也是杂交辣椒种子重要的生产基地。由于海南岛北部冬季气温较低，不利于辣椒种子生产，在海南制种一般选择在三亚周边，即以三亚为中心，沿东线北至陵水县、西至乐东县。海南制种种子采收期在 1—3 月，可在我国大部分地区播种前供种，因此是理想的种子调节生产基地。

一、海南气候特点

海南岛四面环水，尤其在三亚地区，受海洋性气候影响大，属典型的热带气候。

海南一年中 6 月温度最高，平均 29 ℃，1 月温度最低，平均 22 ℃。冬季气候温和，平均气温 25 ℃，整个冬季都在辣椒开花授粉、受精最适宜的温度范围内。

降雨主要集中在 5—10 月，11 月至次年 4 月的降雨量较少。降雨量少是海南岛冬季辣椒杂交制种的另一个有利条件。

一般年份，台风影响辣椒杂交种子生产过程中的育苗和前期生长。每年规划海南制种，需要密切亲关注台风预报。台风主要在 6—10 月，10 月份海南岛常有 2 次台风，分别在 10 日和 21 日左右，10 月 21 日通常视为雨季和旱季的转折点，11 月至次年 4 月是辣椒杂交制种的黄金季节。

二、播种

根据海南的气候特点，在海南进行杂交辣椒种子生产适宜的播种时间一般选在 9 月下旬至 10 月上旬。播种前，对辣椒种子进行消毒处理，根据父母本的熟性，将父母本分期播种，确保父本比母本早开花 7～15 天。母本每亩需播种 25 克左右，配套播种父本 10 克左右。父本可就近种植于母本区内。为避免亲本流失，父、母本可分开种植，但要注意隔离和保纯。海南辣椒育苗，宜稀播，选用 50 孔规格的穴盘育苗。

三、苗期管理

10 月为幼苗生长期，此时气温 25 ℃～30 ℃，温度高、湿度大，还有台风风险。苗床应选择地势较高的地块，避免积水，便于沟灌与排水。采用苗床育苗，应深沟高垄，垄宽 1 米，沟宽 60～70 厘米，沟深 25～30 厘米，长度不超过 30 米为宜。采用穴盘育苗，每穴播种 1 粒，10％～15％的孔穴播种 2 粒。播种完成后，育苗盘摆放在地势较高、下雨不会积水、地面平整的育苗床上，苗期适宜日间温度 25 ℃～30 ℃，夜间温度 20 ℃～25 ℃，空气湿度 70％，可通过等盖塑料膜或遮阳网、通风等方式调节温湿度和防雨水冲刷。

四、定植

海南气温适宜辣椒生长，一般不需要假植。苗龄以 25～30 天为宜，选择 5 叶 1 心的无病虫为害的健壮苗定植。定植应选择晴天、土壤较干时进行，定植后马上浇足定根水。定植密度与品种密切相关，母本种植一般采用宽窄行，宽行行距 75～80 厘米，窄行 40～45 厘米，株距 35～40 厘米。父本与母本的种植比例按面积或株数 1∶（3～5）。定植时，同一畦相邻的两行苗不对称地定植在一条线上，错开对空定植，最后呈三角形，有利于植株株幅开展，提高空间利用和通风效果。

五、授粉

1. 母本植株的整理

去雄授粉前，必须对母本植株进行整理，将植株上所有已经开放的花全部摘除，同时进行整枝，摘除门椒以下所有分枝和内部瘦弱、发育不良的枝条。

2. 授粉时间

海南授粉时间一般在春节前。全天均可授粉，如遇雨天，雨后再补授1次。

3. 授粉期管理

12月至次年1月，海南易出现露水和大风天气，会影响植株生长和授粉效果，应提早采取护行固株措施，授粉操作也要在露水稍干后进行。辣椒定植后一周，缓苗期结束，将定植孔周围的薄膜压紧，封死孔穴，并稍高出地面呈一小土堆，压紧土堆进行固株。授粉前，在地块的两行每隔一段距离钉一根木桩，固定好木桩后，用尼龙绳或布绳围绕地块一周，对辣椒进行封行。封行绳的高度一般在门椒位置，随着辣椒的生长，门椒位置升高，也可升高封行绳的位置，或再牵一根绳子进行封行。

4. 授粉标记

海南制种常用油漆标记法。去雄授粉完成后，用红色油漆涂抹在辣椒果柄和果实结合部，油漆涂抹时，注意要清晰。

六、采种

授粉后50～70天果实充分成熟时即可采收，采收前，根据母本的典型特征，拔除杂株；只能采收有红色油漆涂抹标记的果实，严防机械混杂；采收后的果实在太阳下晒1天，使果实变软，便于取种。取出的种子应立即进行干燥处理，否则会变成灰色、黑色，失去光泽，影响种子外观质量。

第四节　华东地区杂交辣椒种子生产技术

华东杂交辣椒种子生产基地以江苏的铜山、沛县和安徽的萧县、砀山等地为中心，地处南北交界处，同时具有北方早春的光资源丰富和南方升温快的特点，种子收获期在 7—8 月，能衔接上南菜北运基地如广东、广西、云南、海南等省（区）的秋播。采用大棚栽培生产杂交辣椒种子，质量好、高产、稳产，是目前我国最大的辣椒杂交种子生产基地。

一、华东基地的气候特点

华东杂交辣椒种子生产基地地处我国东部，属亚热带季风型气候，兼具海洋性气候特点。全年气候温和湿润，雨量充沛。年平均气温为14.5 ℃，年降水量 724～1210 毫米。5—8 月最高气温可达 30 ℃，4 月下旬至 6 月上旬为适宜辣椒授粉的时期。

二、适期播种

为避开授粉期与小麦收获期的时间冲突，保证在最佳授粉期有充足劳动力进行授粉，播种时间一般在 11 月 20 日左右，父本先于母本 10～15 天播种。育苗方式以苗床育苗为主，将营养土均匀平铺在苗床上，厚度约 8 厘米。播种前一天将苗床浇透水。每平方米播种 15～20 克，播种应均匀，播后应盖上一层 1 厘米厚的营养细土，浇水充分，覆盖塑料薄膜以保湿升温。每亩制种田用种量点播 25 克、撒播 50 克。播种后苗床白天温度控制在 20 ℃以上、夜间温度控制在 14 ℃～16 ℃。空气相对湿度 60%～70%。

播种时需严格注意：一是父母本要分开播且有明显标志；二是播种时间以父母本花期相遇为原则，一般父本早播 10～15 天。

三、苗期管理

辣椒是喜温、需阳光充足、忌湿的作物，在苗期阶段以调节床温、增加光照、合理控制湿度为主。

1. 温度管理

出苗前苗床要维持较高的温度和湿度，幼苗出土后，降温的程度以不妨碍幼苗生长为主。白天床温可降到 15 ℃～20 ℃，夜间 5 ℃～10 ℃，直到露出真叶。当真叶露出后，应把床温提高到幼苗生长发育的适宜温度，白天 20 ℃～25 ℃，夜间 10 ℃～15 ℃，幼苗长出 2～3 片真叶时，假植 1 次。

2. 光照管理

辣椒幼苗需要充足的光照，保证光合作用顺利进行。为了使苗床多照阳光，改善光照条件，育苗设施尽可能采用透光度高的覆盖物，保持覆盖物清洁，玻璃和塑料薄膜要经常刷干净，注意通风，防止塑料膜上凝有水珠，在保温的前提下，覆盖物尽量早揭晚盖，延长光照时间。在揭开覆盖物时，要防止冷风直接吹入苗床，造成幼苗受害。

3. 湿度管理

床土湿度过高，可采用通风降湿和撒干土或草木灰吸湿的办法降低湿度。但通风降湿要兼顾保温，要考虑当时的天气状况，以幼苗不受冻害为主。在潮湿的床土上撒一层干土，可起到吸收水分、降低湿度的效果，但土要细，必须经过充分捣碎过筛，以干燥的堆肥为好，在幼苗叶面干燥时进行，撒土后要用扫帚轻扫叶面，使细土下落，不污染叶面，每平方米苗床撒 0.5 千克细干土。冬春床土湿度过低，可适当浇水，应少量勤浇，浇水应选在晴天的上午 10—12 时进行。忌傍晚浇水和阴雨天浇水，也忌浇水量过多，造成床土湿度过大。在床土快要发白时，翻开表土，在床土结构松散，落地即散的地方浇水。

4. 松土与间苗

幼苗期间，应注意松土，使床土的表层疏松，防止板结，减少水分蒸发，保持床土温度。松土时常用竹签、铁钉、铅丝等把表层土耙松。松土不可过深，避免损伤根系，结合中耕拔除杂草，删除过密的幼苗。辣椒第一次间苗在子叶平展期，苗间距离以假植前幼苗不会争夺空间为宜。为防止苗期发生病害，形成高脚苗，应间苗 2～3 次。去除机械混杂苗以及受伤、畸形、顶壳和瘦小的幼苗。

四、塑料大棚的构建

华东基地制种，主要采用大棚栽培。可采用钢架塑料大棚，也可搭建竹木结构的简易塑料大棚。大棚为南北走向分布，棚的大小以有利于大棚的保温、通风和进行农事管理、授粉操作为原则。一般大棚的跨度保持在 6～8 米、长度 40～50 米、高度 1.8 米左右较为适宜。

五、定植

地上温度上升到 15℃，有利于定植后辣椒缓苗发新根。定植前 3～5 天要盖好棚膜，四周封闭，提高地温和棚内温度。定植期一般在 3 月下旬至 4 月初，当苗长到"6～8 叶 1 心"即可定植，每畦栽两行。选择晴天上午、土壤较干时移栽。一般早熟品种株行距 30 厘米×45 厘米，晚熟品种 40 厘米×60 厘米。为促进幼苗成活，定植时尽量多带土少伤根，移栽后立即浇足定根水。定植时深挖浅栽，定植穴深度 7～10 厘米为宜，培土以露出子叶为准。父本与母本的种植株数比例一般为 1∶(3～5)。为了父母本花期相遇，建议根据品种特性，合理安排父本定植时间，一般父本比母本提早定植 10 天左右。

六、田间管理

1. 植株调整

为了有利于授粉操作，降低生产成本，定植后应使植株生长整齐一致。大苗应适当控制，小苗则要促其生长，同时还应进行适当整枝，摘除弱枝。杂交授粉应尽量在强主、侧枝部位进行，以提高制种产量和种子质量。

2. 温度控制

辣椒苗定植后以及授粉期间，大棚内的温度白天保持在 22 ℃～30 ℃，夜间温度保持在 15 ℃～17 ℃。当棚内温度超过 32 ℃，应通风降温。通风时，注意通风的部位，特别是早春季节，外面的温度低且风大，应以通腰风为主。温度超过 35 ℃，通风口要增大，通风时间延长。当外界最低温度连续一段时间在 20 ℃以下时，应关闭通风口，四周封闭严实。大棚内的温度要尽量维持在有利于辣椒开花结实的范围内，以便提高制种产量。华东地区在 5 月以后，气温一般稳定在 25 ℃以上，只需要在高温时通风降温，不需要保温。

3. 水肥管理

辣椒开花前，营养生长旺盛，返青后及时追一次苗肥，一般每亩施复合肥 10 千克。

授粉期的管理以促为主，保证辣椒在以后的各生育阶段有充足的营养和水分。土壤湿度以 60％～70％为宜。授粉期间应小水勤浇，不要大水漫灌，否则 2～3 天后大量集中开花，浪费大量的花。

果实膨大期是肥水需要量最大的时期，一定要在授粉后期加强肥水管理，要根据植株的生长情况施肥和灌水。

五、种子生产技术

1. 去杂保纯

根据母本、父本植株特征特性，授粉前将杂株去除，在授粉过程中经常检查，发现杂株应立即拔除。对于母本植株上已开放的花和自交果应及时摘掉。

2. 花粉采集

采摘即将开放的大白蕾或已开放但未散粉的花朵，采集后立即在阴凉干燥环境中剥离花药。一般用剪刀剥离花药，再用专用筛使花药与花瓣分离，可获得干净的花药，操作十分简单。剥离的花药放在室内摊晾干燥或放在下部装有生石灰的容器中干燥，让花粉自然散发，然后用花粉筛将花粉筛出，干燥保存备用。常温下辣椒花粉活力可维持1～2天，尽量使用当天筛出的新鲜花粉。

3. 授粉与标记

选择充分发白的母本花蕾采用徒手去雄方法，用拇指、食指、中指一并将雄蕊和花瓣摘除，完成去雄程序。华东地区大棚中生产杂交种，湿度比较大，花蕾的选择以花苞内的花药不散粉为原则，上午温度较低、湿度较大，花药散粉慢，可适当选择较大的花蕾；下午棚内温度较高，花药散粉较快，应选择较嫩一点的花蕾。授粉前，将授粉管斜插入花粉母管中，用小漏斗填充花粉。授粉时将柱头伸入授粉管管口的花粉中，即可完成点粉。每天最适宜的授粉时间为上午6—11时、下午4—7时。根据母本特征特性授粉时间为20～30天。一般采用边去雄边授粉的方法，对授粉后坐果率低的品种，可采取当天去雄、第二天授粉的方法。授粉完成后，掐除2～3个萼片做标记。

六、采种

采收生理成熟有标记的果实置于室内后熟2～3天，由专人负责取种，也可以用专用机械打碎，用清水冲洗干净。采种过程要严防机械混杂，并配上标签。取种后，应立即将种子放在草席或纱网上摊开，通风晒干，严禁置于高温水泥地板上曝晒。待种子干燥后（含水量7%），冷却至室温，用塑料袋加干燥剂密封保存。

第五节　华北地区杂交辣椒种子生产技术

华北杂交辣椒种子生产基地以山西省忻州市为中心，并辐射至代县、朔州等地。该地区为黄土高坡，年降雨量较少，气候干燥，有露地栽培、纱网大棚栽培、塑料大棚栽培等多种栽培方式。5—9月的温度适宜辣椒杂交授粉和坐果。露地和纱网大棚栽培适宜熟性早、株型紧凑、授粉期短的品种，5月中旬定植，7月底授粉结束，9月中旬采收，以避开9月底之后可能出现的霜降冻害；纱网大棚栽培的特点介于露地和塑料大棚之间，具有成本低、抗风、抗冰雹，夏季降温的特点，适宜中、早熟品种的栽培；塑料大棚保温性好，防雨，适合晚熟品种的栽培。

一、播种育苗

1. 育苗床

华北冬春季光照好，制种辣椒一般选用保温性能好的阳棚进行苗床育苗或穴盘育苗。苗床应选择背风向阳、地势平坦、土层深厚、便于灌溉，前茬为非茄果类作物，挖成深约15厘米，宽1.2~1.5米，长10米的苗床，并保持床内地面平整。播种前1个月准备好苗床。苗床的土壤可用园土和河沙混合，保证可以透气，使用前要消毒。营养土可按以下方法配制：取未种过茄果类作物的大田土6份、充分腐熟的优质农家肥4份，每立方营养土加地旺、苗菌敌（或多菌灵）、敌百虫100克左右，充分混合拌匀，可很好地预防苗期多种病害。若肥力不足，每吨营养土中加入氮磷钾三元素复合肥1千克，但一定要充分混匀，以防烧根。使用穴盘育苗，建议使用高品育苗基质，以72孔规格为宜，每穴播种1~2粒。

2. 播种

华北地区辣椒制种一般在2—3月份播种。苗床播种在春节前后，播种量按5~8克/平方米均匀撒播，穴盘育苗一般在3月初播种。种子先用约55℃温汤浸种20分钟，清水漂洗干净后，用湿纱布包盖置于30℃恒温箱中催芽2~3天。播种前苗床浇水湿透，种子均匀撒播在苗床上，再盖一层细营养土，覆盖一层薄膜，保持湿度，加盖小拱棚保持棚内温度，促进快速整齐出苗。

3. 苗期管理

苗期的水肥管理对于培育壮苗非常关键。辣椒幼苗根系小而少，吸收能力较弱，土壤既要有充足的水分，又不能太湿。播种时浇足了底水，一般能维持到分苗，但要对苗床覆2～3次湿细土，以防止苗床板结和苗出土时苗床出现裂缝。覆土要选在晴天温度较高的中午进行，每次覆土厚度以0.5厘米为宜。但如床土过干，也可用喷壶适当浇水，但不应过多。因为此时地温较低，如湿度过大，易发生猝倒病等。如苗床湿度过大，可撒干细土或干草木灰，同时加强通风。辣椒分苗后应立即浇水，在幼苗长出新根之前（7～10天）不宜再浇水，以后根据土壤干湿情况适时浇水。苗床土施足了底肥，苗期一般不追肥，但如果苗床土底肥不足，幼苗生长纤弱，则应结合浇水进行追肥。选择晴好的天气，在中午进行浇水或浇粪水，或叶面肥。每次浇水肥的量要少，分2～3次浇施，以满足幼苗生长需要为准。穴盘育苗，根据幼苗长势适时补充水、肥。

出苗前，苗床温度保持在28 ℃～30 ℃，高于30 ℃要通风降温，低于16 ℃可加盖草苫保温。出苗后，白天温度保持在25 ℃～27 ℃，晚上温度保持在16 ℃～20 ℃。分苗前5～7天降温锻炼秧苗，白天温度保持在20 ℃～25 ℃，晚上温度保持在15 ℃～18 ℃。分苗后，白天温度保持在25 ℃～30 ℃，晚上温度保持在18 ℃～20 ℃。苗期温度主要通过盖膜和揭膜来调控，早春通风降温，要以通小风为主，以不伤害幼苗为原则。幼苗出齐至2片真叶时，可结合除草进行间苗，拔除机械混杂苗以及细、弱、密、并生的苗，苗距保持在2～3厘米。

定植前7～10天将苗床浇透水，待水渗下后，用长刀在秧苗的株、行间切块，入土深10厘米，使秧苗在土块中间。切块后不再浇水（如土壤过湿，可覆细土），使土块变硬，以利带土坨起苗。定植前，苗床要喷药防治病虫害。

二、棚架的构建

为了不影响植株的生长，棚架的构建要在定植前完工。

纱网大棚的构建，可以利用现有的大棚主架结构，撤掉棚膜，覆盖对应尺寸的纱网。在没有建大棚的露地，也可采用平棚模式。网内的高度以适合人在里面操作，一般以 1.8 米为宜。主架钢管插入地下约 40 厘米，地上 1.8 米。主架结构的两侧采用斜拉式。搭好主架结构以后，拉纱网上架，并将裙摆部分埋进土中，仅留一个拉链门出入。

华北地区的塑料大棚骨架，以圆弧式钢架为主。一般大棚的跨度保持在 10 米、长度 50～100 米、棚顶高度 3 米。为了增强大棚结构的稳定性，大棚长度在 50 米以内时，每隔 4 米安装一根圆弧钢架，当大棚长度大于 50 米，相邻两根圆弧钢架的距离应调整为 2～3 米。

不育系制种大棚，一般采用网-膜双覆盖，即下层用防虫网将整个大棚封闭，整个生育期防止昆虫进入。上面再覆盖一层塑料棚膜，塑料膜用于前期保温促使辣椒生长发育，后期保温促使辣椒果实成熟。

三、定植

华北地区的辣椒移栽时要避免遭遇寒潮和大风。一般在五一前后有一次降温，露地和纱网大棚栽培，5 月中旬定植较为适宜。

辣椒生长适温为 20 ℃～28 ℃，15 ℃以下生长缓慢，35 ℃以上授粉不良。采用塑料大棚栽培，可在 4 月中旬定植，定植后，大棚内的温度白天保持在 22 ℃～30 ℃，夜间温度保持在 15 ℃～17 ℃，当棚内温度超过 32 ℃，应通风降温。

辣椒需水量随生长量增加而增多，适当浇水以满足植株生长发育的需要。初花期和果实膨大期，需水量增加，但外界温度还较低，要控制水分，以利于地下根系生长，防植株徒长，一般土壤湿度和空气湿度保持在 60%～70%适宜。北方露地栽培，水分蒸发比塑料大棚小，浇水次数可少于塑料大棚。

四、授粉

授粉前检查父本，彻底拔除杂株。花粉采集时，采摘尚未裂开的大花蕾，取出花药，自然或用干燥器干燥花药，促使花粉散出，筛取花粉。花粉取出后可立即用于授粉，也可放低温干燥处保存备用。室温下可保存1～2天，低温干燥条件下，花粉贮藏时间延长，在超低温干燥条件下可保存1～2年。

授粉前1～2天，去除杂株，并对母本植株进行整理。摘除门椒、对椒花蕾，植株发棵大的品种也可摘除"四面斗"的花蕾，利用第3层和第4层以上的花集中授粉。选花粉未散的大花蕾，采用徒手去雄方法去雄。华北地区辣椒制种，空气干燥，花药散粉快，去雄时要注意观察花朵的散粉情况，花蕾选择时应宜小不宜大。对于花药散粉早，授粉坐果率低的品种，可采用隔日授粉的方式，既能保证种子产量，又能保证种子质量，即上午选取未散粉的花蕾去雄后，不点粉，挂一种颜色的毛线作为标记，下午点粉，或下午去雄挂线标记，第二天上午点粉。

华北地区的最佳授粉期是6月下旬至7月下旬，气温较稳定，自然灾害发生较少。研究结果表明去雄授粉后2～6层花坐果率高和单果种子数多，7～9层花的坐果率有所下降。由于开花集中、便于授粉，也为最佳授粉层次。授粉中后期，必须打桩拉线护行，防倒伏。授粉结束后，打顶或清除多余的侧枝，节省营养支配和增加通风透光。

五、果实采收和打籽

为了保证种子的发芽率，果实必须达到生物学成熟方能采收，采收后后熟一周左右。采收前，根据果实形状和颜色做最后一次母本田的去杂工作。种果采收时要注意采收标记，无标记或标记不清，应摘下踏破，落地果不收；已腐烂或发育不良的杂交果应单收，如果发芽率达到标准则可与好种混合，否则不收。果实后熟完成后，采用机械打籽脱粒，脱粒应选择晴天的上午完成，淘洗干净的种子立即晾晒。种子干燥时，避免日光暴晒，更不要把种子置于水泥地上或铁器上暴晒，以免晒坏种子。当种子含水量达到7%即可装袋，放低温干燥处保存。要严防保存过程中的机械混杂和虫、鼠为害，经常检查，确保种子质量。

第六章 辣椒育苗技术

育苗是蔬菜生产的重要环节，是争取农时，增多茬口，提早成熟，延长供应，减轻病虫害和自然灾害，增加产量的一项重要措施。育苗还可节约用种、降低成本、培育健壮秧苗、便于集中管理。辣椒育苗通常是在大田播种或定植适期以前提早进行，或在低温寡照的冬春季节，或在炎热多雨的夏秋季节。即在气候条件不适于辣椒幼苗生长的时期，充分利用保护设施创造适宜的环境来培育适龄的壮苗，保证辣椒大田或设施栽培的用苗需求。

第一节 辣椒育苗设施

辣椒育苗一般在不利于幼苗生长的环境下进行，因此，育苗需要设施来改善辣椒幼苗生长环境，包括育苗棚（温室）、加温和降温设施等。

一、育苗棚（温室）

辣椒属喜温喜光蔬菜，种子发芽的适宜温度为 25 ℃～32 ℃，夜间温度 16 ℃～20 ℃，幼苗期温度低于 8 ℃或高于 35 ℃，易导致发育不良。根据茬口安排，辣椒一般 7 月下旬至 8 月中旬播种，用于北方地区日光温室冬春茬长季节栽培和南方地区大棚秋延后或秋冬茬栽培；10—11 月播种，用于长江流域春提早栽培；12 月到翌年 1 月播种，用于春夏栽培。因此要根据辣椒幼苗生长习性及对环境条件的需求，因地制宜利用现有的生产设施，创造适宜辣椒幼苗生长发育的环境，培育优质壮苗，既要降低育苗成本，又要方便易行。常见的辣椒育苗棚有塑料棚、日光温室、现代温室、遮阴棚、防虫网室等。

（一）塑料棚

塑料棚一般可分大棚和小拱棚。

1. 大棚

大棚是指以热镀锌钢管等材料作骨架，在其上覆盖塑料薄膜的保护地栽培设施，是我国普遍推广应用的园艺设施（图 6-1）。目前生产上应用较多的为标准大棚，由热镀锌钢管及配件装配而成，这种大棚可使用 10 年以上。棚顶高 2.4～3.5 米，肩高 1.7～2.0 米，棚长 30～60 米，棚跨 6～8 米，拱间跨 0.8～1.0 米。标准大棚由专业厂家定型生产，盖膜方便，卷膜灵活、省工。棚内空间大，遮光少，操作便利，寿命较长。大棚内气温具有升温快、温差大，晴天变化剧烈，阴雨天变化平缓的特点。在我国亚热带地区，大棚加盖小拱棚，低温时补温，可以进行冬春季育苗；覆盖遮阳网，可进行越夏育苗。

图 6-1　热镀锌钢管大棚

2. 小拱棚

小拱棚是以竹片、竹竿、钢筋或特制的玻璃纤维增强塑料竿等材料弯成高度小于 1.5 米的圆拱形骨架，并在其上覆盖塑料薄膜的栽培设施（图 6-2）。其结构简单，适合还没有大棚的地区推广应用。小拱棚按覆盖的层次可分为单层覆盖和双层覆盖两种类型。双层薄膜覆盖的保温效果显著高于单层覆盖。小拱棚可单独或与大棚配合用于辣椒冬春季育苗。

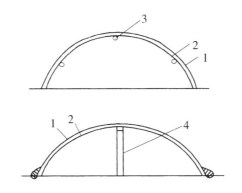

1. 薄膜　2. 竹片或细竹竿　3. 纵向拉杆　4. 支柱

图 6 - 2　小拱棚结构示意图

（二）日光温室

日光温室是我国特有的一种以太阳光为能源、透明塑料薄膜覆盖、单屋面朝南采光的温室，建设方位坐北朝南，东西向延伸。北面墙体等围护结构具保温、蓄热的双重功能，最大限度地采光蓄热、最小限度地散热，充分利用光热资源，基本不需加热，可保持室内外温差 20 ℃以上，保证冬季幼苗正常生长。

日光温室起源于 20 世纪 30 年代，80 年代中后期达到发展高潮，目前推广范围已扩展到北纬 30°～45°地区。日光温室的跨度 6.0～12.0 米，脊高 2.8～5.5 米，随纬度升高，温室跨度逐步缩小。日光温室长度多在 60 米以上，对于配置电动保温被的温室，一般单侧卷被时温室长度控制在 60～80 米，双侧卷被时长度可延长到 100 米以上。图 6 - 3 为辽沈Ⅳ型日光温室示意图。日光温室室内获得的光照总量大于其他任何园艺设施类型，一般其透光率在 70％左右，但地面光照均匀度较差。日光温室的最大优点是可就地取材，成本低；保温性能强，加温负荷小或不需要额外加温。日光温室适用于我国北方地区辣椒春季、冬季育苗。

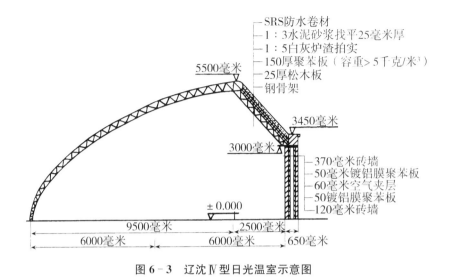

图 6-3 辽沈 Ⅳ 型日光温室示意图

(张福墁，2010)

（三）现代温室

现代温室通常是指在永久性围护结构设施内，实现对温湿度、光照、水分、营养等进行自动调控的温室。通常不受自然灾害性天气和不良环境条件的影响，能全天候进行设施园艺作物周年生产。现代温室具有较完备的环境调控设备，通过调控环境因子满足育苗过程中幼苗生长对环境的需求。目前，现代温室可以实现辣椒的工厂化、集约化育苗。根据覆盖材料的不同，现代温室可分为玻璃温室、硬质塑料板温室和塑料薄膜温室 3 大类。

1. 玻璃温室

Venlo 型玻璃温室是一种小屋面温室，小屋面跨度 3.2 米或 4.0 米，开间 4.0 米，檐高 3.0～4.0 米，每跨 2 个或 3 个小屋面通过桁架组合成大跨度，如 6.4 米、8.0 米、9.6 米、12.0 米等，形成室内大空间，以便于机械化作业（图 6-4）。Venlo 型玻璃温室的最大特点是透光率高，且室内光照均匀。由于价格高，Venlo 型玻璃温室占我国园艺设施面积比例较小，在我国经济发达地区和科研院所有零星分布。

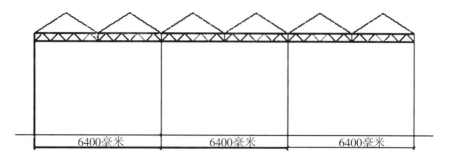

| 6400毫米 | 6400毫米 | 6400毫米 |

图 6 - 4　荷兰 Venlo 型温室

2. 硬质塑料板（PC 板）温室

（1）全硬质塑料板温室

全 PC 板温室和玻璃温室一样，都属于硬质板温室，其结构和尺寸与玻璃温室基本相同，屋面形式以坡屋面为主。但由于 PC 板的韧性较好，也可以用在拱形屋面上。用 PC 板替代玻璃，温室的保温性能得到了显著改善，节约 30% 以上的能源消耗；温室的防冰雹能力和抗冲击性能较玻璃温室有了根本性改善。但 PC 板温室较玻璃温室造价更高，透光率降低了10%，且 PC 板的抗老化性能不及玻璃。PC 板温室主要应用在光照条件好、室外气温低且持续时间长，而且有较强经济实力的地区。

（2）PC 板与塑料膜复合型温室

为了提高塑料薄膜温室的保温性和美观性，将其四周围护的塑料薄膜用 PC 板替代。用 PC 板作围护墙体材料，对面积较小的温室，其整体保温性能提高比较显著，但对面积较大的连栋温室，由于温室墙体面积占整个温室围护面积的比例较小，其提高保温性能的作用不大，但温室墙体的抗冲击能力将有显著提高，温室的整体美观性也有了显著改善。

3. 塑料薄膜温室

塑料薄膜温室经济实用，通过配置环境调控设备，其性能可以达到玻璃或 PC 板温室相应水平，且造价低廉，是目前温室发展的主流，尤其适合于我国南方地区。目前塑料薄膜温室的常见类型主要为拱圆形，跨度

7.0米以上，檐高基本与玻璃温室相同，屋面拱顶矢高在1.7～2.5米之间（图6-5）。塑料薄膜温室适合于在全国范围内推广，适于辣椒工厂化和集约化育苗。

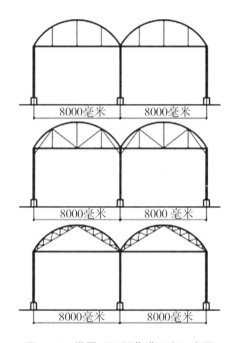

图6-5　拱圆形塑料薄膜温室示意图

（四）遮阳网

遮阳网俗称凉爽纱，国内产品多以聚乙烯（PE）、聚丙烯（PP）等为原料，有的是部分铝箔复合或缀铝膜经加工编织而成的一种轻量化、高强度、耐老化的网状农用塑料覆盖材料。遮阳网常见于长江以南地区，利用遮阳网遮光、防暑降温、防台风暴雨、防旱保墒和忌避病虫等功能，开展夏秋育苗。

遮阳网常见的颜色主要有黑色、白色、银灰色、绿色、蓝色、黄色和黑白相间，按其遮光率的不同分为35%～50%、50%～65%、65%～80%、≥80%四种类型，应用最多的是35%～65%的黑网和65%的银灰网。在夏季晴热气候条件下，遮阳网降温幅度为 8 ℃～13 ℃，以遮光率为 65％～70％的效果最佳（图 6-6）。

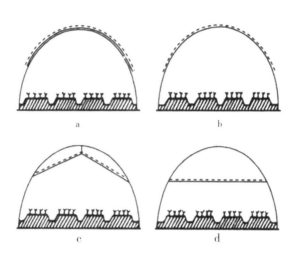

a. 一网一膜外覆盖　b. 单层遮阳网覆盖
c. 内保温拱架上覆盖　d. 大棚内利用横梁覆盖

图 6-6　遮阳网覆盖方式

（五）防虫网室

防虫网是以高密度 PE 或 PET 等为主要原料，经挤出拉丝成单条纤维编织而成的 20～40 目等规格的网纱，具有抗拉强度大，以及优良的抗紫外线、抗热性、耐水性、耐腐蚀、耐老化、无毒、无味等特点。我国南方气候温暖，害虫繁殖与活动都较北方猖獗，防虫网覆盖简易，能有效地防止或减轻害虫对夏秋季蔬菜育苗的危害。在南方地区可作为辣椒夏秋季育苗的有效措施而得以推广。

目前防虫网按目数分为 16 目、20 目、24 目、30 目、40 目等，按宽度有 1.0 米、1.2 米、1.5 米、2.5 米等，按丝径有 0.14～0.18 毫米等，使用寿命为 3～4 年，色泽有白色、银灰色、绿色等。目前，生产上以白色 24 目、30 目、40 目最常用。防虫网的覆盖形式多为大棚覆盖，由数幅网缝合全封闭式覆盖在大棚上，内装微喷灌水装置，具有防虫、防风、防暴雨、防冰雹、防冲刷地面作用，还可顶部结合遮阳网覆盖，有遮阳降温效果。

二、加温和降温设施

（一）加温设施

长江中下游流域冬季育苗，正好遇到12月至次年2月低温，由于没有北方的光照和南方的温度优势，当大棚内温度低于10 ℃，需要通过加温保证辣椒幼苗不受冷害或冻害。条件好的现代温室和大棚，采用煤或天然气或电加热水进行保温。目前广泛使用的还是电热线加温，利用电热线把电能转变为热能，提高土壤温度。其优点是可自动调节温度，保持温度均匀，能有效提高土温和气温，设备成本低，热效率高。电热温床结构如图6-7所示。

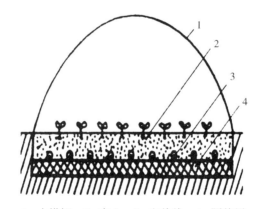

1. 小拱棚　2. 床土　3. 电热线　4. 隔热层

图6-7　电热温床结构示意图

(上海农机所，1986)

电热温床一般是在小拱棚、大棚、温室内，按育苗床的长、宽要求整平土壤，依次铺设隔热层、布线层，并在其中铺设电热线，上覆床土而成。电热温床布线方法如图6-8所示。

1. 床梗　2. 短棍　3. 电热线　4. 小木板　5. 铁钉　6. 导线

图 6 - 8　电热温床布线方法图

(李天来、张振武等，1999)

（二）风机湿帘降温系统

育苗温室夏季热蓄积严重，为确保夏秋季辣椒苗质量，常采用风机湿帘降温系统对温室进行降温。该系统由湿帘、风机、水泵、供水管道等组成，利用水的蒸发降温原理实现降温。通常湿帘安装在温室北墙上，以避免遮光影响作物生长，风机安装在南墙上，当需要降温时启动风机将温室内的空气强制抽出，形成负压；室外空气因负压被吸入室内，并以一定风速从湿帘缝隙穿过，与湿帘湿润表面进行湿热交换，导致大量水分蒸发而冷却，冷空气流经温室吸热后经风机排出达降温目的。

第二节　辣椒种子处理和育苗基质消毒

为培育出优质的辣椒幼苗，发芽率好、活力高的种子是前提，高质量育苗基质是保障。播种前，应进行种子活力检测、种子消毒、催芽和育苗基质消毒等程序。

一、种子活力检测

穴盘育苗、漂浮育苗等要求种子出芽率高、出苗整齐，播种前通常需进行发芽率和发芽势等活力检测。

1. 发芽率检测。播种前将辣椒种子浸种，然后在 25 ℃～30 ℃恒温箱中发芽，检测 14 天内的发芽率，国家标准发芽率为 90%。

2. 发芽势检测。播种前将辣椒种子浸种，然后在 25 ℃～30 ℃恒温箱中发芽，统计 7 天内发芽数，计算发芽势。

根据各批次辣椒种子的发芽率和发芽势，确定每穴点播辣椒种子数，生产上，辣椒种子发芽率高达 90%，一般按 15%～20% 比例播 2 粒种子，以备后期空穴补苗用。

二、种子消毒

播种前，需对未包衣种子进行消毒处理。种子消毒处理目的是防止通过种子传播病虫害，常见的消毒方式有药剂消毒、温汤浸种和热水烫种等。

1. 药剂消毒

药剂消毒又分拌种和浸种两种方式。拌种要求药剂与种子必须干燥，否则会引起药害，并影响种子蘸药的均匀度。常用拌药剂有多菌灵、百菌清、敌克松、福美双、克菌丹、甲基托布津等杀菌剂，用药量一般为种子质量的 0.3%～0.4%。该处理方法简单易行，干拌效果较好，种子蘸药均匀，不易产生药害。药液浸种消毒，必须严格掌握药液浓度和浸种时间，否则极易产生药害，影响种子发芽及幼苗的生长。在消毒前，先将辣椒种子用清水浸泡 3～4 小时，再将沥干水分的种子浸入药液。辣椒种子常用的浸种试剂和时间：10% 磷酸三钠或 2% 氢氧化钠或 1% 高锰酸钾浸种

20～30 分钟，硫酸铜 100 倍液浸种 30 分钟，适当浓度的多菌灵浸种 1～2 小时。

药剂浸种过程中，为了提高种子的发芽率和发芽速度，可采用适当的化学药剂处理。如用激素类物质 0.1％或 5～10 毫克/升的赤霉素、细胞分裂素、油菜素内酯，或非激素类物质如硫脲、硝酸钾浸种约 5 分钟，也可用硼酸、硫酸锰、硫酸锌、钼酸铵等含微量元素的物质配成浓度为 500～700 微克/升的溶液浸种，均有促进根系生长、秧苗发育的效果，有利于培育壮苗。

2. 温汤浸种

温汤浸种可以杀灭潜伏在辣椒种子表面的病原菌，并促使种子吸水均匀。具体做法是：将辣椒种子装在纱布袋中（只装半袋，以便搅动种子），一般先于常温水中浸 15 分钟，然后转入 55 ℃～60 ℃的温水中，水量为种子量的 5～6 倍。为使种子受热均匀，浸泡过程中需不断搅动，并及时补充热水，使水温维持在所需温度，时间为 10～15 分钟。随后让水温逐渐下降，继续浸泡 4～6 小时。

温汤浸种要注意严格掌握水温与浸泡时长。温度偏低、时间短达不到杀菌效果；温度过高，时间太长，会烫坏辣椒种子。浸泡过程中热水不可直接倾倒在种子上。浸种完毕后，需用清水将种子表面的黏液冲洗干净，沥干表面水分。

3. 热水烫种

用较高温度的热水短时间处理种子，如采用 70 ℃～75 ℃的热水浸种。处理方法：取干燥的辣椒种子装在容器中，先用冷水浸没种子，再取 80 ℃～90 ℃的热水边注入边用温度计顺一个方向搅动，使水温达到 70 ℃～75 ℃并保持 1～2 分钟。再倒入少量冷水，待水温降至 20 ℃～30 ℃时继续按正常浸种要求浸种。70 ℃的水温已超过花叶病毒的致死温度，既能使病毒钝化，又有杀菌作用，是一种有效的种子消毒方法，并具有加快种子吸水的作用。但要注意烫种时间不能过长，以免对辣椒种子造成损伤。

三、种子催芽

催芽可使种子快速、整齐出苗，缩短育苗周期，减少投入和能耗。

人工播种，一般先催芽后播种。将浸种后的种子放入垫有湿纱布的瓷盘中，上面覆盖 2～3 层湿纱布，放入发芽箱内准备催芽。辣椒种子的催芽温度在 25 ℃～30 ℃较为适宜，一般开始催芽时温度稍低，然后逐渐升高，当胚根伸出种子露白时再降低温度。催芽时要注意每隔一段时间翻动种子一次，并用干净清水冲洗种子，从而达到使种子受热均匀、补充水分和供给氧气的目的。辣椒种子一般催芽 3～4 天，胚根伸出种皮约 0.3 厘米时即可播种。

工厂化育苗，机械化播种、覆盖基质、浇水后，将穴盘及时放入催芽室进行催芽。催芽室白天保持 25 ℃～30 ℃，夜间室温不低于 18 ℃～20 ℃，保持穴盘较高的湿度，子叶出土后，及时转移到育苗温室。

四、育苗基质消毒

育苗基质是幼苗生长所需营养的主要来源，由于育苗基质使用的原料很多，可能存在线虫、真菌、细菌及杂草种子等危害辣椒幼苗。如果是正规的商品育苗基质，可以不再消毒，自己混配的育苗基质，必须进行消毒。

化学消毒。将 40％的甲醛溶液稀释 50～100 倍，把待消毒的基质铺到干净的塑料薄膜上约 10 厘米厚，然后将基质用稀释的药液喷湿，接着铺第二层基质，再用药液喷湿，直至所有要消毒的基质均匀喷湿甲醛为止，最后用塑料薄膜密闭覆盖 1～2 天，然后将基质摊开，暴晒至少 2 天以上。也可用 0.1％～1％的高锰酸钾溶液杀菌消毒。

第三节　辣椒穴盘育苗技术

穴盘育苗是一种以草炭、蛭石、珍珠岩等轻型材料为育苗基质，以不同规格的塑料穴盘为育苗容器，将种子直接播入穴盘培育幼苗的方法。自1960 年美国开发穴盘育苗技术以来，以穴盘育苗为代表的现代育苗技术在欧美等农业发达国家推广应用，已形成规模化商品苗生产和供应。由于穴盘育苗具有传统育苗不可比拟的优势，近年来，我国蔬菜穴盘育苗迅速推广和应用，目前北方比较大的生产基地，基本上采用穴盘集中育苗，农户采购幼苗直接生产。

一、穴盘育苗的特点

穴盘是带孔的塑料或聚苯泡沫盘状体，穴孔呈上大下小的倒金字塔、四边呈方形，底部有小孔。穴盘育苗，一般一孔（穴）一粒种子，成苗时一孔一株，根系与基质紧密缠绕，根坨呈上大下小的塞子形。穴盘是固体基质与幼苗的载体，移栽时装有幼苗的穴盘放入移栽机或田间，缩短了取苗与定植时间，保护了幼苗根系。与传统育苗在苗床内条播或撒播，出苗后假植或直接移栽相比，穴盘育苗具有如下优点。

1. 移栽成活率高

一次播种、一次成苗，幼苗根系发达并与基质结合紧密，定植成活率高，缓苗快。穴盘苗在移植时保全了更多的根毛，移栽后可大量、迅速地吸收水分和养料，幼苗的生长几乎不会因移植而受影响，无明显的缓苗期，穴盘苗在移植后的成活率通常是 100％。

2. 适于远距离供苗

随着规模化种植比例增加和农业生产分工，集中育苗已成为我国蔬菜生产的一种趋势。穴盘苗可装箱成批远距离运输，利于集约化、规模化育苗，分散供应基地和用户。

3. 实现机械化播种

穴盘育苗一般采用播种机精量播种，每小时可播种 300～600 盘，大大提高了播种效率；穴盘苗一次成苗、秧苗整齐、生长健壮，移栽可通过配套移栽机进行，节约了大量劳动力。

4. 减少种子用量

采用精量播种，一穴一粒种子，集约化方式育苗和管理精细，成苗率高，提高了种子的利用率，节省种子用量，降低种子成本。

穴盘育苗也具有一定的局限性。投入大，穴盘育苗需要较好的温室和育苗设备；幼苗期间需要较高的管理和技术水平。

二、穴盘育苗设施与设备

1. 苗床或苗床架

要进行穴盘育苗，除必须要有保证苗期正常生长发育所需温室或大棚外，还需放置穴盘的苗床。工厂化育苗需要在育苗棚内安装标准的苗床架，用于放置穴盘（图6-9）。简易穴盘育苗也可将大棚中土壤平整，放置穴盘，但要有排水沟、操作道。

图6-9 移动式苗床架

2. 育苗穴盘

我国蔬菜穴盘育苗中所使用的穴盘大小有统一标准，长54厘米、宽28厘米。穴盘规格以穴盘的孔（穴）数来描述，孔数与每孔的容积、体积和基质量成反比，孔数越多每孔的体积越小。育苗穴盘规格从32孔到288孔不等，生产中32孔、50孔、72孔、128孔使用较多（图6-10）。辣椒穴盘育苗一般选用50孔或72孔穴盘，对应每1000盘穴盘苗基质用量分别为 3.846 立方米和 4.287 立方米。穴盘重复使用前要进行消毒处理，可用高锰酸钾 1000 倍液浸泡 1 小时、百菌清 500 倍液浸泡 5 小时等。

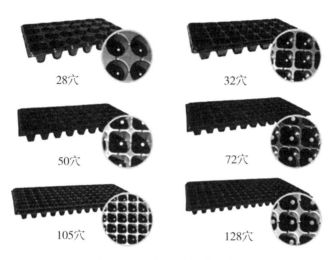

28穴　　　　　　　　　32穴

50穴　　　　　　　　　72穴

105穴　　　　　　　　128穴

图 6-10　不同规格的穴盘

3. 精量播种系统

穴盘育苗对播种要求非常严格，人工播种不仅工作量大，还无法达到精准播种要求，因此，育苗基地要根据年生产商品苗能力，配备相应的精量播种系统。年生产辣椒苗 100 万株以上，可购置自动化程度较高的精量播种系统，100 万株以下，可选择购置 2～3 台半自动精量播种机(图 6-11)。

图 6-11　精量播种机

4. 催芽室

穴盘育苗的特点是出苗整齐，育苗时间短。配备催芽室可提高种子的出芽率，有利于种子整齐快速出芽，根据基地年育苗能力，确定催芽室面积，以一批次播种的穴盘可以同时放进催芽室为宜。催芽室一般建在育苗大棚内或距离育苗温室不远处。催芽室应该具有良好的增温保温和保湿性能，白天室温能够维持在 30 ℃～35 ℃，夜间室温不低于 18 ℃；保持空气相对湿度 85%；设置育苗盘架，育苗盘架可错开摆放，催芽车长 170 厘米、宽 56 厘米、高 180 厘米，每层间距 12 厘米，可摆放 15 层穴盘；配备水源，当苗盘缺水时能够及时浇水。简易催芽室采用隔热材料做成小房间，里面配置电加热炉加温、顶部四周安装喷雾装置保证室内空气相对湿度，电灯泡照明，顶部装可旋转式电风扇以便于室内温度均匀，室外加装自动温度、湿度控制系统（图 6 - 12 至图 6 - 17）。

图 6‑12　智能催芽室

图 6‑13　催芽车

图 6－14 可旋转式电风扇图

6－15 喷雾装置

图 6－16 加热炉

图 6－17 温度、湿度控制系统

5. 加温设施

冬春季育苗，温度对幼苗质量起决定作用。北方冬季光资源丰富，采用日光温室育苗，棚内温度达到育苗温度时可以不加温。但在长江中下游流域，冬季温度低、光照弱，冬春辣椒育苗，必须要有加温设施。有条件的育苗基地可采用电、燃气和煤等加温设施，也可采用电热线等。

6. 运输秧苗的工具

短距离运输采用纸箱运输，常用规格：长 58.5 厘米、宽 37.0 厘米、高27.0 厘米，纸箱可重复使用；长距离运输可采用纸箱（图 6－18）和泡沫箱（图6-19）运输，泡沫箱规格长60厘米、宽45.0厘米、高36.0厘米，将秧苗拔出直接整齐装进泡沫箱，每箱可装500~800株。

图6-18 纸箱

图6-19 泡沫箱

三、辣椒穴盘育苗的工艺流程

育苗场地和设施设备的准备—种子处理（精选、消毒、浸种）—基质处理（消毒、搅拌）—穴盘填装基质—精量播种（播种、覆盖、喷水）—催芽室催芽—育苗温室培养—炼苗—出圃。

四、辣椒穴盘育苗技术

（一）育苗基质

1. 辣椒穴盘育苗基质

辣椒穴盘育苗要求基质应具备以下特点：保肥能力强，能供应幼苗发育所需要的养分；透气性好，避免根系缺氧；不易分解，利于根系穿透，支撑幼苗；使用简便、成本低廉。

目前辣椒育苗基质种类较多，商品育苗基质一般使用泥炭（草炭）、蛭石、珍珠岩等，也可利用农业废弃物资源，就地取材制成各种不同基质，如椰子纤维（椰糠）、砻糠灰、发酵菇渣、发酵的作物秸秆及腐叶等有机基质。

好的育苗基质，不但要有好的理化性质，还要能满足辣椒幼苗期的营养需求。辣椒穴盘育苗，采用草炭与蛭石配制的基质，应添加氮磷钾三元复合肥；采用酒糟或醋糟做基质，应适当提高氮磷钾添加量；采用食用菌肥料（菇渣）配制基质，添加膨化的消毒鸡粪等含氮较高的有机肥。另外，添加酸性或碱性肥料调节基质 pH 值。

2. 基质装盘和消毒

装盘前，基质加水，含水量在 50%～70%之间比较适宜。人工装盘，基质充分搅拌均匀后，将其轻轻填充到穴盘中，然后刮去孔穴外多余基质，基质不宜装填太紧；然后用压穴器压穴，在穴孔中央形成一个凹陷的小坑，也可以将装好基质的穴盘垂直叠码在一起，4～5 盘一摞，上面放一只空穴盘，将双手平放在盘面上，均匀下压，穴深度以 1 厘米左右为宜。使用商品基质通常不用消毒处理，自制基质使用前进行消毒处理。

（二）播种

1. 精量播种

工厂化穴盘育苗一般采用精量播种流水线，实现快速高效播种，该设备由搅拌机、自动上料装填机、精量播种机、压穴装置、覆土设备、喷淋设备等组成，精量播种机是该设备的核心部分，辣椒育苗一般采用真空吸附式播种机。播种后及时放入催芽室催芽，5 天后 40％～80％种子出苗时移出催芽室，放到育苗床育苗。

2. 人工播种

（1）浸种催芽：采用温汤浸种，将种子放入 50 ℃～60 ℃温水中浸泡10 分钟，然后转至 25 ℃～30 ℃温水中浸泡 4～6 小时，使种子充分吸水。用湿棉布或毛巾将浸好的种子包好，然后取出放到催芽室进行催芽，温度控制在 25 ℃～30 ℃，待种子露白播种。

（2）播种：工人将辣椒种子放在穴盘的孔穴中，每孔 1 粒。播种时应注意不要折断漏出的胚根，胚根朝下，以利于秧苗根系向下生长。播种后覆土，及时放入育苗大棚开始育苗。

（三）苗期管理

1. 温度管理

温度是幼苗正常生长发育的基本因子。辣椒幼苗不同生长期对温度要求不同，发芽期和幼苗期对温度的要求较高，随后逐渐降低。

（1）发芽期。发芽期要求温度较高，有利于快速出苗，辣椒发芽期以25 ℃～30 ℃为宜，超过或低于该范围，种子发芽就会受到不同程度的影响。播种后，可用地膜覆盖，起保温、保湿作用，70％左右种子破土后，要及时撤去地膜，移至育苗床培育。

（2）幼苗期。辣椒幼苗期白天温度 23 ℃～28 ℃、夜间温度 15 ℃～18 ℃比较适宜，夜温过高，秧苗会发生徒长；夜温过低，则会出现僵化。培育好的辣椒幼苗，应保持 8 ℃～10 ℃的昼夜温差。冬季育苗，遇到晴朗天气，白天温度较高，夜间温度也可稍高些；遇到阴雨天气，夜间温度也应有所降低，应保持 2 ℃～3 ℃的温差；遇到雪天，白天苗床温度应比正常晴天低 5 ℃～7 ℃。夏季育苗，则要注意通过覆盖或降温设施降温。

2. 光照管理

光照是辣椒幼苗质量的关键因子。北方冬季育苗，光照条件好，辣椒幼苗生长好，但在南方，特别是长江中下游流域，冬春季节自然光照较弱，阴雨雪天设施内光照强度会更弱，如何增加光照强度是该地区辣椒育苗的关键。应选用防尘无滴少反射等多功能塑料薄膜，定期冲刷棚顶灰尘，提高透光性能。为增强光照强度，要尽可能延长光照时间，在温度条件允许时，及时揭开保温覆盖物。有条件的生产基地，可通过人工补光来增加光照强度。

生产上常用的补光灯有荧光灯、生物效应灯、高压汞灯等。选用补光灯时应注意光质，选择光谱接近日光的产品，有利于提高幼苗的光合效率。在不影响补光效果的前提下，应选择功率低、光效应高的光源，以节省能源，降低育苗成本。

夏秋育苗，生产上多采用遮阳网覆盖，以达到遮光降温的目的。

3. 水分管理

水分是辣椒穴盘育苗的关键。发芽期，保持基质湿润，保证出苗整齐。幼苗期，基质宜见干见湿。辣椒幼苗水分管理原则：晴天浇水，阴天或温度低时不浇或少浇，必须浇水时应选择温度高时浇水；生长后期，随着温度升高，浇水量适当增加，浇水间隔时间应加长。

辣椒幼苗色泽灰暗，心叶颜色较深，子叶不舒展，并稍有下垂时，表明幼苗已处于缺水状态，需要及时补充水分。叶片颜色较淡，叶片大、薄，叶面褶皱，表明水分过多，应控制浇水。幼苗是否缺水可根据早晨叶片是否有"吐水"现象判断，如果有"吐水"，说明水分供应正常，否则表示缺水。

4. 肥料管理

肥料施用决定于基质本身的成分，采用草炭、有机肥和复合肥配制的专用基质，以浇水为主，适当补充些大量元素即可。采用草炭和蛭石各50％的通用育苗基质，则必须加入肥料或使用营养液。生长前期使用平衡型大量元素 N、P、K 复合肥（20 - 20 - 20）水溶性肥料，中后期喷施高钾含量 N、P、K（13 - 5 - 40）水溶性肥料增强茎秆的粗壮和防倒伏；1000

倍液喷雾施用，通常喷水 2 次结合喷水追肥 1 次。

5. 生长素调节

为保持秧苗的健壮，防止植株徒长，冬季在幼苗二叶一心和夏季真叶1厘米时喷施一次多效唑、矮壮素等预防其徒长，但是在喷施过程中要注意保持绝对均匀，防止过多和喷施不到等现象；冬季育苗由于春季天气的原因导致商品苗不能按时移栽，出苗前一周视苗情确定是否再次控制其生长，整个苗期不超过两次。

（四）炼苗

当辣椒幼苗生长到符合商品苗标准可移栽时，一般外界生长环境（温度、光照）与温室内部环境存在较大差异，为了让幼苗移栽后较快适应外界环境，幼苗在出棚前需要进行低温锻炼，称为炼苗。

（1）低温锻炼。定植前逐步降低大棚温度，白天降低至 20 ℃左右，夜间降低至 10 ℃左右。注意降温过程渐近式，逐渐加大通风量，最后大棚温度接近栽培地温度。

（2）适当控水。一般在定植前 10 天，减少苗床浇水次数，在植株稍萎蔫时少量浇水，防止因湿度过高造成幼苗徒长，增强幼苗定植后的环境适应能力。

（五）病虫害防治

在穴盘育苗的过程中，由于幼苗培养密度大，且环境条件较为优越，容易滋生病虫害。辣椒幼苗期一般采用综合防治和药剂防治相结合。

1. 综合防治措施

（1）减少病虫来源。辣椒育苗前，对育苗棚进行消毒；重复使用的育苗穴盘、育苗基质和育苗床要消毒；使用清洁水源灌溉幼苗，水质呈中性或微酸性。

（2）减少发病条件。科学通风，空气相对湿度不超过 65%；子叶展开期，将育苗棚内湿度降低到适宜湿度下限，防止发生猝倒病；加强温、光、水、肥的管理，防止幼苗徒长；催芽前将基质浇透，确保播后至出苗前不再浇水；喷浇营养液应在上午进行，避免夜间空气湿度高诱发病害；通风口覆盖防虫网，隔离害虫，用黄板诱杀蚜虫、白粉虱等。

2. 药剂防治

（1）猝倒病。猝倒病是辣椒育苗前期常见的真菌性病害。具体的防治方法：用五氯硝基苯70%粉剂按80～100克/立方米与基质混合，刚出苗时用72%的普力克800倍液；或70%甲基硫菌灵可湿性粉剂1000～1200倍液喷雾。

（2）立枯病。立枯病是在辣椒幼苗快速生长期发生的主要真菌性病害。具体的防治方法：发病前和初期用有效成分30%的噁霉灵1500倍液喷雾，用80%代森锰锌可湿性粉剂叶面喷撒，隔7～10天喷1次。

（3）细菌性褐斑病。主要导致烂叶和烂茎秆。使用33.5%的喹啉铜800倍液或3%中生菌素800倍液喷雾。

（4）灰霉病。灰霉病是在冬春季辣椒育苗中危害较为严重的一种真菌性病害。具体的防治方法：可用50%多菌灵可湿性粉剂600～800倍液喷雾，间隔7～10天喷1次；或用25%甲霜灵可湿性粉剂750～1000倍液喷雾；或用50%福美双可湿性粉剂800～1000倍液喷雾。灰霉病在发病初期的防治效果最好，各种药剂可轮换使用。

（5）蚜虫。蚜虫吸食辣椒叶片汁液，阻碍植物生长，还传播病毒。防治方法：用吡虫啉1000倍、蚜戈1300倍；或用50%抗蚜威可湿性粉剂2000～3000倍液喷雾；或20%氰戊菊酯乳油稀释2500～3000倍液喷雾。

（6）白粉虱。白粉虱属同翅目粉虱科，是一种世界性害虫。危害特点是大量的成虫和幼虫密集在叶片背面吸食汁液，使叶片萎蔫、褪绿、黄化甚至枯死，还分泌大量蜜露，且传播病毒。初见白粉虱危害时，可在温室内设置黄板，每亩30～35块，农药可选用噻嗪酮乳油1000～1200倍液喷雾，每隔7天喷1次，连喷3～4次。

五、穴盘苗的储运

1. 穴盘苗的壮苗标准

壮苗是指具有增产潜力的辣椒幼苗群体，通常以苗龄适宜、生长整齐、无病虫害和秧苗素质好来衡量。壮苗的外部形态标准：生长健壮，高度适中，茎粗节短；叶片较大，生长舒展，叶色正常或稍深有光泽；子叶大而肥厚，子叶和真叶均不过早脱落或变黄；根系发达（尤其是侧根多），定植时短白根密布育苗基质块的周围；秧苗生长整齐，既不徒长也不老化；无病虫害；用于早熟栽培的幼苗带有肉眼可见的健壮花蕾，营养生长和生殖生长协调。

穴盘苗根系与基质紧密缠绕，形成根坨，起苗方便，既不散坨也不伤根，定植后无缓苗期，因此有无根坨形成是成苗与否的一个重要标志。除根系外，幼苗地上生长发育状态也是评价幼苗质量的重要指标(图 6 - 20)。

图 6 - 20　辣椒壮苗

2. 穴盘苗的包装与运输

从育苗场所到定植区一般都有一定的距离，不论近或远都存在秧苗包装、运输的问题。因此，合理进行秧苗包装运输，对于保证秧苗质量，提高定植后秧苗的恢复和生长速度显得非常重要。

自用苗或近距离运输辣椒穴盘苗，可将穴盘苗放置在纸箱内，每箱装两个穴盘，成窝形折叠装箱，或取出横放在用于运送的筐内，一层层整齐码放，秧苗不会受伤害（图6-21）。如果光照过强，可在秧苗上面盖上一层报纸或遮阳网等遮光保湿，但不能遮盖塑料薄膜，否则会使秧苗受伤害。冬天和早春，温度比较低时，运输时要有保温措施以防寒防冻。

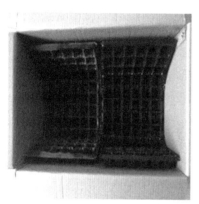

图6-21 近距离运输辣椒穴盘苗

远距离运输穴盘苗，最好用专用纸箱装苗，既保证幼苗不被挤压，又能通气和保温；如果运输时间在24小时以内也可将秧苗拔出直接整齐装进泡沫箱，每箱可装500~800株。如果是温度较高的情况下远距离运输前，适当浇水一次，避免运输途中缺水萎蔫。辣椒穴盘苗只要不缺水，起苗后2~3天定植也可成活。

第四节 辣椒漂浮育苗技术

漂浮育苗是20世纪80年代中后期美国在研究烤烟无土育苗技术过程中探索出的育苗新方法，90年代初期，在美国烤烟生产中迅速推广，目前在美国、巴西和墨西哥等国家的烟草生产中广泛应用。20世纪90年代后期，我国烤烟主产区引进漂浮育苗技术，到2010年，在南方如贵州、湖南等省，开始采用漂浮育苗技术培育辣椒幼苗。

一、辣椒漂浮育苗优点

1. 育苗成本低

漂浮育苗对育苗设施要求比穴盘育苗要低，大的育苗企业和小的生产农户都可采用漂浮育苗技术培育辣椒幼苗。集中育苗，除必要的过道外，单位面积育苗效率高。如标准的漂浮盘，长 68 厘米、宽 34 厘米、厚 5.5 厘米，但根据不同需要，可供选择的育苗孔有 60～200 孔。商品育苗，一般采用 200 孔漂浮盘；适宜辣椒幼苗生长，最好选用 100～120 孔漂浮盘。

2. 育苗周期短

漂浮育苗能最大限度地控制辣椒苗生长所需的肥力、温度、水分等环境因子。采用育苗基质，精量播种，一次成苗，从基质混合、装盘、播种、排场、成苗等都实现自动调控，辣椒幼苗生长速度快，育苗周期缩短，苗龄比常规苗缩短 10 天左右。

3. 幼苗质量好

漂浮育苗可培育出根系发达、根系活力强的幼苗。采用漂浮育苗，辣椒幼苗根系活力比床土育苗的高 157.8%；秧苗生长较均匀一致，能够全根系定植于大田；移栽后缓苗期短，不会伤害根系，直接进入正常生长；可以直接追施提苗肥，提早采收。

4. 可长途运输

漂浮育苗基质采用的是轻型基质，具有容重轻、根坨不易散、保水能力强、缓苗快等特点，在长途运输中根部受损少，移植易成活。

5. 管理方便

漂浮育苗不需人工浇水，只需根据辣椒苗生长的需要适时施用肥料，可节省大量劳力。

二、辣椒漂浮育苗前期准备

1. 育苗棚选择

辣椒漂浮育苗应在温室、塑料大棚或小拱棚中进行，便于冬春季育苗保温、夏秋季遮阳降温，生产上一般利用现成的温室或钢管大棚，也可用相对简单的小拱棚。

2. 漂浮池建设

漂浮池可以采用地下式和地上式两种方式，漂浮池的长、宽根据大棚长、宽确定，原则是保证池能放满漂浮盘，靠边留 2～3 厘米距离。地上式漂浮池建设，用空心砖、水泥砖或红砖砌四边池埂，埂宽 30～40 厘米，漂浮池宽 2.3 米、池深 10～15 厘米，池长根据棚体长度而定。地下式漂浮池建设，根据育苗棚的宽度，确定下挖几个漂浮池，池之间距离不少于40 厘米，池埂整平后铺一层水泥砖或红砖，便于后期的苗期管理。漂浮池深 10～15 厘米，池底整平拍实，用沙子、细土垫平。漂浮池建好后，在池中间铺厚度 0.08～0.12 毫米的塑料薄膜，薄膜要将池埂四周覆盖好，以防漏水。育苗前，向池中加入 5 厘米深的水，第二天检查水位是否下降，发现漏水应及时修补（图 6-22）。

图 6-22　漂浮池

3. 营养液配制

漂浮池建好后，首先对漂浮池进行消毒：用 1∶200 倍的漂白粉液、生石灰水或 0.1%高锰酸钾溶液，喷洒于漂浮池及大棚周围；再向漂浮池中注入干净清水，以井水或洁净的池塘水较好，水深 8～12 厘米，pH 值6.0～7.5。再向池中倒入育苗专用肥料，保持 N 素浓度为 150～200 毫克/升。

4. 漂浮盘消毒

一般采用外形尺寸为 68 厘米×34 厘米×5.5 厘米的聚苯乙烯塑料泡沫漂浮盘（图 6 - 23）。如果利用旧漂浮盘育苗，使用前须用 1∶100 漂白粉液或 0.1%高锰酸钾溶液浸泡 10 分钟以上，再用薄膜密封熏蒸 1～2 天，晾干后使用。

图 6 - 23 漂浮育苗盘

5. 基质选择

目前，生产中有很多商品育苗基质，建议如果购买育苗基质，一定要采购正规产品。大的辣椒育苗企业，也可以自己配制育苗基质，但一定要多做配方试验，选择最佳的配方，培育辣椒幼苗。基质要求保水能力强、吸水性好、呈颗粒状、粒径小、容量轻，且不能含毒害物质或其他杂草种子。质量标准：基质粒径 1～5 毫米，孔隙度 70%～95%，容重 0.15～

0.35 克/厘米³，pH 值 5.5～6.5，腐殖酸 15％以上，有机质含量 20％以上，铁离子不超过 1000 毫克/千克，锰离子不超过 1000 毫克/千克，水分含量 30％～50％。

三、辣椒漂浮育苗技术

1. 基质装盘

基质水分含量会影响装盘后孔穴中基质的松紧度。基质太湿，装盘时容易造成孔穴中空，漂浮盘入水后影响吸水，形成干穴，影响种子萌发；基质太干，装盘时基质容易漏出孔眼造成空穴。因此，装盘前应将基质含水量调节为 40％～50％，呈手捏能成团、落地则散开的半干半湿状态。

装盘时，先将漂浮盘放平，用基质填充孔穴，基质稍高于盘面，然后用小木板轻轻敲打漂浮盘，最后用小木板从漂浮盘的一端刮向另一端，使所有孔穴中都填满基质，特别是漂浮盘四角和两边的孔穴，必须与中间的孔穴一样装满，各个格室能清晰可见为宜。

2. 播种

漂浮盘装好基质，需要在基质上压一个深 0.5～1 厘米的小孔，然后将经过消毒处理的辣椒种子播入小孔中。生产上采用半机械化压穴器压穴，育苗企业根据采用的漂浮盘规格和穴数定制压穴器。

漂浮盘装好育苗基质后，立即趁湿播种，每穴播种 1 粒，10％左右孔穴播 2 粒种子，用于后期补苗。播种可人工手播，目前生产上也有与压穴器配套的辣椒种子播种器，一次可播一个漂浮盘，也可全自动机械播种。

播种后将蛭石或珍珠岩均匀倒在育苗盘上，再用刮板从漂浮盘的一方轻轻刮向另一方，去除多余的蛭石或珍珠岩，保持格室内覆盖物基本平整，但格与格之间非常清晰。清除漂浮盘四周及底部的基质，覆盖一层薄膜或遮阳网，放入已加水和营养液的漂浮池中。

3. 苗期温度管理

辣椒漂浮育苗分为冬春和夏秋两季。

冬春季漂浮育苗，苗期温度管理原则：出苗前维持较高温度（25 ℃～30 ℃），出苗后降低棚内温度，白天温度 23 ℃～28 ℃，晚上温度 13 ℃～18 ℃，昼夜温差 10 ℃左右，防止植株徒长。具体操作参照穴盘育苗技术。

夏秋季漂浮育苗，主要是为辣椒秋延后栽培提供幼苗，育苗时期在 7—8 月，因此，温度管理关键技术是降温。大棚四周边膜揭开，装上 40 目的防虫网，留下顶膜避雨；漂浮池两边搭建小拱棚，覆盖一层遮阳网。出苗前，整天覆盖遮阳网，降低育苗池内温度。出苗后，中午温度超过 30 ℃，覆盖遮阳网，但上午 11 时前和下午 4 时后，要揭开遮阳网，让幼苗见太阳，促进其健康生长。

4. 湿度和养分管理

漂浮盘中基质含水量以 70%～80% 有利于出苗和幼苗生长。播种后，应及时将播种后的漂浮盘轻轻放入漂浮池中，待吸水 12～24 小时后取出。以后每天浸盘 1～2 小时，经 7～10 天，齐苗后可每隔 2 天浸盘 1 次。大规模育苗，一般不将漂浮盘取出控苗，而是通过外源激素进行调控。育苗棚应经常通风排湿，保持相对湿度小于 90%。漂浮池要注意经常补水，使水层深度保持在 8～12 厘米。

育苗期的追肥要根据育苗基质和幼苗生长情况而定。有些育苗基质含有幼苗生长的基本肥料，因此，在幼苗没有表现出缺肥时，不需要追肥。有的基质养分较少，因此，在辣椒育苗过程中应及时追施育苗专用肥。施肥可按两种方案进行：一是分两次施肥。第一次在播种时，纯氮浓度为 100 毫克/升；第二次在辣椒苗具 2 片真叶时，纯氮的浓度为 150 毫克/升。二是在播种时一次性施入，纯氮的浓度为 200 毫克/升。施肥前应先在容器中用热水溶解肥料，分几处倒入漂浮池，也可适当搅拌，以促进肥料均匀分布。

5. 移栽前炼苗

炼苗是提高幼苗抗逆性和移栽成活率的重要措施之一。移栽前一周，通过揭膜等措施，让幼苗提早适应栽培环境。移栽前 3～5 天将漂浮盘架空于育苗池上方，或移栽前7～10天排干育苗池中的水分，进行断肥、断水炼苗。出苗前，将漂浮盘放入池中吸水，有利于幼苗运输。

6. 病虫害综合防控

辣椒漂浮育苗常见病虫害有猝倒病、立枯病、灰霉病和蚜虫、白粉虱等，切断病虫害传播途径，是保证苗期无病无虫的关键。育苗前在育苗棚四周装30～40目防虫网；做好育苗棚及苗床消毒，按育苗要求对种子、基质和育苗盘进行消毒处理；加挂黄板，可及时发现蚜虫、粉虱等；加强苗期管理，培育壮苗。发现病虫害，及时用化学药剂进行处理。

辣椒漂浮育苗常采用的病害预防措施：

①第1次在漂浮盘放入苗池后，用30克哈茨木霉菌＋30克枯草芽孢杆菌兑水5～15千克进行喷雾，对苗床盘进行消毒处理。

②第2次在出苗后（2叶1心），用30克哈茨木霉菌＋30克枯草芽孢杆菌＋30克几丁聚糖兑水5～15千克对苗床进行喷雾，预防死苗、烂苗和灰霉病。

③第3次在育苗中期，如遇阴雨天，苗床湿度较大时，用30克哈茨木霉菌＋30克枯草芽孢杆菌＋30克几丁聚糖兑水5～15千克对苗床再次进行喷雾，预防辣椒灰霉病。

④第4次在移栽前7～10天，用30克哈茨木霉菌＋30克枯草芽孢杆菌＋30克几丁聚糖兑水5～15千克对苗床进行喷雾。

四、辣椒漂浮育苗常见的问题及对策

1. 冷害

冬春育苗，外界温度低容易造成幼苗冷害。有条件的企业，可在育苗大棚内安装加温设备，但成本较高。生产上一般采用在漂浮池上方搭双层拱膜等措施，提高营养液和基质温度。

2. 干穴与空穴

干穴是指在育苗过程中孔穴基质干燥不吸水，导致种子不出苗。造成

干穴的原因有漂浮盘底孔堵塞、装盘时基质水分不足、装盘后放置时间过长等，孔穴中基质形成断层，导致基质不能正常吸湿。应对措施：基质装盘前先检查盘底孔眼是否堵塞；基质水分含量适宜，一般以手捏成团，手松散开为宜；装盘时基质不能太松，上下基质要紧密接触，不能有空隙；盘装好后，应马上放入育苗池。

装盘时基质过干且装填过松、大棚内存在漏水或滴水、漂浮盘底孔过大等都可能造成空穴。应对措施：检查漂浮盘底孔是否过大、大棚是否存在破裂或缝隙，装盘时控制好基质水分，若有空穴及时填充基质补种补苗。

3. 蓝绿藻

育苗棚中温湿度过高、旧育苗盘消毒不彻底、未及时揭开遮阳网、育苗池和育苗盘不配套都会造成营养液中产生蓝绿藻。应对措施：需做好旧盘的消毒工作，控制蓝绿藻产生的源头；育苗池与漂浮盘配套，使漂浮盘放在育苗池中不留空隙；及时揭遮阳网通风排湿，保证阳光充足和减小空气湿度；如果产生蓝绿藻，可喷施多菌灵防治或放入适量的硫酸铜控制。

4. 基质盐渍化

基质表面发白，有结晶状盐析粒出现时为盐渍化现象，一般在基质电导率高、遭遇高温干燥的气候条件下极易产生。基质盐渍化，影响辣椒幼苗生长发育，表现植株矮小、叶片发黄。应对措施：用竹片轻轻松动基质，除去表面基质，重新填充材料；或通过浇水的方式淋洗基质中的盐分。

第五节　辣椒电热线加温育苗技术

我国辣椒年播种面积在 3400 万亩，年需要幼苗 680 亿株左右。除通过穴盘和漂浮育苗外，目前应用最广的还是传统育苗。本节重点介绍辣椒育苗营养土的配制与电加温育苗电热线安装。

一、营养土的配制

1. 营养土应具备的条件

用于辣椒育苗的床土称营养土，幼苗生长营养和环境取决于营养土的质量。培育优质壮苗，要求营养土具备以下条件：

（1）具有高度的持水性和良好的通透性，容重一般为 0.6～1.0 克/平方厘米。

（2）富含矿物质和有机质，要求有机质的含量 15%～20%，以改善土壤的通气透水能力。

（3）有良好的化学性质，具备幼苗生长必需的营养元素，如氮、磷、钾、钙等。pH 值在 6～7 之间，以利于根系的营养吸收。

（4）农家肥要充分腐熟，不含有毒有害物质，残留农药、重金属等含量在限量标准内。

（5）不带病菌、虫卵和杂草种子等。

2. 营养土的原料与配比

生产上配制辣椒育苗营养土的原料有园土、有机肥、化学肥料和谷壳或草木灰等。

（1）园土

园土是配制营养土的主要成分，一般占 50%～60%。注意不要用同科蔬菜的园土，选择种过豆类、葱蒜类蔬菜的土壤为好。豆类菜地中有根瘤菌，具有一定的固氮作用，能增加土壤肥沃度；葱蒜类菜地中含大量大蒜素等硫化物，有利于抑制或杀灭土壤中的病菌。园土最好在 7—8 月高温时挖取，经充分烤晒后，打碎、过筛，筛好的园土用薄膜覆盖，保持干燥状态备用。

（2）有机肥

一般选用农家肥如人畜粪尿或堆厩肥、食用菌下脚料、农作物秸秆等作原料，含量占营养土的 20%～30%，充分腐熟后成为幼苗生长的主要营养源。未经腐熟的农家肥，病菌多，后期发酵，伤害辣椒根系。

（3）化学肥料

每吨营养土中分别加入尿素 1 千克、氯化钾 0.5 千克，过磷酸钙或钙镁磷肥 2 千克。

（4）其他

炭化谷壳或草木灰，其含量可占营养土的 20%～30%。增加营养土中的钾含量，使土壤疏松、透气、颜色变深，能吸收太阳热能，提高土温。谷壳炭化时应掌握炭化适宜程度，以谷壳完全炭化、仍保持原形为好。如缺乏谷壳，也可用种植食用菌后的废棉籽屑代替，与园土、厩肥一同堆沤发酵。

3. 营养土的堆沤发酵

原料准备好后，在播种育苗前的 40～50 天进行堆沤发酵。一般选择干燥、排水良好、离育苗场所近的坪地上堆沤营养土，堆宽 1.0～1.5 米，堆沤长度视营养土的量而定，堆沤呈长梯形。具体做法：先在地面上铺一层 20 厘米厚的土，然后用粪水浇透，再铺一层 10～13 厘米厚的厩肥及其他土杂肥，又浇泼一层粪水。以后再按上列顺序继续加高肥堆，一般至 1.5 米高，然后覆盖塑料薄膜防雨、保温、保湿。

堆沤 20～30 天后，应进行翻堆，使上下层、内外层堆肥充分腐熟，养分均匀。翻堆时，加入化学肥料，并视干湿情况补充水分。翻堆后继续覆盖保湿，再经 15～20 天，营养土变黑褐色，标志着已完全腐熟，堆沤结束。堆沤好的营养土应晒干，过筛备用。

二、电热温床的铺设

电热温床是我国长江中下游流域辣椒冬春季育苗主要的加温方式，依靠电热线提高苗床温度。电热线是一种电热转换器件，外面包有耐热性能强的乙烯树脂作为绝缘层，为具有一定电阻率的特制电线。将电热线埋在一定深度的土层中，通电以后产生热量，提高土壤温度。由电热线发出的热量逐层向外水平传递，传递距离可达 25 厘米左右，以 15 厘米内的热量最多，与电热加温线接近的土温较高，因此，要使苗床土壤中的热量分布均匀，线与线之间的距离不应超过 30 厘米。

1. 电热加温线的性能与型号

目前电热温床育苗多使用 DV 型系列电热线，其型号有 DV20406、DV20608、DV20810、DV21012，其主要技术参数见表 6‐1。如 DV20810 型号的"D"表示电热加温线，"V"表示塑料绝缘层，"2"表示电热加温线额定电压为 220 伏特，"08"表示电热加温线的额定功率为 800 瓦，"10"表示电热加温线长度为 100 米。

表 6‐1　　　　　　　　　　DV 电热加温线主要技术参数

型　号	电压/伏特	电流/安培	功率/瓦	长度/米	色标	使用温度/℃
DV20406	220	2	400	60	棕	≤40
DV20608	220	3	600	80	蓝	≤40
DV20810	220	4	800	100	黄	≤40
DV21012	220	5	1000	120	绿	≤40

DV 型电热线由塑料绝缘层、电热线和两端导线接头构成。塑料绝缘层主要起绝缘和导热的作用，并有耐水、耐酸、耐碱等优良性能。电热线为一种合金材料，通电发热后的温度不超过 65 ℃，在土壤中允许使用温度不超过 40 ℃，在 35 ℃ 土壤环境中可以长期工作。接头用来连接电热加温线和引出线，是用塑料高频热压工艺制成，不漏电。引出线为普通铜芯电线。

2. 电热温床功率的选定与布线间距的确定

电热温床功率的选定取决于当地的气候、育苗的季节及温床的散热与保温性能等。在长江以南地区冬春季辣椒育苗，一般选择每平方米 80～100 瓦的功率，基本上能保证育苗需要。如在跨度 8 米、长度 32 米的钢管大棚育苗，大棚内先准备好 4 个（长 30 米×宽 1 米）30 平方米苗床，每个育苗床功率要求达到 3000 瓦，由于育苗床长为 30 米，为方便接电管理，电热线接口必须在一边，因此选择 120 米长的电热线适宜。综合考虑，可选择 DV21012 型号，每个育苗床电热线 3 根，一个大棚 12 根。

电热线的型号与根数确定后，计算好电热线之间的距离，便于电热线铺设。电热线的布线间距可以通过下列公式计算求得：苗床的宽度÷（电热线长度÷苗床长度×电热线根数）。

若选用功率为 1000 瓦，长度为 120 米的 DV 电热加温线铺设辣椒播种床，布线间距为：1÷（120÷30×3）＝0.083 米。

在实际铺设时，考虑到苗床边缘与床中央散热不一，为使床温热量分布均匀，不可均等距离布线，靠床的边缘可小于平均线距，床的中央要大于平均线距。

3. 电热线的铺设

（1）平整床底。辣椒育苗床，为后期操作和管理方便，一般以苗床宽 1.0 米为宜。在大棚选择好后，根据棚宽度，确定育苗床个数，如跨度 8 米大棚，育苗床 4～5 个。规划好育苗床位置，铲出育苗床内多余土壤，将床底整平。

（2）铺隔热层。隔热材料一般采用稻草、木屑、谷壳等，床底部应充填 5 厘米厚的隔热层，并把平。

（3）布电热线。布线前准备若干根小竹签，布线时将小竹签按布线间距直接插在苗床两端，然后采用三人布线，两人在两端拉线，逐条拉紧。布线时应注意：线与线之间不能重叠或交叉，更不能扭结，以防通电时烧断。电热线不能随意接长或缩短，因其电阻和功率是额定的，否则会引起烧断。2 根或 2 根以上的电热加温线铺在同一床中时，只能并联，不可串联。

（4）通电试验。线布好后，接通电源，合上闸刀开关，通电 1～2 分钟，如电热线变软发热，说明工作正常，即可覆盖营养土；如电热线不发热，说明线路不通，应检查线路，排除故障。

（5）覆盖床土。通电试验后，在电热线上面覆盖 8～10 厘米厚的营养土。盖土时应注意先用部分营养土将电热线分段压住，以免填土时移位，同时营养土应顺着电热线延伸的方向铺放。营养土覆好后，将表面用木板刮平，以便播种。

三、播种

1. 播种时期的确定

电热温床的播种时期依栽培方式、栽培目的及通电时间的多少而定。大棚早春栽培和露地栽培，一般在 12 月下旬至次年 2 月上旬播种，大棚早春栽培 3 月中下旬定植，露地栽培 4—5 月定植。近年来，一些育苗企业将播种时期提早到 11 月中旬，探索出仅在出苗期和温度低于 5 ℃时通电加热的方法，大大降低了育苗成本。

2. 播种

播种宜选晴天或寒潮刚过，即将转暖的天气进行。催芽开始时，掌握天气变化的动态，以保证播种时天气较好。播种前先在整平的床面上浇足底水，待水渗下后，开始播种。辣椒播种量依据幼苗是否假植而定，后期假植，可密播，播种量 15 克/平方米；直接移栽，则要稀播，播种量 3～5 克/平方米。播种后及时覆上 0.5～1.0 厘米厚的盖籽土，并用洒水壶喷上一层薄水，冲出来的种子再用营养土覆盖。最后在苗床上盖一层地膜，设置塑料小拱棚，形成地膜、小拱棚、大棚三层覆盖，保温保湿。

四、苗期管理

1. 幼苗期管理

幼苗期一般是指从播种到分苗这段时期，又可细分为出苗期、破心期和生长期。

（1）出苗期

从播种到子叶微展为出苗期，管理上要求较高的温度和湿度。12月至次年1月我国处于最冷季节，播种后三层覆盖、不通风，同时通电加温，土壤温度保持在 20 ℃～25 ℃、空气相对湿度在 80％以上为宜。如果土壤温度低于 15 ℃，出苗期延长，并有可能引起烂种。温度适宜，播种 7～10 天幼苗开始拱土，70％左右种子出苗，立即揭开地膜，以免形成"高脚苗"。

（2）破心期

从子叶微展到心叶长出为破心期，生长速度减慢，子叶开始光合作用，有适量干物质积累。此期管理上主要保证幼苗稳健生长。

1）降低温度。通过光照时间和通电时间调控，白天温度 18 ℃～20 ℃，夜间温度 14 ℃～16 ℃；冰冻天气，注意加温防冻。

2）降低湿度。冬季温度低、光照少，床土湿度一般控制在持水量60％～80％。如果床土过湿，幼苗须根少、下胚轴伸长过快，容易徒长，并诱发猝倒病、灰霉病等病害，可采取通风、控制浇水和撒干细土等措施来降低湿度，苗床土"露白"，选择晴天少量喷水。

3）加强光照。光照充足是幼苗质量的重要保证。育苗尽量用透光率高的新膜，增加幼苗期透光度。晴天上午尽量早揭开内棚膜，下午尽可能延迟盖膜。在温度不低于 10 ℃时，中午揭开内棚膜。及时间苗，增加幼苗之间的空隙和透光，以防幼苗拥挤和下胚轴伸长过快而形成"高脚苗"。

（3）生长期

第一片真叶长出到分苗（移栽）前为幼苗生长期，通过光合作用，进行营养生长。特点是幼苗生长快、相对生长率高，辣椒生长期一般需经20～30 天，管理上以"促"为主。

1）提高床温。比破心期温度提高 2 ℃～3 ℃，并采取变温管理，白天温度偏高（20 ℃～23 ℃），夜间温度稍低（13 ℃～16 ℃）。

2）加强光合作用。遇晴朗天气尽可能通风见光，阴雨天也要选中午前后适当通风见光。

3）适量浇水。保持苗床土表面呈半干半湿状态，在苗床表土尚未"露白"时选择晴天浇水，每次浇水量不宜太大，每平方米浇水量以0.5千克左右为宜。

4）适当追肥。如果不假植，到 4 月份移栽，苗龄长，如果苗床土养分不够，应结合浇水进行追肥，追肥可选用 0.1％的 NPK 复合肥液或20％～30％的腐熟人粪尿水。

（4）炼苗

为提高幼苗的抗性和适应移栽后的环境条件，一般在取苗前 3～5 天逐渐通风降温，加强对幼苗进行适应性锻炼。

2. 假植期管理

假植又称分苗或排苗，是辣椒生产上一种培育壮苗的栽培措施。通过假植，扩大苗间距离，增加营养面积，满足秧苗生长发育所需的光照和营养条件，促使秧苗进一步生长发育，使幼苗茎粗壮、节间短、叶色浓绿、根系发达。

（1）假植

1）假植苗床。假植苗床要早做准备，只能床等苗，不能苗等床。一般应在假植前 15 天左右准备好，施足底肥，用塑料薄膜覆盖保持床土干燥。

2）假植期。一般应根据气候状况和秧苗的形态指标来确定。春节过后的 2—3 月，气温转暖，不出现大的起伏，就可开始假植；从秧苗的形态指标来看，以 3～4 片真叶为宜。

3）假植密度。除育苗盘假植外，生产上大面积用苗床假植。假植密度与辣椒的前期产量关系极大，一般苗距加大，前期产量提高明显，能获得较高的产量。因此，在假苗床充足的情况下，适当稀分苗，有利于培育健壮秧苗，假植密度为 6.5 厘米×6.5 厘米比较适宜。

4）假植。看准天气，选准"冷尾暖头"、晴朗无风的日子，在中午前后完成假植。假植前半天对幼苗浇水，以便挖苗时多带土、少伤根。移栽时注意将大小苗分开栽，便于管理。移栽时，以子叶出土面 1～2 厘米为准，压紧根部土壤，及时浇定根水。移栽后，必须用塑料小拱棚覆盖保温保湿。

（2）假植期温、湿度管理

1）缓苗期

分苗后，幼苗根系受到一定程度的损伤，需要 4～7 天才能恢复。这段时期在管理上要维持较高床温，力求地温在 18 ℃～22 ℃，气温白天 25 ℃～30 ℃，夜间 20 ℃以上。管理上通过闷棚，保持较高温度和空气湿度，减少植株蒸腾，防止幼苗失水过多而严重萎蔫，促进伤口的愈合和新根的发生。

2）生长期

假植缓苗后，幼苗的生长量大，生长速度快，叶面积增长迅速，营养生长与生殖生长同时进行。在管理上要提供适宜的温度，较强的光照，充足的水分和养分，并体现促中有控，使幼苗稳健生长。管理上通过揭开或覆盖小拱棚膜和大棚膜调控棚内温度，气温 20 ℃左右、地温 15 ℃左右为宜。多通风见光，提高幼苗的光合效率；晴朗天气，2～3 天浇水一次，阴雨天气 4～5 天浇水一次，严防床土"露白"，保证水分供应；后期结合浇水，可用 0.2% 的 NPK 复合肥和 30% 左右的腐熟人粪尿作追肥。

3）炼苗

为提高幼苗对定植后环境的适应能力，缩短定植后的缓苗时间，在定植前的一周左右应进行秧苗锻炼。白天气温可降至 18 ℃～20 ℃，夜间 13 ℃～15 ℃。炼苗期一般不再浇水，促使床土"露白"。先揭去部分薄膜，随着炼苗时间延长，应逐步揭开，至最后全部揭开薄膜，使之完全适应露地环境。定植前一天喷施防病虫害药剂，严防带病带虫栽培。

第七章　辣椒栽培技术

我国辣椒年生产面积达 3200 多万亩，年总产量近 7000 万吨，数量上已达到饱和或供过于求，但还存在季节性不均衡、品种结构不均衡。辣椒产业要提质增效，必然要发生两种改变，一是生产方式将从传统的"大肥、大水、大药"向绿色生产转变，二是栽培方式从露地栽培向设施高效栽培转变。

第一节　辣椒春提早栽培技术

辣椒春提早栽培就是通过大棚等设施，提高大棚早春温度，改变辣椒栽培环境条件，将定植期提早到春节前后，实现春季辣椒早上市的栽培方式。由于秋冬茬蔬菜结束，春夏茬蔬菜刚定植，导致蔬菜出现"春淡"。我国纬度跨度大，南北气候差异明显，辣椒春提早栽培是长江中下游流域一种高效实用的栽培模式，辣椒赶在蔬菜"春淡"期上市，既价格高，又丰富了市场蔬菜种类，也能获得较高收益。

一、选择适宜的品种

辣椒春提早栽培，首先是选择好的品种。品种的选择，取决于目标市场消费者的喜好。选择适宜春提早栽培品种的原则：根据消费市场的需求，选择畅销的品种类型，不同的消费市场，对辣椒类型要求不同，如湖南喜欢牛角椒和线椒、湖北喜欢薄皮椒；辣椒春提早栽培，主要供鲜食，选择口感品质好的品种；由于早春温度低、光照弱，选择早熟、耐低温弱光和抗病性强的品种。

适宜春提早栽培的品种。不嗜辣地区可选择苏椒五号、福湘碧秀、福湘四号等,嗜辣地区可选择兴蔬301、辛香8号、兴蔬早惠等。供高档市场,可选择地方特色品种如樟树港辣椒,也可选择长研青香、湘研软皮早秀、兴蔬皱辣1号、兴蔬皱辣2号、兴蔬皱辣4号等。

二、培育壮苗

辣椒春提早栽培,长江中下游流域一般在春节前后移栽到大棚中,此时是一年中最冷的季节。为了适应在低温弱光条件下生长,培育优质辣椒幼苗非常关键。生产上主要采用大苗越冬方式。

1. 播种育苗

辣椒育苗方式有传统育苗、穴盘育苗和漂浮育苗三种方式,春提早栽培要求幼苗健壮、带花蕾。穴盘育苗和漂浮育苗受孔穴空间限制,不适宜培育苗龄长的幼苗。

(1)播种期。长江中下游流域春提早栽培,播种期一般在10月中旬,有加温条件的可适当晚播,但最迟不能超过11月上旬。每亩用种量20~30克。

(2)苗床。选择大棚或温室育苗,根据育苗棚宽度,确定大棚中设立育苗床的个数。为了操作方便,苗床宽1~1.2米、高10厘米,长度随栽培面积和播种量定。土面整细整平,用50%多菌灵进行苗床消毒,用药量8~10克/平方米。播种前10天整理好苗床,上铺10厘米厚营养土。

(3)营养土。营养土可采用50%商品育苗基质+50%田园土混合配制,也可以用农家肥配制。农家肥配方:选择在1~3年内未种过茄果类作物的田园土、充分腐熟的农家肥和草木灰,按1∶1∶1的比例混合拌匀,1吨营养土+过磷酸钙或复合肥0.5~1.0千克+200克50%多菌灵或70%甲基托布津可湿性粉剂。

(4)种子消毒与播种。用清水浸种4~5小时,用1%硫酸铜溶液浸种10分钟,进行种子消毒,取出后用清水冲洗干净,备用。播种前育苗床适量浇水，要求 10 厘米内土层湿润。消毒后的种子均匀撒播，每平方米苗床播种 3～5 克，覆盖 1 厘米厚营养土，均匀喷洒少量水，湿润盖籽土。最后覆盖 1 层地膜，保温保湿。

2. 幼苗期管理

幼苗期包括种子出苗后到假植前的整个时期。长江中下游流域 10—11 月温度还比较高，能达到辣椒育苗要求，通过揭盖棚膜，调节育苗棚内温度。

（1）出苗期。温度可控制在 25 ℃～30 ℃，播种后 5～7 天开始出苗，当 70% 的种子破土，要及时揭开地膜，以免形成"高脚苗"。如发现幼苗"戴帽"，可采取补救措施。若覆土过薄，应补加盖土；若表土过干，应喷水帮助脱壳。

（2）破心期。从子叶微展到心叶长出，一般需经 7～10 天。管理上以控为主，太阳天气，要降低大棚内温度，白天控制在 23 ℃，夜间控制在 14 ℃～16 ℃。降低湿度，土壤含水量 60%～80% 为宜，床土表面"露白"才喷水。通过通风，将大棚内空气湿度控制在 85% 以下。加强光照，让幼苗多见阳光。及时间苗，保证每平方米幼苗 400 株左右。可能存在的问题：幼苗拥挤和下胚轴伸长过快而形成"高脚苗"。

（3）生长期。此时期内幼苗主要进行营养生长，一般需经 20～30 天。此期间，外界温度逐渐变冷，大棚内可加盖内棚保温。适当提高大棚内温度，采取变温管理，一般白天温度 23 ℃～25 ℃，夜间温度 13 ℃～16 ℃。加强光照，温度不低时，揭开内膜，让幼苗见光；阴雨天也需选中午前后适当揭膜见光。保持床土表面呈半干半湿状态。

3. 假植期管理

12 月至次年 1 月，是一年中最冷的季节，保温是此期的重点任务。

（1）假植。幼苗具 2～3 片真叶，选晴天将幼苗假植到营养钵或假植床中，移植后浇水，5 厘米土层湿透。如果辣椒苗叶片沾在土上，用小棍将叶片轻轻挑起，然后密闭大棚和小拱棚 5～7 天，保持适宜的温度和湿度以利于幼苗成活。

（2）温度管理。假植缓苗后，通过揭开或覆盖大棚膜或小拱棚膜调控温度和湿度。一般上午 10 时后揭开小拱棚膜，下午 3 时后覆盖小拱棚膜；晴天中午，将大棚背风面的膜揭起，降低大棚内温度和湿度。白天大棚内温度超过 30 ℃，应揭开背风面大棚边膜降温；冬季大棚温度在 15 ℃～25 ℃，中午适度揭开小拱棚膜通风；若夜间外界温度降至 5 ℃，覆盖好小棚膜保温，采用双层保温；若外界温度降至 0 ℃，在小拱棚膜外加盖无纺布或膜，形成大棚膜＋内膜＋小拱棚膜三层覆盖保温。

（3）肥水管理。假植期处于低温弱光阶段，土壤保持干燥、略湿润比较好，大棚内相对湿度控制在 85％以下，以利于防止病害发生。幼苗出现缺水，选择晴天中午浇水，浇水后及时通风，让叶片上没有水滴，否则容易引起病害。追肥一般视幼苗长势而定，并结合浇水进行，一般用复合肥或磷酸二氢钾等，浓度以 0.5％为宜。

三、定植前准备

1. 大棚消毒

在地势高、干燥的蔬菜生产基地，选择背风向阳、土壤疏松肥沃、有机质含量高、有排灌设施、近 2～3 年没有种植过茄果类或瓜类作物的大棚，作为辣椒春提早栽培。定植前，全面清除大棚内前茬作物和周边杂草，用杀菌剂如多菌灵、高锰酸钾等对大棚内的土壤和棚架等室内设施进行全面消毒，全封闭 1～2 天后打开风口进行通风。在定植前闭棚升温，以提高土壤温度。定植后采取大棚＋中棚＋小拱棚＋银黑色地膜（四膜覆盖）模式保温。

2. 整地施肥

定植前 1 周整地，每亩用腐熟厩肥 3000 千克或商品有机肥 500 千克、复合肥 50 千克、磷肥 50 千克、钾肥 15 千克作基肥，均匀撒施在土壤上，农机深翻土壤 30 厘米左右。如果采用肥水一体化栽培，基肥中化肥可以不施或少施。根据大棚宽度作畦，6 米宽做 4 畦，8 米宽做 5 畦。为了便于后期操作，畦宽 80 厘米、畦高 10～15 厘米，沟宽 50 厘米。畦面整平后，在畦面中间铺设滴灌带，一般采用 16 型的滴灌带，每畦一条。滴灌带平铺后拉直，两端固定牢固。然后铺地膜，辣椒春提早栽培，应采用黑色膜或银黑膜（黑色面朝上），有利于前期提高地温。

3. 搭建中棚

如果是双层大棚，可直接在内棚上覆盖薄膜。如果为单层棚，则要在大棚内搭建中棚，要求内、外棚膜距离在 20～30 厘米。搭建中棚材料可以因地制宜、就地取材，如钢架、竹片、铁丝等，将中棚膜固定好，便于后期揭开或覆盖中棚膜操作。

4. 搭建小拱棚

选择细钢丝或竹片或其他材料搭建小拱棚。材料长 2 米左右，两端直接插入畦两侧，入土深度为 20 厘米左右，拱间距为 1.0～1.2 米。上覆盖 2 米宽透明地膜保温。

四、田间管理

1. 定植

辣椒春提早栽培，前期采用四膜覆盖保温，为方便管理，宜选择春节后定植。长江中下游流域，在 2 月中旬左右选择晴天定植。定植前 3～5 天，幼苗喷施一次防病虫害药剂，带药下田。每畦种植两行，株距 40～45 厘米，每亩栽 2000～2400 株。移栽后马上浇定根水，定根水中每升可加 5 毫升萘乙酸和 1 克噁霉灵，促发新根，预防根部病害。一个大棚定植完成后，立即覆盖大棚、中棚和小拱棚膜，密闭大棚一周，保温保湿，促进快速缓苗。

2. 水肥管理

前期由于外界温度较低，缓苗后适当蹲苗，控制水分。坐果后需适量浇水，坐果期保持土壤相对湿度 70％～80％，切忌大水漫灌。2 月底至 3

月初选晴天中午施提苗肥一次，每亩施用优质复合肥 5 千克，浓度 0.3%。对椒坐稳后，每亩施优质复合肥 5～10 千克，采收期每采收 2 次果实，每亩每次随浇水施复合肥 5～10 千克。结合叶部喷洒微量元素肥，效果更好。

3. 温湿度管理

大棚内温度白天 20 ℃～28 ℃，夜间 15 ℃～25 ℃，空气相对湿度 70%～80%，适宜辣椒生长。定植后，闭棚一周，提温保湿促进缓苗。但遇连续晴天，白天棚内温度达 30 ℃以上时，外棚和中棚应适当揭膜通风降温。一周后，四膜覆盖一般白天上午 9 时将小拱棚揭开，下午 4 时将小拱棚盖上，遇到晴天中午温度高时，可在 10:00～15:00 将大棚两侧棚膜适当揭开降温排湿。3 月下旬温度回升，撤掉小拱棚；4 月上旬揭开中棚膜，4 月下旬根据温度上升情况，逐步撤除大棚四周裙膜；5 月可将裙膜去掉，顶膜不撤，避免雨水滴淋，防止病害发生。晴天可将顶膜稍稍揭起，防止棚内温度过高，引起植株徒长，影响坐果。

四层覆盖基本上能保证辣椒苗不受冻害，较常规一层大棚膜加地膜能提早上市 15 天左右。春节后，如果连续晴天，棚内温度上升较快，温度超过 30 ℃时，要加强通风降温降湿。连续遇阴雨天，则要将三层棚膜覆盖好保温，中午适度揭开小棚膜降温。

4. 防止落花落果

开花前期通过肥水均衡调节，控制植株生长，达到营养生长与生殖生长平衡。如遇植株生长过旺，或长时间低温阴雨，也可喷施 1500 倍矮壮素类激素，防止生长过旺造成落花落果。加强光照，只要温度适宜或不引起冷害，揭膜通风降湿、增加光照强度。4 月下旬至 5 月，轻轻拍动植株，能增加其自然授粉率和坐果率。

5. 病虫害综合防控

辣椒春提早栽培主要病害有猝倒病、立枯病、灰霉病，主要虫害有白粉虱、烟青虫、蚜虫、蓟马等。通过综合防控，减少病虫害发生，达到绿色生产的要求。

（1）培育壮苗。对种子和营养土进行消毒处理，减少病虫源数量；加强苗期管理，培育健壮幼苗；带药移栽，防止幼苗带病虫进入大田。

（2）轮作倒茬。选用抗病品种，实行轮作倒茬，以阻断病害流行，切断害虫生活史。

（3）清洁田园。定植前清理大棚内植株的病枝、残叶和杂草，并对大棚棚架、设施和土壤进行消毒处理，减少病虫传播和蔓延。

（4）物理防治。在育苗棚和大棚内悬挂黄板，诱杀蚜虫、粉虱和蓟马，同时起预报作用，早发现、早治疗。

（5）生物和化学防治。辣椒春提早栽培，连续阴雨天、温度低、湿度大容易发病。根据天气预报，在病虫害发生之前，利用生物药剂防控，降低病虫害发生概率。如用荧光假单孢杆菌、中生菌素和春蕾霉素等防治青枯病、软腐病等细菌性病害。用枯草芽孢杆菌、多抗霉素、春蕾霉素等防治枯萎病、基腐病、叶霉病等真菌性病害。用氨基寡糖素、菇类蛋白多糖、香菇多糖、宁南霉素、嘧肽霉素等防治病毒病。用甲氨基阿维菌素苯甲酸盐、苦参碱等防治烟青虫、斑潜蝇、粉虱、蚜虫等。及时发现病虫害，早期利用生物和化学农药科学防治，具体参见辣椒病虫害防治。

五、采收

辣椒春提早栽培，尽早上市是基本原则。

1. 及时采收。长江中下游流域，辣椒春提早栽培，一般在4月上旬始收。5月上旬之前，辣椒上市越早，价格越高，辣椒开花后15～20天，果实具有一定的商品性，不必达到青熟期，尽早采摘上市。后期温度逐步上升，开花后15天就能采收上市。盛果期，结合市场价格，采收要勤、要早，以便取得更好的经济效益。

2. 采收标准。一般辣椒品种以具有商品性、能食用为标准。但对于高档辣椒品种，如高品质辣椒"樟树港辣椒""长研青香""兴蔬皱皮辣"等品种，根据品种特性，制定采收标准，保证果实大小、长度、口感风味和辣味强度一致。

六、辣椒春提早夏秋再生栽培技术

辣椒春提早栽培，追求的是早期产量，到 6 月底至 7 月上旬，采收进入末期，加上露地栽培辣椒开始大量上市，价格有所回落。利用辣椒再生特点，通过剪枝再生，9 月又有辣椒上市。

1. 适时剪枝

如果利用春提早栽培辣椒植株再生，一般分 2 次剪枝整形。第一次剪枝时期在 6 月底 7 月初，也就是第一茬辣椒采收完毕，剪除四门斗分杈处以上枝条；第二次剪枝在 7 月中下旬，只留 3～4 个生长强壮的枝条，剪除多余弱枝。

2. 剪枝方法

在植株剪枝前 15 天，要对植株进行打顶，不让植株形成新梢和花蕾，促使下部侧枝及早萌动。用锋利的修枝刀将"四门斗"以上枝条全部剪除，剪口在分枝以上 1 厘米处，剪口斜向下且光滑。剪枝应在晴天的上午进行，用 0.1％高锰酸钾溶液或 75％酒精为剪枝刀消毒，每剪 1 株消毒 1 次。

3. 剪枝后管理

在修剪完后，在枝条伤口涂抹 75％百菌清可湿性粉剂 500 倍液，防止伤口感染病菌。将剪下的枝条摆放在剪枝后的植株上，起遮阳降温作用；清理干净田间的病残体、残叶杂草和余下的枝条。

辣椒再生栽培关键技术是防止伤口感染病菌。7 月气温高、湿度大，容易感染疫病。因此，剪枝后用乙磷锰锌、杀毒矾和抑快净喷淋，预防疫病等病害发生。剪枝后每亩要立即施硫酸钾复合肥（15－15－15)30 千克，在两株中间挖穴施肥。施肥后结合中耕培土，疏松板结的土壤，每 10 天左右浇 1 次水。大棚四周边膜揭开，加强通风透气，顶棚膜仍然覆盖，避雨防病。

4. 再生植株管理

剪枝后，一般3～5天侧芽萌发，植株上萌发的侧芽较多，为集中植株营养，一般留取3～4个生长势良好的侧芽作为新枝，其余腋芽全部去除。新枝长到10厘米左右，重点是肥水管理，促进植株健康生长。由于剪枝截断了辣椒生长点，诱发侧枝大量生长，新枝长至25厘米左右时，要及时整枝，或按要求吊绳，再生植株后期温度、湿度和灌水、追肥、病虫害防治等管理措施同秋延栽培。

5. 重点预防病毒病

辣椒剪枝再生期，正处于温度最高季节，新发生的枝条和新叶容易感染病毒病。防控蚜虫、粉虱、红蜘蛛和蓟马，减少传播源。用20%病毒A可湿性粉剂500～700倍液、2%氨基寡糖素300～500倍液、0.5%菇类蛋白多糖水剂300～500倍液、10%宁南霉素可溶性粉剂1000倍液、2%嘧肽霉素水剂600～750倍液喷雾，预防病毒病发生。

6. 采收

在剪枝后20天左右，辣椒植株开始开花结果。9月中旬可开始采收，一直可采收至翌年1月。

第二节　辣椒秋延后栽培技术

辣椒秋延后栽培就是通过大棚等设施维持冬季辣椒生长不受冻害，利用辣椒挂树保鲜，春节前后上市的栽培方式。目前我国有安徽、江苏、河南、江西、四川、重庆、湖北和湖南等省（市）采用辣椒秋延后栽培技术，鲜辣椒供应期从10月至次年3月。

一、选择适宜品种

辣椒秋延后栽培，有青椒和红椒两种消费形式。选择适宜秋延后栽培品种的原则：首先确定是青椒或红椒上市，或前期青椒后期红椒上市。然后根据目标市场，选择畅销的品种类型，不同的消费市场，对辣椒类型要求不同，如湖南喜欢线椒、湖北喜欢薄皮椒；红椒上市，一般选择红艳、挂树时间长、果实不软的厚皮泡椒。青椒上市选择熟性早、抗病性强、坐果集中、口感好的品种。

红椒类型：福湘四号、湘研812、瑞克斯旺的35－522和好农11等。线椒类型：兴蔬301、博辣皱线1号、博辣皱线2号、辛香8号等。尖椒类型：兴蔬215、湘研15号、丰抗21、兴蔬201、兴蔬208等。高档类型：可选择地方特色品种如"樟树港辣椒"，也可选择"长研青香""湘研软皮早秀""兴蔬皱辣1号"和"兴蔬皱辣2号"等。

二、培育壮苗

1. 消毒处理

辣椒秋延后栽培，前期温度高，容易发生病毒病。播种前将种子晾晒1天；温汤浸种，55 ℃温水浸种30分钟，不断搅拌，再转入常温下浸种4～6小时；取出种子，用10％的磷酸三钠溶液浸泡30分钟；取出种子，用清水反复冲洗，晾干表面水分后立即播种。包衣种子可直接播种。

自配基质播种前15天，可用50％多菌灵粉剂200克处理基质1立方米，多菌灵稀释500倍与基质充分拌匀，然后堆放，上面用薄膜盖严，堆放7天，再将薄膜揭掉，让药气挥发7天。如果使用旧的育苗盘，用0.1％的高锰酸钾溶液浸泡10分钟消毒。

2. 适时播种

红椒春节前后上市，一般7月中下旬播种；青椒上市，7月中旬至8月中旬均可播种，7月中旬播种可10月份上市，价格高。抗性强的线椒和青皮尖椒可早播，熟性早的品种可在8月份播种。辣椒秋延后栽培，定植时温度高，易发生病害，可采用穴盘育苗或漂浮育苗，苗龄25～30天。无论是穴盘育苗，还是漂浮育苗，选择大孔径育苗盘。

3. 出苗管理

基质装盘前，将基质湿润，标准是手抓一把基质，握紧，指缝可见水滴，而水滴不掉落。

基质装盘后，略拍紧，刮平，然后每个穴压 1 厘米深播种孔，每孔播种子 1 粒，10％孔播 2 粒，盖一层湿润基质，清理多余基质。然后盖一层薄膜，再在床面覆盖稻草或遮阳网降温保湿，促进出苗。70％左右种子破土，揭开覆盖物。

4. 苗床管理

幼苗出土后，用竹片搭成小拱棚，晴天上午 10 时至下午 4 时在小拱棚上面盖遮阳网防止暴晒，降温保湿。由于处于高温季节，要经常浇水保持育苗盘基质湿润，浇水应在早晨或傍晚进行，避开中午高温浇水。如果是露地育苗，雨天应在小拱棚上盖薄膜，防止雨水直接淋到苗上引发病害，薄膜两头不要盖严，雨停后应立即揭开薄膜。

前期一般不要追肥，以基质养分为主，若发生缺肥时，可结合浇水，施入适量的三元复合肥 1 次。每 10 平方米的幼苗施复合肥 50 克，浓度为 0.2％～0.3％。

幼苗具 5～6 片真叶时，要控水炼苗，减少遮阴时间，定植前 2 天可全天不遮阴，以提高幼苗的适应性和抗逆性。

定植前 2～3 天施一次"送嫁肥"，并喷用一次杀菌剂和杀虫剂的混合药液，0.1％磷酸二氢钾＋2％甲氨基阿维菌素苯甲酸盐乳油 1500～2000 倍液＋70％甲基托布津可湿性粉剂 1000 倍液。

幼苗期注意及时防治猝倒病，防控蚜虫和粉虱，以减少病毒病传播。

三、定植前准备

1. 大棚选择

辣椒忌连作，最好选择 3 年未种植茄科作物的大棚。土壤应是经过多年种植的熟土，土壤肥沃、土质疏松、保肥保水。排灌方便，大棚周边排水沟畅通，大雨后不积水；有灌溉设施和充足水源，保证辣椒种植后浇水需要。

2. 整地施肥

7月前清除前茬作物的残株烂叶，每亩施石灰 50～100 千克/亩，深耕土壤后泡水或使土壤完全湿润，覆盖地膜，再覆盖好大棚膜，高温闭棚 20～30 天，杀灭土壤中的病菌和害虫。移栽前 5～7 天，每亩施腐熟农家肥 3000 千克或饼肥 200 千克或优质商品有机肥 400～500 千克、硫酸钾复合肥（17‐17‐17）25～35 千克，均匀撒施，深翻 30 厘米。

根据大棚宽度确定栽培畦数，一般要求畦宽 0.8～1.0 米、深 0.2 米、沟宽 0.4 米，靠棚边留防寒沟。6 米宽大棚可整成 4 个栽培畦，8 米宽大棚可整成 5～6 个栽培畦。

3. 围防虫网

整好地后，将大棚四周裙膜暂时去掉，在四周加围 40 目防虫网，为防止虫害及虫害带来的病害。

4. 滴灌设备安装

滴灌系统主要由供水装置、输水管道（干、支管）和滴水软带三部分组成。简易的供水装置可用微型水泵直接供水，即采用微型水泵将水直接泵入输水管道。肥料混合箱容积一般为 0.5～1 立方米，放在高于地面 1 米的地方，下部出液管与安装滴管软管的支管连接。每条畦面在中央铺设 1 条滴灌管，然后用幅宽 1.3～1.5 米的银灰色地膜覆盖（银色面朝上）。

四、适时定植

1. 定植时期

辣椒秋延后栽培，一般在 8 月中下旬至 9 月中旬进行定植。但不同的上市时期，定植期不同，如以红椒供应市场，一般在 8 月下旬定植；10 月青椒上市，8 月中旬定植；高品质辣椒，9 月定植。8—9 月，我国各地仍处于高温期，白天温度在 30 ℃以上，因此选阴雨天或晴天下午定植，以防温度过高烫伤辣椒幼苗。

2. 定植密度

辣椒秋延后栽培，光照充足，空气湿度小，辣椒植株不易徒长，定植密度可比春提早栽培大。每畦 2 行，株距 0.3 米，每亩定植 2500 株左右。

3. 定植

按株距在地膜上打孔，辣椒幼苗放入孔中，扶住幼苗，四周用土填实，栽苗深浅一致，子叶节与土面平齐为宜。然后，用土压住孔边缘地膜，防止土壤中热气从定植孔中排出，灼伤辣椒幼苗。定植后浇足定根水，高温时辣椒苗移栽损伤易感染病害，特别是易发生基腐型疫病，定根水中可加 800 倍甲霜灵预防。

五、加强田间管理

1. 温度管理

定植后前期（8—9 月）温度高，可在棚膜上覆盖遮阳网遮光降温，大棚日夜通风，促进幼苗生长。缓苗后，白天温度低于 30 ℃时，揭开大棚外的遮阳网。10—11 月，白天棚内温度 25 ℃～30 ℃，夜间温度 10 ℃～15 ℃，正是辣椒果实膨大期，非常适合辣椒生长。到了 11 月中下旬，当夜间气温降到 10 ℃以下时，大棚内搭建小拱棚。进入 12 月，最低气温降到 5 ℃以下，搭建小拱棚，再覆盖草帘或无纺布以保温防冻，同时在保证温度的前提下，白天尽量揭开草帘和无纺布，增加光照，促进大棚内温度上升。晴天适当通风，降低大棚内湿度，以减少病害发生。

2. 肥水管理

加强肥水管理，促进植株生长发育、开花坐果和果实快速膨大，在淡季供应市场，获取较高的效益。秋季高温干旱，保持土壤湿润，才能促进幼苗生长健壮。前期浇水次数和用水量均比春季要多，由于大棚内温度高，浇水宜在早晚进行。进入开花坐果期，应见干就浇。后期温度降低，浇水不宜过勤，土壤以偏干为好。

缓苗后，气温较高，辣椒根系吸收能力比较强，可以追施速效化肥促生长。一般在缓苗后 3 天左右，随浇水追施提苗肥，每亩施优质三元复合肥 5～10 千克或平衡型水溶肥 5 千克；开花前再追施两次速效肥；开花结果后，要控制氮肥用量，每亩追施高钾型水溶肥 5 千克，以提高植株耐低温能力，促进开花坐果。采收期，施用优质复合肥和钾肥，供果实膨大和抽发新枝，每亩每次施用复合肥 5 千克、钾肥 5 千克，施肥时应注意，浓度不超过 0.5%，以免伤苗。在气温下降至 10 ℃左右，根系的吸收能力降低，可改用叶面喷洒进行追肥，一般需要喷洒 2～3 次，于无大风阴天用 0.2%磷酸二氢钾或其他叶面肥喷施。

3. 植株调整

秋季栽培温度高，辣椒幼苗生长较慢，应摘除第一朵花，促进幼苗营养生长。结果后，抹除门椒以下腋芽，减少无效生长，增加植株间通风透光性。但对于早熟品种，则可不打侧枝。12 月上旬可将植株上部顶叶与空枝全部摘除，摘顶叶时果实上部应留两片叶。

4. 病虫害防控

由于辣椒规模生产，轮作有限，病虫害易于流行发生。多年生产的老基地，因辣椒效益好，许多菜农不惜花高代价加大施药量，造成病虫害抗药性增强、天敌死亡，农药更新换代速度跟不上，只有再次加大施药次数和浓度，如此反复、恶性循环。

除辣椒春提早栽培中提出的综合防控技术外，统防统治非常有效。在辣椒生产基地，建立病虫害预报和防治站，预测病虫害的发生动态，制定防控措施；统一防治，一个生产基地统一喷药时间、用药剂量、集中防治，不留死角；采用生物制剂，在可能发生病虫害时期或发生初期进行防治，提高防治效果；集中安装杀虫灯、黄板等，诱杀迁飞性害虫。

辣椒秋延后栽培，前期主要有疫病、病毒病，后期有灰霉病等。主要虫害有烟青虫、蚜虫、粉虱和蓟马等。

（1）疫病。可用58％瑞毒霉锰锌600倍液、50％烯酰吗啉可湿性粉剂1500倍液、52.5％噁酮·霜脲氰水分散粒剂等喷淋植株，并结合灌根防治。

（2）病毒病。种子消毒，育苗期防治蚜虫、粉虱和蓟马，8—9月高温季节，喷施用氨基寡糖素、菇类蛋白多糖、香菇多糖、宁南霉素、嘧肽霉素等防治病毒病。

（3）灰霉病。冬季温度低，湿度大，如果植株叶片受冻，很容易发生灰霉病，因此大棚内要注意通风降湿，同时保温防冻。并用40％嘧霉胺可湿性粉剂600倍液喷雾防治。

蚜虫和粉虱可用10％吡虫啉可湿性粉剂2000倍液、1.5％苦参碱500～1000倍液喷雾；烟青虫可用4.5％高效氯氰菊乳油1500倍液喷洒；蓟马可用乙基多杀菌素防治。

六、采收及挂树保鲜

10月至次年3月为辣椒秋延后栽培的采收期，一般根据辣椒市场价格择机择期分批采收。

1. 采收青椒

10—12月为采收期，前期可根据市场需求勤采，促进植株开花坐果，提高产量。注意采收标准，并对产品进行分级，提高产品价格。10月中下旬开花，能结果，但果实膨大速度慢，可以采小辣椒上市。以青椒采收为主，采收期一般在12月结束。

2. 红椒挂树保鲜

进入11月中下旬，温度开始降低，辣椒基本停止生长，如果红椒上市，果实必须在11月底转红，红椒挂在树上过冬，并于12中下旬至翌年2月上市。辣椒挂树保鲜期易出现灰霉病和黑霉病，连续阴雨天，加强通风降温，灰霉病用40％嘧霉胺可湿性粉剂600倍液喷雾防治，黑霉病用64％噁霜·锰锌（杀毒矾）可湿性粉剂400倍液喷雾防治。常见的生理性病害主要有"病果"和"纹裂果"。"病果"是指果实转色前后，植株生长正常，但果面局部黄化不能转红，并逐步呈现出斑驳僵缩现象，外观极似病毒果，可通过水分和肥料的均衡调理来加以预防。"纹裂果"是指在保鲜期间红果果肩周围出现条纹状浅裂，不仅大幅降低商品性，而且极易两次感病造成烂果，主要通过调整通风方式、控制通风量、避免空气湿度发生大幅变化来加以防范。

3. 采收红椒

1—2月为采收期，主要供应春节市场。春节市场，居民非常关注品质，按标准采收，并对产品进行分级和包装。

七、辣椒秋延早春剪枝再生栽培技术

1. 剪枝时期

辣椒秋延后栽培，一般在1月采收结束。剪枝可在春节过后的2月上中旬进行。剪枝前一个月不浇水，这段时间气温低，蒸发少，湿度大易造成灰霉病发生。晴天注意通风降低棚内湿度，防止在低温高湿时期剪枝，导致伤口感染灰霉病。

2. 剪枝方法

在秋延辣椒采收结束后，剪枝前15天左右，对植株进行打顶，促进下部侧枝及早萌动。用锋利的修枝刀将门椒以上枝条全部剪除，剪口在分枝以上1厘米处，剪口斜向下且光滑。剪枝应在晴天的上午进行，用0.1%高锰酸钾溶液或75%酒精为剪枝刀消毒，每剪1株消毒1次。

3. 剪枝后管理

剪枝后，在伤口涂抹50%腐霉利可湿性粉剂1000倍液，防止伤口感染病菌。同时清理干净田间的病残体、残叶杂草，防止红蜘蛛、粉虱残存在棚内。

剪枝后防止病菌感染。2月气温低、阴雨天多，大棚内湿度大，最容易感染灰霉病。剪枝后用50%速克宁可湿性粉剂1500~2000倍液、50%

扑海因可湿性粉剂 1000～1500 倍液、50％腐霉利可湿性粉剂 1000 倍液、50％啶酰菌胺水分散粒剂 2000 倍液、40％嘧霉胺悬浮剂 800 倍液喷雾，预防灰霉病等病害发生。

4. 再生植株管理

剪枝后，用促根菌剂滴施，促进尽快发新根。同时，每亩立即追施硫酸钾复合肥（15 - 15 - 15）30 千克，在 2 株中间挖穴施入。施肥后结合中耕进行培土，疏松板结的土壤，轻浇 1 次水。大棚四周紧密，内棚覆膜保温，白天保持在 20 ℃～30 ℃，夜间保持在 10 ℃～15 ℃，促进辣椒植株生长。

剪枝后很快萌发侧芽，为集中植株营养，一般留取 3～4 个生长势良好的侧芽作为新枝，其余腋芽全部去除。新枝长到 10 厘米左右，管理措施可同春提早栽培。

5. 采收

一般 4 月中下旬开始采收，6 月底结束。

第三节　辣椒露地栽培技术

我国辣椒年种植面积 3200 万亩左右，除少数鲜食辣椒采用设施栽培外，绝大多数仍以露地栽培为主，通过不同纬度和海拔高度错季生产，保障了我国辣椒均衡生产和周年供应。随着人们生活水平的提高，居民对辣椒产品质量有了更高的要求。我国对环境保护日益重视，绿色生产已成为辣椒生产的唯一选择。辣椒绿色生产，包括培育健壮植株、减少化肥和农药施用量、节约用水、轻简栽培等。

一、品种选择

露地种植辣椒，应综合考虑当地的气候条件、地理位置、技术力量、经济基础和消费习惯，合理选择品种，以取得最佳经济效益。品种选择原则：露地栽培、绿色生产，品种选择第一因素要抗病、抗逆性强，容易管理与种植。细分市场，根据不同的市场需求，选择类型和品种，如鲜食辣椒应选择耐热性强、抗病性突出、产量高、品质好的品种，加工辣椒则要根据加工用途选择产量高、抗性好的品种。由于目标市场逐渐细化，我国辣椒品种已改变过去一个品种独大的局面，生产上主栽品种较多。

1. 鲜食辣椒

尖椒品种：兴蔬 16 号、兴蔬 208、兴蔬 215、湘研 5 号、湘研 15 号等。

线椒品种：博辣 6 号、湘辣 4 号、辛香 8 号、辣丰 3 号、博辣皱线 1 号、博辣皱线 2 号等。

泡椒品种：早春 1 号、楚椒 808、福湘新秀、墨玉大椒、福湘秀丽、中椒 106 等。

甜椒品种：中椒 115 号、京甜 1 号、冀研 108 等。

2. 加工辣椒

杂交品种：博辣 15 号、湘辣 17 号、博辣红牛、艳椒 425、艳椒 465、红安 8 号等。

常规品种：山鹰椒、遵义朝天椒、云南小米椒、珍珠椒、8819 线椒、鸡泽椒等。

二、培育壮苗

露地栽培是我国各地辣椒栽培的主要方式。根据栽培季节，又可分为春夏季栽培和两广、海南及云南秋冬季栽培两种模式。春夏季栽培一般在 12 月至次年 3 月播种，两广、海南及云南秋冬季栽培一般在 8—10 月播种，有冬季电热线加温育苗、穴盘育苗和漂浮育苗三种方法，目前生产上应用最多的还是冬季电热线加温育苗。培育壮苗是辣椒绿色生产的关键环节，幼苗健壮，移栽后缓苗快，后期植株生长旺盛，抗病抗逆能力强，减少防治病虫害施药量。

1. 适期播种

各地应根据栽培季节和本地温度变化情况，确定适宜的播种时期，以最佳的苗龄移栽。

2. 培育健康幼苗

辣椒病虫害防控，要从育苗开始重视。通过种子、基质和育苗设施消毒，减少病源数量；苗期及时防治病虫害，切断幼苗带病虫传播途径。加强幼苗期的温度和湿度管理，培育壮苗，为大田生产提供优质幼苗。值得注意的是苗期防治蚜虫和粉虱，能有效减少后期辣椒植株病毒病的发生。

三、前期准备

1. 土壤选择

辣椒对土壤的适应性较强，山地、平原、江河沿岸都可以种植，以富含有机质、土层深厚、保水保肥能力强、pH 值为 6.2～7.2 的微酸性或中性土壤为宜。地块要能灌能排，3～5 年未种过茄科作物（如茄子、辣椒、番茄和烟草等），交通相对比较便利，产品要便于运出去。

2. 整地作畦

辣椒根系不发达，忌土壤含水量高和板结、不透气。冬季深耕翻地、冻垡风化，提高土壤的通透性，翻地后及时挖好排水沟、围沟、腰沟，三沟相通、深度依次减浅，保持土壤干松不积水。定植前 10～15 天，清除前茬作物残枝枯叶及其他杂草，在田间土壤干燥、松疏时，选择晴天或阴天整地作畦。整地时，底土土块不宜过小，最底层土块大如手掌，增加底层大孔隙，对前期排水、后期灌水都有利；表层 5～10 厘米厚土壤要整细整平，利于定植后幼苗根与土结合，促进缓苗和根系生长。

为了保证土壤的干松状态，切忌地湿深耕、整土作畦，湿土整地因人脚践踏和工具的机械压力会使土壤形成泥浆，畦土又紧又湿，透气性差，辣椒幼苗定植后，不利于根系生长，缓苗期长，生长缓慢，甚至造成沤根、死兜。

辣椒春夏露地栽培，4—7 月正好是降雨时期，为了有利于辣椒根系生长和后期快速排水和灌水，一般采用高垄栽培。按 1.4～1.5 米开沟起垄作畦，畦宽 0.8～1.0 米、沟深 0.2～0.25 米，畦长不超过 40 米，双行种植。生长势旺盛的品种或土地流转租金较低的基地，也可采用单行种植，0.9～1.0 米开沟起垄作畦，畦宽 0.4～0.5 米、沟深 0.2～0.25 米，单行种植通风性好，病害发生相对双行种植要轻。北方干燥地区，多数基地使用机械开沟起垄，南方春季多雨，除深耕、起垄用机械外，开沟还需要人工辅助。

3. 施足基肥

辣椒生育期长，施足基肥可以保证生育期间获得足够而均匀的养分，减轻因追肥不及时造成落花落果程度。南方前期多雨，减少追肥次数有利于保持土壤良好的通透性。基肥以肥效持久的有机肥为主。农家肥冬季堆制，以园土和农作物秸秆为主，加入人畜粪尿，进行沤制，充分腐熟，每亩用量为 2～3 吨，再加 50 千克硫酸钾型三元复合肥和 100 千克饼肥。饼肥要经碾碎、发酵、充分腐熟。大面积生产，没有足够的农家肥，也可购买商品有机肥，根据有机肥的有效成分含量，一般每亩施用 500～800 千克。

基肥的施用方法，各基地可根据实际情况和自己的习惯、经验，选择沟施、穴施或撒施。沟施即在畦面中间起沟（约 15 厘米深）施入基肥；穴施是按栽植的行株距，将肥料施入两个定植穴中间，但要在定植前一周前完成；撒施是将肥料均匀撒在畦面上。沟施、穴施肥料利用率较高、效果较好，撒施效果较差，但较为省工。

4. 铺设滴管

在畦面中间铺设 1 条滴水软管，然后与滴灌系统连通。滴灌系统由供水装置、输水管道（干、支管）和滴水软带三部分组成，也可用微型水泵直接供水。肥料混合箱容积一般为 0.5～1 立方米，放在高于地面 1 米的地方，下部出液管与安装滴管软管的支管连接。

5. 盖地膜

地膜覆盖是露地绿色栽培的重要措施。覆盖地膜，具有提升地温、保水保墒、防止杂草等优点，但要选择价格较高、质量好、幅宽 1.3～1.5

米的银灰色地膜，方便罢园时集中收集、处理，减少地膜白色污染；不要使用质量差的地膜，因为质量差的地膜易碎，无法全部清理。面积大、土壤疏松的基地，可用机械覆膜，也可采用整地起垄、铺设滴管和覆盖地膜的机械一次完成。长江中下游流域、地块较小或土壤较粘的基地，多采用人工铺膜。盖膜之前应将垄整成龟背形，2人1组，先将薄膜展开，手拉紧薄膜使其紧贴畦面，然后将地膜两端用土压紧，同时将膜的两侧用土压严。要求膜要盖平、压严、不跑气，否则影响地膜的使用效果。

6. 避雨栽培

避雨栽培在露地栽培的基础上，采用简易避雨设施，有效防止病害发生的一种新栽培方法，采用长4米、宽4~5厘米、厚1~2厘米的楠竹片，沿畦面走向安装拱棚，拱架的两端直接插入栽培畦两侧，入土深度为20厘米左右，拱间距为1.0~1.2米，在两端距拱棚1.5米处，各埋入一个地锚钩，拉一道细铁丝将拱架连为一体。选用4米宽、4丝厚的棚膜，覆盖避雨。两端分别固定在地锚上。每边在两拱中间位置埋入1个木桩，拱棚中间用压膜带压实，并固定在木桩上。按南北向整地作畦，畦宽2米，沟宽0.5米，深0.2~0.3米，畦面中间留浅沟，形成一畦两垄，覆盖地膜。

四、定植

1. 定植期。辣椒露地栽培定植期主要取决于外界温度，基本原则：晚霜过后3~5天；土温达到10℃~12℃。我国多数地区定植期在4—5月。

2. 定植密度。湖南地区定植前1天或当天，按0.4~0.5米参考株距挖定植穴，亩栽辣椒2000株。其他地区根据光照强度、雨水多寡，适当调整栽培密度。

3. 定植。4—5月降雨较多，宜选晴天定植，土温高有利于根系生长，缓苗期短。由于温度较高，定植后出现暂时萎蔫现象，比较正常。为防止萎蔫严重，造成叶片下垂与膜接触被烫伤，应避免上午栽苗。尽量避免雨天栽苗，易造成土壤黏着板结，不利于发根。辣椒幼苗定植不宜过深，以土面与子叶节齐平为标准。

4. 定植水。定植结束后，及时浇足定植水，促进根系与土壤黏合。浇水后用细土把定植孔封严，在苗的周围培一个小土堆，起到保温、减少土壤水分蒸发的作用。

五、田间管理

1. 地膜保护

辣椒幼苗定植后，由于覆盖压土不严或风、雨破坏及田间操作不当等原因，有的膜表面出现裂口，跑风漏气，造成土壤水分蒸发，地温下降，生长杂草，失去地膜覆盖的作用。因此要注意保护地膜，经常检查，发现有破裂或不严的地方，及时用土压严。辣椒生长中期，植株的枝叶已将厢面长满，为方便施肥，可将膜从中划破进行肥水追施，为让地膜继续发挥保水保肥的作用，无需把地膜全部揭除。

2. 水分管理

辣椒定植后，前期因为有地膜的保护，水分蒸发少，所以一般不浇水，促进发根，遇干旱年份，可适当浇水。门椒坐住后，保持土壤湿润，使植株、果实同时生长。长江中下游流域 4—6 月为降雨季节，田间水分管理以排水为主，只有特别干旱年份才浇水。入夏后，温度逐渐升高，辣椒进入盛果期，枝叶繁茂，叶面积大，水分蒸发多，要求较高的土壤湿度（80％左右），以底土不现干，土表不龟裂为准。根据缺水情况，采用滴灌或沟灌浇水。

灌水时注意事项：提前观看天气预报，选择晴天灌水，切忌灌后下雨，很容易造成根系窒息，引起沤根和诱发病害；灌水后，遇到大雨，容易造成植株死亡。掌握"三凉"灌水，气温、地温、水温较凉的早晚灌水；沟灌要急灌、急排，灌水时间要尽可能缩短，进水要快，湿透土心后立即排出，不能久渍。发生病害的田块不宜串灌，以免引起病害传染流行发生。

3. 追肥

辣椒露地栽培，追肥是延长辣椒生育期、获得高产的重要栽培措施。根据辣椒春夏栽培的不同生育期的吸肥规律和气候特点，通过实践，取得了"轻施苗肥、稳施花肥、重施果肥、早施秋肥"的追肥经验。

（1）轻施苗肥。此阶段为移栽后至开花前，由于基肥主要是有机肥，离根系较远，辣椒幼苗无法吸收。因此在定植后 7～10 天，辣椒幼苗恢复生长，轻施一次提苗肥，促进前期植株健壮生长，为开花结果打好营养基础。选择晴天上午，结合滴灌，可以追肥 1～2 次，每次每亩追施平衡型水溶肥 5 千克或 5～10 千克硫酸钾型复合肥，浓度为 0.3%。

（2）稳施花肥。此阶段为开花后至第一次采收前，施肥的主要作用是促进植株分枝、开花、坐果。一般坐果后，追施 1～2 次，每亩每次追施高钾型水溶肥 5 千克。施肥量不宜过多，否则易导致徒长、引起落花，过低导致缺肥，植株矮小。

（3）重施果肥。此期为第一次采收至立秋之前，为结果盛期，是辣椒生育期中需肥量最大的阶段。一般每亩每次追施氮磷钾复合肥 20 千克，15 天左右追肥一次。值得注意的是此期正值夏季炎热，追肥不当，易烧根引起落花、落果、落叶或全株死亡。

（4）早施秋肥。翻秋肥对于中晚熟品种越夏栽培很重要，可以提高后期产量，增加秋椒果重。夏季过后，气温逐渐降低转凉，立秋和处暑前后追肥一次，每次每亩施氮磷钾复合肥 20 千克，促进辣椒发新枝，增加开花坐果数。

（5）巧施叶面肥。前期辣椒根系受伤或生长后期，吸收能力下降，可实行叶面追肥。叶面追肥最好在露水未干的早晨或蒸发量较小的傍晚进行，可防止溶液很快干燥，有利于叶面吸收。不要在日光充足的中午或刮风天喷施，防止快速干燥，影响吸收，也不要在雨中或雨前喷洒，防止肥料被雨水冲刷掉，起不到追肥的效果。叶面肥有尿素、磷酸二氢钾及一些可溶性微肥等。

利用滴灌设施，结合灌水追肥，注意追肥浓度。夏季用水量大，可在灌水后段将肥料加入滴灌设施中，保持一定浓度。

4. 病虫害防控

辣椒露地栽培，主要病害有疮痂病、疫病、炭疽病、白绢病、青枯病、病毒病等，主要虫害有小地老虎、蝼蛄、斜纹夜蛾、烟青虫、蓟马、蚜虫、茶黄螨和红蜘蛛等。病虫害应采用"综合预防、及早防治"的绿色防控策略。

（1）预防措施。根据露地栽培的气候变化和病虫害的发生规律，从播种到罢园全生育期，利用农业、物理、生物和化学方法，制定各生育期的预防方案，按要求统一预防，减少病虫害发生。

（2）及时发现。病虫害发生，一般都有发病中心，综合防控措施，要组织专业技术人员，进行病虫害预报和观察，及时发现病虫危害，采用生物和化学农药防治，阻断病虫害流行。

（3）重点防治。对于已发生的病虫害，生物农药防治时间长，容易引起暴发。因此还是要使用化学农药重点防治，为了提高施药效果，应注意：对症下药，选择适宜农药；适期喷药，选择最佳喷药时期；合理混配，多种农药混合使用，提高药效；科学喷药，利用高效喷药器具喷药。

六、采收

青椒始收期为5月中旬至6月初，7月为盛收期，以后还可陆续采收，一直到霜冻结束。8月份，因高温干旱影响，结果数减少，仍要做好灌水、追肥、防治病虫等田间管理工作，使植株生长发育良好，在天气进入秋凉以后，气温适宜辣椒结果，又可采摘大量果实上市。辣椒上市期长达100～150天，是夏秋季供应期最长的一种蔬菜。

辣椒是多次开花、多次结果，及时采摘有利于提高辣椒产量。各基地根据品种和消费对象，制定辣椒采收标准。不同用途，辣椒采收标准不同，但同一品种，同一用途，采收标准一致，有利于创建品牌。

一般在灌水后 2～3 天采摘，采摘尽可能安排在早晚进行，中午因水分蒸发多不宜采收。采摘时不要左翻右转，容易伤树。

第四节　温室甜椒无土栽培技术

甜椒因其经济效益高，设施栽培的面积不断扩大，尤其是现代温室无土栽培面积增加趋势明显，成为现代化温室栽培的重要蔬菜。

一、对环境条件的要求

甜椒种子发芽的适宜温度为 15 ℃～30 ℃，最适温度为 25 ℃左右，生育期最适温度白天 27 ℃～28 ℃，夜间 18 ℃～20 ℃，地温 17 ℃～26 ℃。对光照长短和光照度的要求不严格，只要温度适宜，一年四季均可栽培，其光饱和点为 30000～40000 勒克斯，光补偿点为 1500～2000 勒克斯，相对于其他果菜类蔬菜，甜椒比较耐阴，适合进行设施栽培，但在冬春栽培季节仍需要设法增加设施内的光照，确保光照度达到 25000 勒克斯以上。甜椒对水分的要求较严格，既不耐旱，又不耐涝，适宜的基质相对湿度为 60%～70%，适宜空气相对湿度为 70%～80%，甜椒对氮、磷、钾三要素肥料均有较高的要求，生产 1000 千克甜椒需吸收氮（N）5.19 千克、磷（P_2O_5）1.07 千克、钾（K_2O）6.46 千克。幼苗期需适当的磷、钾肥，花芽分化期受施肥水平的影响极为显著，适当多用磷、钾肥可促进开花。甜椒不能偏施氮肥，尤其在初花期若氮肥施用过多会造成严重的落花落果。

二、栽培季节与品种选择

现代温室甜椒无土栽培一般采取两种茬口模式。一年两茬：第一茬，7 月底至 8 月初播种，8 月底至 9 月初定植，从 11 月开始采收至翌年 1—2 月，主要供应元旦、春节市场；第二茬，11—12 月播种，翌年 2—3 月定植，从 5 月初开始采收至 6—7 月。一年一茬：9 月播种，10 月定植，12

月开始采收，一直延续采收至翌年 6 月。一年一茬种植方式经济效益高，但对温室环境要求严格，低温季节温室要有较强的保温和加温能力，以维持较高的温度，促进成熟转色。

我国大型现代温室内甜椒栽培以无土栽培为主，品种多从荷兰、以色列、法国等国外及我国台湾引进。目前生产上使用较多的优良品种有荷兰的黄欧宝、紫贵人、红将军、白公主、吉西亚、普玛、卡地亚、马托、卡匹奴、拉姆等，法国的红天使、黄天使、橙天使、白天使等天使系列，台湾农友天王星、织女星等星系列，我国近年育成的黄星、红星等品种也有一定的应用。

三、育苗与定植

播种前对种子进行晒种、浸种、消毒、催芽处理，然后播种。根据无土栽培要求，采用 72 孔穴盘或营养钵育苗，基质多用珍珠岩、蛭石、草炭等，以有机和无机基质混配为宜，有机基质能起到保水、保肥的作用，无机基质则可以起到通气的作用。采用自动化施灌肥水，为保证肥水供应及时、均匀，可用 70%～80% 的珍珠岩与 20%～30% 的草炭混合。采用人工喷施肥水，则用体积比为 1:1 的泥炭、珍珠岩复合基质，以提高基质的保水、保肥能力，避免基质过干或过湿。每穴或每钵播 1 粒种子，用少量育苗基质盖种约 0.5 厘米厚，在幼苗长出真叶后应适当浇淋浓度为 1/2 剂量的甜椒专用营养液，培育壮苗。待幼苗具有 4～6 片真叶时即可定植。

播种前 2 小时左右，采用甜椒营养液标准配方的营养液把基质淋透。从播种至出苗，适宜日温为 25 ℃～32 ℃，适宜夜温为 20 ℃～22 ℃；从出苗至 4 叶期，适宜日温 23 ℃～28 ℃。适宜夜温 18 ℃～20 ℃：4 叶期至定植前 7 天，适宜日温 23 ℃～28 ℃，适宜夜温 15 ℃～17 ℃：定植前 7 天至定植，适宜日温 18 ℃～20 ℃，适宜夜温 10 ℃～12 ℃。

甜椒不易发新根，移苗时应注意尽量少伤根，以利缓苗及根系生长。若采用水培或岩棉培方式，亦可在定植杯或岩棉块上直接育苗，小苗移入定植杯后可直接定植在种植槽中，亦可先集中在盛有 2 厘米左右高的营养液的空闲种植槽中培养一段时间，至新根伸出杯外后定植到种植槽中。

甜椒定植的密度一般为每亩 1800～2000 株。

四、植株调整

大型温室内无土栽培的甜椒均需进行植株调整，生产上普遍应用的是 V 形整枝方式。当甜椒第一次分枝长出 2～3 片时进行整枝，除去主茎上的所有侧芽和花芽，选择两个健壮对称的分枝作为主枝，打掉其余分枝；将门花及第四节位以下的所有侧芽清除；从侧枝主干的四节位开始，除去侧枝主干上的花芽，但侧芽保留 1 叶 1 花。每株上坐住 5～6 个果后，以后的花开始自然脱落。待第一批果实开始采收后，以后的花又开始坐果，这时除继续留主枝上的果实外，侧枝上也留 1 果及 1～2 叶。甜椒整枝不宜太勤，一般 2～3 周或更长时间整枝 1 次。

为提高甜椒品质，可利用熊蜂进行辅助授粉，以利于果实快速膨大，达到优质高产。如果没有熊蜂，也可采用敲击生长架的方式辅助授粉。

管理上应注意棚室内的温度及湿度的控制。早春栽培，应于定植后的缓苗阶段保持较高的温度以促进缓苗，温度以控制在 30 ℃左右为宜，以后温度可控制在白天 25 ℃～30 ℃、夜间 15 ℃～20 ℃。秋季栽培，生长前期应加强通风等措施以降低棚室内的温度，而生长后期应注意保温防寒，避免低温所造成的落花落果。

五、营养液管理

1. 营养液配方

适于甜椒生长的营养液配方很多，如日本的山崎甜椒配方，园试通用配方，美国的霍格兰和阿农通用配方，荷兰温室作物研究所的岩棉滴灌配方，以及我国华南农业大学的果菜配方等。山崎甜椒配方的大量元素组成为 $Ca(NO_3)_2 \cdot 4H_2O$ 354 毫克/升、KNO_3 607 毫克/升、$NH_4H_2PO_4$ 96 毫克/升、MgSO₄·7H₂O 185 毫克/升，微量元素一般选用通用配方。

2. 营养液管理

甜椒在生长前期，需肥量少，苗期适当浇营养液，其电导率为 0.8～1.0 毫西门子/厘米；从定植到开花，营养液为标准配方的 1.2 个剂量，电导率为 1.4～1.6 毫西门子/厘米，每天滴灌营养液 3～4 次，每次 3～8 分钟；四门椒开花期营养液为标准配方的 1.5 个剂量，电导率为 1.7～1.9 毫西门子/厘米，每天滴营养液 3～4 次，每次 3～8 分钟，一般基质含水量保持在 50%～60%；坐果到果实膨大时营养液为标准配方的 1.5～1.8 个剂量，电导率为 2.0～2.2 毫西门子/厘米，一般每天滴营养液 3～4 次，每次 5～10 分钟，基质含水量保持在 60%～65%；采收期应根据种植茬口不同而不同，营养液为标准配方的 1.8～2.0 个剂量，电导率为 2.4 毫西门子/厘米，一般每天滴营养液 3～4 次，每次 5～10 分钟，基质含水量保持在 65%～70%。

甜椒自身调节生长平衡能力强，在整个生育期中不需调整营养液的配方，只需进行浓度调整。每 2 天应测定 1 次营养液浓度，若营养液浓度不符合甜椒生长发育要求，则应及时进行补充，同时应注意补充所消耗的水分。

营养液 pH 控制在 6.0～7.5。水培甜椒应每周定期检测 pH，如果是新建的水泥种植槽应频繁检测，若 pH 超出范围，应用稀酸或稀碱溶液进行中和调整。

营养液循环使用时，应补充溶存氧，以满足根系对氧的需求。甜椒对氧较敏感，需求较大，缺氧时易烂根，造成减产，甚至绝收。前期，水位应较高，以利于根系伸入营养液中，循环时间相对短些，白天每小时进行 15 分钟左右循环即可，晚上循环时间可减少至每小时 10 分钟。中后期，特别是开花结果期，应逐渐降低水位，让部分根系裸露在空气中，以利于吸收氧气，同时延长循环时间，每小时循环 20～30 分钟，以满足根系对氧的需求。若是基质栽培或岩棉栽培，则通过控制灌溉量来调整根系的水气矛盾，既保证辣椒生育对水、肥的需求，又能使根系得到充分的氧气供应。

甜椒在不同生育阶段对水分的需求差异很大，移栽后，由于更换了生长环境，根系也受到了一定损伤，吸收水分的能力下降，此时应适当降低营养液的浓度，且应少量多次供应，以促进成活；成活后，应适当提高营养液浓度，减少灌溉量，以改善基质的通气条件，促进辣椒生长发达根系；随着植株的长大，对水分的需求也不断增加，灌溉量也应该逐渐增加。

每天灌既量的多少除与生育阶段有关外，还受光照度的影响。晴天日照较强时，需要的灌溉量也较多；阴天光照较弱，根系活力低，对水、肥要求少，灌溉量也少。

采用基质栽培，每天的灌溉遵守以下原则：①回收液量以占总灌溉量的 15%～30% 为宜，若采用开放供液，允许 8%～10% 的多余液流出。②灌溉和回收液的 EC 值相差不超过 0.4～0.5 毫西门子/厘米。③回收液的 NO_3^- 浓度应为 250～500 毫克/升。④回收液的 pH 应在 5.0～6.0 范围内。⑤灌溉应少量多次。

六、病虫害防治

甜椒的病虫害主要有病毒病、炭疽病、青枯病、疫病、枯萎病、螨类、棉铃虫等。病虫害防治应严格贯彻以防为主的原则，做好各个环节的管理工作，若出现病虫害应及时对症下药予以控制。

七、收获

甜椒是一种营养生长和生殖生长相互重叠明显的作物，开花之后即进入长达数月的收获期，应适时采收，有利于提高产量和品质。当果实已充分膨大，颜色变为其品种特有的颜色，如黄色、紫色、红色等，果实光洁发亮时即可采收。

第五节　日光温室辣椒越冬长季节栽培技术

日光温室是我国自行设计的节能型温室。由于冬季生产辣椒，日光温室不用能源加温，比现代化温室生产成本低，具有采收期长、产量高、效益好等优势，在山东、河北、辽宁和陕西、甘肃等省大面积推广。

一、品种选择

日光温室越冬栽培，一般选用耐低温、生育期长、产量高、抗病性强的辣椒品种。日光温室生产的辣椒供北京、天津等大城市，因此品种以粗牛角类型为主，辣味不强。目前，适合日光温室栽培的品种有红罗丹、海伦等。

二、培育壮苗

辣椒日光温室长季节栽培，播种期一般在8月上中旬，苗龄30～35天，采用穴盘育苗。定植在9月上中旬，元旦即可批发上市，可至翌年7月结束，采收期约200天。

1. 穴盘和基质。选择72孔穴盘培育辣椒幼苗，基质选用草炭：珍珠岩：蛭石＝2：1：1（体积比）商品基质，在基质中加入20％多菌灵可湿性粉剂500克/立方米混合均匀。

2. 播种。工厂化育苗采用全自动机械进行精量播种。每孔1粒，自动完成填装基质→刮平→冲穴→播种→覆土→浇水等全部操作。精量播种可保证每粒种子均匀地播种在孔穴的中心，播种精确度约98％。播种深度一致且覆土厚度一致，确保出苗整齐。播种后将苗盘整齐摆放在温室内苗床架上。

3. 出苗。从播种到子叶微展，夏秋季节温度高、出苗快，一般需经5天。机械播种，会因漏播和多播而出现空穴和一穴多株的情况。出苗后及时间苗、补苗，补苗后及时浇水，确保每穴 1 苗成活。

4. 温度管理。育苗期间温度多在 30 ℃以上，使用风机/水帘降温系统，降低设施内的温度。白天温度应控制在 25 ℃～30 ℃，夜间温度控制在 20 ℃～25 ℃。

5. 光照管理。从子叶微展到心叶长出展开，用遮阳网覆盖，光照强度控制在 12000 勒克斯；心叶长出到子叶平展，光照强度提高到 20000 勒克斯；子叶平展后光照强度慢慢提高至 35000～40000 勒克斯。

6. 肥料管理。幼苗具 2 叶 1 心，如幼苗生长弱小，用复合肥料（N：P：K＝15：15：15）3000 倍液浇灌 1 次；幼苗具 3 叶 1 心时，用 0.2％～0.3％尿素＋0.2％磷酸二氢钾水溶液喷施叶面。若发生徒长，喷施 100～200 毫克/升的 10％多效唑可湿性粉剂，可有效抑制辣椒苗的高度，增加茎的粗度。

三、定植前准备

1. 温室和土壤消毒

为防止辣椒定植后发生"死秧"现象（主要是根部病害，即疫病、根腐病、青枯病），在 7—8 月温室空闲期，利用太阳光能或化学药剂，对日光温室进行闭棚高温杀菌消毒。高温消毒和药剂消毒，每次只要选择一种。

（1）高温消毒。彻底清除上茬作物和周围杂草、杂物，每亩施入石灰氮 60 千克和粉碎的秸秆 1000 千克，深翻后浇水，土壤湿度以手握能成团但没有水渗出，松开后土壤还能散开为准，覆盖地膜或旧棚膜，密闭温室 15～30 天。棚内温度可达到 70 ℃，土壤温度可达到 55 ℃，能够很好地杀灭土壤内、棚室中的病虫草害。

（2）药剂消毒。定植前 10 天，每亩用硫磺 4～5 千克，分 5～8 堆点燃，铜氨合剂 4～6 千克施入土壤中，深翻土壤 20 厘米，药剂与土壤充分混合，密闭大棚 5～7 天进行杀菌消毒。

2. 整地施基肥

定植前 20 天左右开始整地作畦。每亩用粉碎的秸秆 1000 千克＋充分腐熟发酵的农家肥 10～15 立方米＋过磷酸钙 150 千克＋硫酸钾 20 千克＋磷酸二铵 50 千克作基肥，混合后均匀撒铺土壤上，旋耕机深翻 2 遍土壤。做成深 15～20 厘米、宽 40 厘米高畦，沟宽 80 厘米。

定植前 10 天，安装微喷管（软管滴灌管），并浇透水，土壤含水量达到 80%，畦面潮湿但没有积水，这样能够使畦沉实并为定植造好墒情。

四、定植

1. 幼苗处理

定植前配制药液：25% 嘧菌酯（阿米西达）悬浮液 2 毫升＋25% 噻虫用噻虫嗪（阿克泰）水分散粒剂 2 毫升＋植物生长调节剂（双吉尔-GGR）50 毫克，兑水 5 千克。将辣椒幼苗根系放入药液中，浸泡 2～3 分钟，取幼苗时应轻拿子叶节下方，不要拿茎基部，以免受损。

2. 定植

单行定植，株距 25 厘米，每亩定植 2000～2200 株。定植时穴内施药，每亩喷洒 72% 甲霜锰锌可湿性粉剂 600 倍液，或撒施 0.1% 噁霉灵颗粒剂 2.5～3.0 千克，然后浇水，水渗透后选择晴天下午定植。定植深度以育苗基质和土壤表层保持同一水平为准，压紧幼苗周围土壤，让土壤与育苗基质充分接触，不留空隙，以利于根系生长。定植水浇足浇透，畦面和作业过道的土壤都要保持湿润，但以不积水为宜。

五、定植后管理

1. 中耕蹲苗

辣椒开花前进行 2～3 次中耕，开花后不再中耕。定植后 20 天左右，在中耕后、架线前覆盖白色地膜，两幅一对，覆盖整个栽培畦。

通过温湿度控制实现蹲苗。缓苗水浇后到门椒坐果前，少浇水施肥，控制秧苗徒长，植株出现轻微萎蔫现象时可补充小水，一般每亩使用节水滴灌浇水 20 分钟左右。浇水后栽培畦土壤表层湿润，作业过道处没有水分渗出，保证秧苗不出现萎蔫为宜。

2. 光照和温度管理

辣椒定植后应适当遮阴，遮盖时间长短依当天光照强弱而定，晴天光照强时使用遮光率 50％的遮阳网于 11:00～14:00 进行遮阴，其余时间正常见光，阴天不进行遮阴，以便促进发新根，每天保证 8 小时光照。

白天温度 25 ℃～30 ℃，夜间 15 ℃～20 ℃，相对空气湿度 60％～70％，比较适宜辣椒生长。10 月下旬，温室外最低气温低于 0 ℃，要及时覆盖保温被保温防寒，保温被适当早揭晚盖。经常除棚膜上的碎草及灰尘，以增加棚膜透光率。棚温超过适宜温度时要通风，但进入 10 月，温室外最低气温低于 5 ℃后，不能放底风来降温，以免影响温室前脚的秧苗长势。

3. 肥水管理

辣椒根系较浅，怕旱怕涝，对土壤湿度的要求比较严格，要提高灌水质量。缓苗后可以用 0.1％～0.2％水溶肥进行灌根提苗，促进根系生长。第一次浇水施肥应在门椒膨大时，每亩随水追施硝酸钾 8～10 千克、尿素 2～3 千克，10～15 天施 1 次，同时进行叶面追肥，每 7 天叶面喷施 0.2％磷酸二氢钾或糖氮液（尿素 100 克＋红糖 200 克＋水 30 千克）1 次。冬季温度低光照弱时，15～20 天追施 1 次肥水，肥料可每亩施用黄腐酸钾 15～20 千克。春季温度回升光照强后，植株恢复生长到后期的高温期，5～7 天追施肥水 1 次，肥料可选用高钾肥。

浇水施肥时要注意以下几点：一是根据秧苗的长势情况进行。二是阴雨天不浇水施肥。三是选择在果实膨大期浇水施肥。四是冬季采完一茬果后，植株开始大量开花时，可选用高磷肥促进开花、坐果。

4. 植株调整

辣椒越冬栽培因时间长、分枝数多、植株高大，因此，要重视植株调整，使枝条生长分布均匀，植株通风透光条件好，并且能防止倒伏，调节各分枝之间的生长势。第一次分枝后，及时抹去主茎各节的腋芽，采用双干整枝，正常生长情况下每层保留 4 个辣椒（每个秆上留 2 个辣椒，主干 1 个辣椒，侧枝 1 个辣椒）。根据植株长势选择是否摘除门椒，植株长势弱，叶色深绿、叶形不舒展的则要将门椒摘除；植株长势强，节间长，叶片颜色浅的，可保留门椒。待到对椒坐住后，从双干变四干时，选择生长势强的双干作为主干，侧枝留 1 个辣椒，辣椒前留 2～3 片叶摘心，待侧枝上的辣椒采收后，再把侧枝去除，以此类推。要及时摘除植株下部的病残叶、黄叶、老叶，同时还要随时去除不坐果的枝条。需要注意的是整枝要在晴天露水干后进行，整枝后要喷洒多菌灵＋春蕾霉素进行防病，以防病害蔓延。

5. 病虫害防治

（1）综合防治。应用"预防为主、综合防治"的植保方针，定植缓苗后用农用盐酸吗啉双肌（病毒唑）300 倍液＋58％金雷多米尔（10％瑞毒霉，48％代森锰锌）500 倍液＋0.1％硫酸锌＋0.1％硫酸镁混合液喷施防治病害，提高植株抗性；用 1％苦参碱 1000 倍液或 1.8％阿维菌素乳油 1000 倍液（任选其一）防治虫害，每 10～15 天防治 1 次。

（2）物理防治。应用黄、蓝板配套防虫网进行防虫，每亩用黄板 20 张、蓝板 10 张，交替悬挂，防治白粉虱、斑潜蝇、蓟马等害虫；在放风口及温室门口处设置防虫网，防止外界的害虫进入温室内。在温室内放置臭氧发生器，利用产生的臭氧对温室空间进行熏蒸，杀灭病菌，对辣椒的灰霉病有很好的预防作用。

（3）药剂防治。日光温室越冬长季节栽培辣椒易发生的病虫害有根腐病、病毒病、灰霉病、白粉病、霜霉病、粉虱、蚜虫、螨虫等，发生病虫害，采用药剂进行防治。

6. 生理障碍预防

日光温室辣椒长季节栽培容易发生烧苗和落花、落果、落叶等生理障碍。

（1）烧苗。烧苗产生的原因除高温引起外，还可由肥料施用不当引起，例如使用未腐熟的农家肥或基肥没有与土壤充分混合造成根系与肥料直接接触，导致植株萎蔫，不发新根，严重的整株死亡。预防方法：注意温度变化，遇高温要及时进行通风降温；农家肥要充分腐熟发酵，基肥要与土壤充分混合，秧苗根系不能与肥料直接接触，发生烧苗时可适量浇小水，叶面补充叶面肥来减轻危害。

（2）落花、落果、落叶。开花期干旱、多雨、低温（15 ℃以下）、高温（35 ℃以上）、光照不足或缺肥等都可造成辣椒不能正常授粉、受精而落花、落果、落叶。预防方法：保持良好的通风透光条件，清洁棚膜，注意温湿度控制。严冬季节温度低，难坐果，晃动植株有利于提高甜椒坐果率，可在上午露水干后将植株晃动一遍，辅助授粉坐果，这是辣椒在严冬季节也可正常坐果的有效措施。

六、采收

日光温室栽培以采收青果为主，只要果实达到果肉肥厚，色浓艳，果皮有光泽，果形大小符合品种标准时，即可采收。一般可采收到翌年7月。

第八章　辣椒主要病虫害防治

第一节　辣椒主要病害防治

一、辣椒疫病

辣椒疫病是在世界范围内普遍发生的一种毁灭性土传病害。在适宜的环境条件下，辣椒疫病露地和保护地均能发生，对辣椒产量和品质影响极大，一般病株率为20%左右，严重时达40%以上。辣椒疫病发病迅速，常导致辣椒植株成片死亡，损失严重。该病1918年首次在美国新墨西哥州发现，随后逐渐蔓延至全球主要辣椒生产区。我国于20世纪50年代在江苏发现辣椒疫病以来，至今已在北至黑龙江，西至陕西、甘肃、新疆、青海、西藏，南至云南、海南、贵州、广东、上海、山东等30多个省（市、自治区）发生过辣椒疫病，由于辣椒疫病传播途径多样，防控困难，病害发生常常具有暴发性的特点，成为辣椒生产中最主要的流行性病害之一。

1. 症状识别

辣椒疫病在辣椒整个生育期均可发生，危害辣椒的根、茎、枝、叶、花和果等器官，引起植株枯萎、根腐、茎腐、幼苗猝倒、叶枯、茎枯和果腐等多种症状，辣椒的茎基部最容易发病。苗期发病，一般从茎基部开始染病，病部出现水渍状软腐，病斑暗绿色，病部以上最后猝倒或立枯状死亡；定植后叶部染病，产生暗绿色病斑，病斑呈圆形或近圆形，然后逐渐扩展到叶片边缘，导致叶片软腐并呈黄绿色；成株期茎基部发病，初期产生暗绿色病斑，到后期病斑绕茎一周，病部呈黑色，地上部分萎蔫枯死；

成株期枝条发病，与茎基部发病症状一致，发病枝条上部叶片萎蔫枯死；果实发病，多从蒂部或果缝处开始，初为暗绿色水渍状不规则形病斑，很快扩展至整个果实，呈灰绿色，果肉软腐，湿度大时果实表面可见白色霉层，后期病果失水干缩挂在枝上呈暗褐色僵果。花受侵染后变褐、脱落。不管侵染何处，湿度大的时候均可在病部看见白色霉层。

2. 病原及特征

（1）病原

辣椒疫病的病原菌为辣椒疫霉菌，属于鞭毛菌亚门真菌。无性繁殖借助游动孢子囊进行，可产生厚垣孢子，有性生殖产生卵孢子。

（2）形态特征

菌丝丝状、无隔膜，生于寄主细胞间或细胞里，宽 3.75～6.25 微米；孢子囊无色，丝状，孢子囊顶生，单胞，卵圆形，大小为（28.01～59.0）微米×（24.8～43.5）微米，厚垣孢子球形，单胞，黄色，壁厚平滑；卵孢子球形，直径约为 30 微米，雄器 15～17 微米，但有时见不到。

（3）生理小种

辣椒疫霉菌有 3 个主要的生理小种，生理小种可用 CM334，PBC137 - 1 和 PBC459 三个辣椒品种进行鉴定。

（4）生态特性（生活史）

辣椒疫霉菌丝在 10 ℃～40 ℃均能生长，最适生长温度 25 ℃～32 ℃。

3. 病害循环

（1）初侵染源

在土壤中或病残体中越冬的卵孢子或菌丝是发病的初侵染源。卵孢子在土壤中可存活 3 年以上，有时轮作也不能彻底清除初侵染源。

（2）初侵染

在适宜的温度（25 ℃～32 ℃）和湿度（90％以上的相对湿度）条件下，卵孢子开始萌发，产生游动孢子，侵入辣椒的根部、茎基部、叶部。

（3）传播和再侵染

刚开始发病时，田间仅有少数植株染病，很快向周围扩散，侵染邻近植株。

在辣椒生长期间，病株不断产生孢子囊和游动孢子，这些游动孢子随灌溉水、雨水、田间管理等扩散传播，发生多次再侵染。

4. 发病条件

（1）菌源

菌以菌丝、卵孢子和厚垣孢子在土壤或病残体上越冬。

（2）植物抗病性

辣椒对疫霉菌的抗源品种较少，用于抗病育种的抗源材料较为缺乏，大多数抗源仅在 CM334、Perennial 等野生品种中。目前培育出来的品种大多都是中抗或耐病品种，免疫品种较少。

（3）温湿度

病菌发育温度范围为 10 ℃～37 ℃，最适宜温度为 20 ℃～30 ℃。空气相对湿度达 90% 以上时发病迅速。在高温高湿的夏季（连续大雨过后），卵孢子或菌丝只要 4～6 小时即可完成全部的侵染过程，2～3 天即可发生 1 代。

（4）栽培条件

重茬、低洼地、连作地、排水不良，氮肥使用偏多、种植密度过大、通风不畅、植株生长势较弱有利于该病的发生和蔓延。

5. 防治方法

因地制宜地采取"预防为主、综合防治"的植保方针，在田间管理、抗病品种、化学药剂、生物制剂防治等方面综合施策，防治疫病。

（1）农业防治

①轮作：实行 2 年以上的轮作，不与番茄、茄子等茄科作物连作。

②栽培管理：深翻土地，深沟高垄，地膜覆盖、膜下滴灌措施可减少病害的暴发；在病害常发地，初期发现病株要及时拔除，及时清除田

间中的病叶、病果和病株残体，有条件时可集中烧毁或深埋，减少越冬病菌。

③施肥：施足磷、钾肥等底肥，促进辣椒根系生长，提高植株抗病能力。

④选用抗病品种。一般泡椒品种较易感病，尖椒、牛角椒、朝天椒类品种相对较抗病，购买辣椒品种时，可根据当地气候条件选择相对较抗病的品种。

（2）化学药剂防治

选用甲霜灵锰锌、嘧菌酯、百菌清、恶霉灵、甲霜灵等化学杀菌剂进行防治，特别在长江中下游高温高湿的4—6月辣椒定植期、生长前期、开花坐果期进行重点预防。轻病地块连续施药2～3次，每次间隔5～7天，重病地块每隔2～3天，连续施药（必要时可灌根）2～3次。

（3）生物防治

生物防治主要利用从发病田、发病株的土壤、根际或根系内分离的有益根际拮抗微生物菌株或菌群进行防治，比如有益的细菌、真菌、放线菌、芽孢杆菌等。目前的商业化制剂主要有枯草芽孢杆菌、木霉菌等。

二、炭疽病

炭疽病是由炭疽菌属侵染引起的病害，主要危害果实，引起果实腐烂、僵化，失去商品性。该病分布广泛，覆盖温带、亚热带和热带辣椒产区，尤其在热带和亚热带地区危害严重。由于辣椒结果期多为高温、高湿天气，辣椒果实容易受到灼伤，非常有利于病菌的发展和蔓延，严重的时候，辣椒完全失去商品性而给生产者造成巨大的经济损失。

1. 症状识别

果实染病，先出现湿润状、褐色、椭圆形或不规则形病斑，稍凹陷，斑面出现明显环纹状的橙红色小粒点，后转变为黑色小点，此为病菌的分生孢子盘。天气潮湿时溢出淡粉红色的粒状黏稠状物，此为病菌的分生孢子团。天气干燥时，病部干缩变薄成纸状且易破裂。

叶片染病多发生在老熟叶片上，产生近圆形的褐色病斑，亦产生轮状排列的黑色小粒点，严重时可引致落叶。茎和果梗染病，出现不规则短条形凹陷的褐色病斑，干燥时表皮易破裂。

2. 病原及特征

（1）分类地位

炭疽病的病原是辣椒刺盘孢和果腐刺盘孢，属于半知菌亚门真菌。

（2）形态特征

在我国辣椒产区主要存在 4 种类型的炭疽病菌。

①红色炭疽病：病原菌为胶孢炭疽菌。分生孢子盘无刚毛，分生孢子椭圆形，无色，单孢，大小（12.5～15.7)微米×（3.8～5.8）微米。有性阶段为围小丛壳。

②黑点炭疽病：病原菌为辣椒炭疽菌。分生孢子盘周缘及内部均密生长而粗壮的刚毛，尤其内部刚毛更多。刚毛暗褐色或棕褐色，具隔膜，大小（95～216)微米×（5～7.5）微米。分生孢子新月形，无色，单孢，大小（23.7～26)微米×（2.5～5）微米。

③黑色炭疽病：病原菌为胶孢炭疽菌。分生孢子盘周缘生暗褐色刚毛，具 2～4 个隔膜，大小（74～128)微米×（3～5）微米。分生孢子梗短圆柱形，无色，单孢，大小（11～16)微米×（3～4）微米。分生孢子长椭圆形，无色，单孢，（14～25)微米×（3～5）微米。

④尖孢炭疽病：病原菌为尖孢炭疽菌，分生孢子盘无刚毛，分生孢子呈长椭圆形，单胞，无色，一端尖，大小为（14.8～16.8)微米×（3.5～4.1）微米。

3. 生态特性（生活史）

引起辣椒炭疽病的三种病原菌分生孢子的致死温度为 53 ℃，菌丝在 12 ℃～38 ℃均能生长，在 15 ℃～32 ℃均能产孢，生长和产孢最适温度为 26 ℃～28 ℃。对应的孢子萌发最适温度分别为 25 ℃、28 ℃、25 ℃～

30 ℃。生长和产孢均喜偏酸性坏境。

4. 病害循环

（1）初侵染源

病菌以分生孢子附着于种子表面或以菌丝潜伏在种子内越冬，播种带菌种子能引起幼苗发病；病菌还能以菌丝或分生孢子盘随病株残体在土壤中越冬，成为下一季发病的初侵染源。

（2）初侵染

条件适宜时分生孢子萌发长出芽管，从寄主表皮的伤口侵入。

（3）传播和再侵染

越冬后长出的分生孢子通过风雨溅散、昆虫或淋水而传播。初侵染发病后又长出大量新的分生孢子，进行再侵染。

5. 发病条件

（1）菌源

种子带菌、土壤中病株残体中的菌丝、分子孢子等。

（2）植物抗病性

辣椒对炭疽病菌的抗性机制复杂，不同的抗源材料和炭疽菌，甚至同一抗源材料不同时期、同种炭疽菌的不同菌株，其抗病性的遗传规律也不相同，比如由抗源材料 PBC932 衍生的抗性材料 0038～9155 绿熟期对尖孢炭疽菌的抗性由 2 个互补的显性基因共同控制，而红熟期的抗性则由 2 个重叠的隐性基因控制，此外，这 2 个时期的抗性基因是相互独立的。因此，抗炭疽病育种还存在许多问题尚未攻克。

（3）温湿度

病菌发育温度范围为 12 ℃～33 ℃，高温、高湿有利于此病发生。如平均温度在 25 ℃～28 ℃之间，相对湿度 95％左右的环境最适宜该病害发生，而相对湿度低于 70％则不利于病害发生。

（4）栽培条件

地势低洼、土质黏重、排水不良、种植过密、通透性差、施肥不足或氮肥过多、管理粗放引起表面伤口，果实受烈日暴晒或果实不耐日灼等情况，易诱发炭疽病菌，加重病害的侵染与流行。

6. 防治方法

要想从根本上防治炭疽病，必须从培育抗病品种、改进栽培技术、药剂防治和生物防治等多方面着手。

（1）农业防治

①种子消毒：该病菌可由种子带菌传播，播种前用多菌灵、咪鲜胺等溶液浸种消毒 1 小时，或用温汤浸种消毒，可有效杀灭种子中的残留菌。

②选用抗病品种：根据品种特性选择抗性或耐性品种，一般辣味强的品种较甜椒抗病。

③田间管理：实现深沟高垄栽培，防止田间积水；改进栽培管理，合理密植，避免连作；搞好田间卫生，及时将田间早期发现的病株和病果摘除并带出田外销毁。

（2）化学药剂防治

①播种前用多菌灵等化学药剂浸种消毒。

②发病初期可用 75％异菌·多·锰锌可湿性粉剂、噻呋·苯醚甲悬浮剂、双胍·咪鲜胺可湿性粉剂等药剂进行喷雾防治，连续 2～3 次，每次间隔 10～12 天。

三、白粉病

白粉病病原菌是一种活体营养型专性寄生菌，在世界各地的辣椒产区中均有发生的报道。1978 年，Dixon 报道在印度和秘鲁地区发现了辣椒白粉病，对当地辣椒产业产生巨大冲击。20 世纪 90 年代以来，非洲、亚洲及欧洲等地区相继有了白粉菌在设施和露地栽培条件下的病害报道，如1995 年巴西温室甜椒白粉病，造成 75％的损失。近年来该病在我国各省辣椒产区均有发生报道，在个别省区发病愈发严重。如 2000 年白粉病在甘肃兰州设施栽培中秋季发病率达 100％，近几年来，在云南、广西、海南等辣椒产区发病率一直居高不下，为害十分严重。

1. 症状识别

辣椒白粉病主要为害叶片，幼嫩叶片、老叶片均可被害，发病初期叶片正面或背面出现数量不等、不规则状圆形的黄绿色斑，无清晰边缘，白粉状霉不明显，随后退绿斑逐渐扩大，不久连成一片。湿度较低时，大量分生孢子及分生孢子梗聚生在叶背面形成一层致密的白色粉状霉层，后期整个叶片布满白粉，最终植株萎蔫、叶片脱落。

2. 病原

（1）分类地位

白粉病病原菌有性世代是内丝白粉菌属鞑靼内丝白粉菌。无性阶段称辣椒拟粉孢霉，属半知菌亚门真菌。

（2）形态特征

有性世代附属丝菌丝状，分枝不明显，无色到橄榄棕色；子囊果散生，埋藏在菌丝中，直径135～250微米，球形，成熟时变凹，含有20个左右的子囊，最高可达35个；子囊大多含有2个孢子，大小（70～110)微米×(25～40）微米，卵形；子囊孢子（25～40)微米×（12～30）微米，圆柱形或梨形。

无性世代分生孢子梗在内生菌丝上形成并由气孔伸出，分生孢子梗无色，散生，有隔膜；分生孢子单生在分生孢子梗顶端，在不同寄主中分生孢子大小非常多变，甚至在同一寄主中形成的分生孢子大小也在一定范围内变化。但在特定的寄主中，分生孢子的长宽比是不变的，在辣椒和番茄中分生孢子的长宽比为4.0～4.3。

（3）生理和致病性分化

由于白粉菌是活养生物，内生菌丝在细胞之间扩展蔓延时，病菌产生的毒素不足以造成细胞很快死亡导致组织坏死，而早期发病退绿的病斑，后期由于条件变化不利于侵染而不再向四周扩展的部位，逐渐会失水干枯，造成细胞死亡和组织坏死，从而出现局部坏死的褐色病斑。

（4）生态特性

白粉菌的菌丝体在寄主表皮细胞上营外寄生，以吸器伸入寄主细胞内吸取寄主的营养和水分，菌丝便不断在寄主表皮蔓延发展。

3. 病害循环

（1）初侵染源

在我国北方，病菌随病叶在地表越冬。在南方辣椒常年种植区，病原菌以分生孢子在冬作辣椒或其他寄主上存活，无明显越冬现象，分生孢子可不断产生。

（2）初侵染

在条件适宜时，分生孢子萌发产生芽管，从寄主叶背气孔侵入，或直接突破角质层侵入寄主。白粉病菌为内寄生菌，田间发病后，菌丝在叶肉组织内蔓延，分生孢子梗从寄主叶背气孔伸出，其顶端长出分生孢子，在干燥条件下易于飘散。

（3）传播和再侵染

病部产生的分生孢子主要通过气流传播，也可通过雨水滴溅传播，昆虫如蓟马、蚜虫、白粉虱也是该菌的传播来源。侵染新生的叶丛，以后又在病部产出分生孢子，成熟的分生孢子脱落后通过气流进行再侵染。

4. 发病条件

（1）菌源

病菌随病叶在地表越冬，越冬后产生分生孢子，借气流传播。

（2）植物抗病性

大多数一年生辣椒感或高感白粉病，抗病资源主要存在于灌木状辣椒、下垂辣椒和中国辣椒3个栽培种中。下垂辣椒和中国辣椒目前已发现有抗白粉病材料44份和25份。一年生辣椒中抗白粉病品种较少，只有11份。可能源于一年生辣椒栽培种的起源地区没有白粉病菌。我国对于辣椒白粉病抗病性研究起步较晚，还未见对辣椒白粉病抗病性系统研究的报道。

（3）温湿度

白粉病菌分生孢子在 10 ℃～37 ℃时均可萌发，最适温度为 20 ℃，即使在 15 ℃～25 ℃条件下经 3 个月分生孢子仍具有很高萌发率。分生孢子形成和萌发适温 15 ℃～30 ℃，侵入和发病适温 15 ℃～18 ℃。25 ℃时病害的发展速度明显快于 15 ℃～18 ℃。相对湿度 45％～75％发病快，低于 25％时也能分生孢子萌发引起发病，超过 95％则病情显著受抑制。一般以生长中后期发病较多，长江中下游地区多在 9—12 月的设施蔬菜中发病较多，海南在 12 月至次年 3 月，云贵地区在上半年发病较重。

（4）栽培条件

栽培管理对白粉病的发生影响也很大，如施肥不足、管理不善、土壤缺水、灌溉不及时、环境阴蔽、光照不足，均易造成植株生长衰弱，而降低对白粉病侵染的抵抗力。浇水过多、偏施氮肥使植株徒长、田间植株过密、通风不良使湿度增高，亦有利于白粉病的发生，所以凡是低洼地或排水不良的地块，白粉病发生都较重。

5. 防治方法

白粉病病原菌内外兼生，在侵染辣椒初期以内生菌丝为主，难以在早期发现病害，叶片出现白粉时病情已经发展到一定程度，使得辣椒白粉病防治变得困难。在生产中采用的白粉病防治手段包括农业防治和化学药剂防治。

（1）农业防治

①加强水肥管理：以腐熟的有机肥作基肥为主，增施磷钾肥，减少或不施速效氮肥，植株长势旺盛，抗病性较强。偏施化肥，尤其是速效氮肥，植株易徒长，抗病性降低，则发病重。

②合理密植：辣椒定植密度过大会导致白粉病发生，病情蔓延更迅速，以亩栽 2500～2700 株为宜，如中后期株型过密，可进行适当的植株修剪，改善植株通风环境。

③田间管理：采收结束或育苗前，及时处理病叶和感病植株，设施栽培可采用高温闷棚杀死残留病原菌，减少白粉病的侵染源。

④间作防病：可与玉米等间作，利用高大作物的特性，阻断白粉病菌的空气传播。

⑤选用抗病或耐病品种。

（2）化学药剂防治

在早期预防时最有效的是采用硫黄悬浮剂。发病初期，病原菌处于叶内生长阶段，应及时喷洒具内吸作用的杀菌剂，如多菌灵可湿性粉剂、福星（氟硅唑）、世高（苯醚甲环唑）10％氟硅唑水乳剂等喷雾防治，能较为有效地控制白粉病的发生与蔓延。发病中后期要定期喷洒农药，注意不同药剂交替使用，避免抗药性产生。

四、白绢病

白绢病是国内外发生较为普遍的重要作物病害。很少在冬季平均气温低于 0 ℃的地方发生。受害最为严重的植物是豆科、十字花科和茄科作物。病株茎基部受害，在生长后期全株枯死，重病田的损失达 50％以上。

1. 症状识别

白绢病主要危害植物的茎，条件合适也可以危害植物的根、花、叶、果及果柄。发病初期，茎基部近地表处呈暗褐色、湿润状、稍凹陷、不定形病斑。随后叶片自下而上变黄、萎蔫。

白绢病菌危害辣椒时，近地面和根茎基部表皮腐烂，随后病部凹陷，危害的植株在多雨潮湿的天气下，从病部长出白色绢丝状菌丝，呈辐射状扩散，覆盖病部，并蔓延至近地表，形成白色绢丝状菌丝层。菌丝随后逐渐变浅褐，最后呈褐色，其上形成大小不一、近圆形的菌核，菌核初期为白色，成熟后呈深褐色或黑色，油菜籽状。病菌菌丝环绕一圈辣椒茎基部后植株即萎蔫枯死。

2. 病原

（1）分类地位

白绢病病原为真菌，有性阶段为担子菌门属的罗氏阿太菌，同物异名为罗氏伏革菌。

无性阶段为小核菌属的罗氏小核菌，由于有性世代不常发生，一般放在半知菌门进行研究和分类。

（2）形态特征

有性世代的担子棍棒形，形成在分枝菌丝的尖端，大小为（9～20）微米×（5～9）微米，顶生小梗 2～4 个，长 3～7 微米，微弯，上生担孢子。担孢子亚球形、梨形或椭圆形，无色、单胞、平滑，基部稍歪斜，大小为（5～10）微米×（3.5～6）微米。

无性世代的菌核球形或椭圆形，直径为 1～2.5 毫米，平滑而有光泽，初为白色，后变为黄褐色。菌核外层为较紧密的细胞组成的皮层，细胞色深而小，内部灰白色，由多角形的拟薄壁组织及中心部疏松组织组成。无性世代无孢子。

（3）生理和致病性分化

白绢病菌产生 α-淀粉酶、β-淀粉酶、β-半乳糖苷酶、纤维素酶、木聚糖酶、果胶酶、β-(1，3) 葡聚糖酶和甘露糖酶，这些酶的存在与造成腐烂有密切关系。不同地区病菌形态有一定差异，但无致病性分化。

（4）生态特性

病菌可在土壤表层生活。菌核萌发和菌丝生长的温度范围为 10 ℃～42 ℃，菌丝生长最适温度为 25 ℃～35 ℃，在 10 ℃和 40 ℃不生长，0 ℃死亡。菌核在−10 ℃可存活。菌丝生长最适 pH 值 3～5，菌核在 pH 值 2～5 时萌发率最高，在 pH 值 7 以上萌发受到抑制。菌丝生长和菌核萌发最合适的土壤含水量分别为 50%～60% 和 20%～40%。在 C/N 比较高的黏壤土中，菌核萌发率和死苗率均高。菌核抗逆性强，在室内可存活 10 年，在田间干燥土壤中可存活 5～6 年，但在灌水的情况下，经 3～4 个月即死亡，菌核通过牧畜的消化道仍可存活。

尿素和氮化物如氰氨化钙、氯化铵、硝酸铵、硫铵等能抑制菌核萌发，尿素和氰氨化钙能杀死菌核。土壤中的微生物菌如哈茨木霉菌和镰刀菌等能释放脲酶，分解尿素产生氨气，杀死菌核。

3. 病害循环

（1）初侵染源

初侵染源主要为在土壤中越冬的菌核、未腐熟的有机肥（粪肥）中的菌核、混在种子中的菌核，随病株残体遗留在土壤中的菌丝，寄居杂草上生长的菌丝。

（2）初侵染

在合适的温度和湿度条件下，地表下 5~10 厘米耕作层内的菌核萌发产生菌丝，接触寄主地表以下茎基部后在 2~10 小时内，通过吸收非生物的有机营养物质生长，在植物表面形成一个菌丝团，菌丝团分泌的草酸、果胶酶和纤维素酶等杀死植物组织并使其分解后再行侵入，如果根茎部有伤口，更有利于病菌侵入。

菌核也可以喷发式萌发，即内部菌丝团胀裂菌核皮层而露出，以这种方式萌发的菌核不需要形成菌丝团即可侵入植物。

（3）传播和再侵染

病株上产生的菌丝可沿土表蔓延到邻近植株，菌丝、菌核通过雨水、昆虫、田间管理、灌溉水等农事操作进行再侵染。

有性世代产生的担孢子基本无传病作用。

4. 发病条件

（1）菌源

此菌再侵染不频繁，植株发病轻重与土壤中存活的菌核数量有密切关系。

（2）植物抗病性

豆科、茄科、十字花科作物受害最重，未发现高抗品种，病菌无致病性分化。

（3）温湿度

最适发病温度 25 ℃～35 ℃，菌核萌发要求 100％相对湿度，高温高湿型病害，湖南地区 5 月下旬至 8 月高温多雨天气发病重，气温下降后发病轻。

（4）栽培条件

酸性土壤、湿气重的土壤、通气条件好的土壤适合病菌生长，发病较重。连续施用未腐熟的有机肥会加重病害的发展。连作、感病作物轮作、作物种植过密的田块发病重。免耕地比浅耕地发病轻，因为免耕地菌核留在土表、日晒雨淋、干湿交替使得菌核表面容易遭到破坏，有利于土壤中微生物侵入并杀死菌核，而翻入浅土层的菌核保护较好，次年再翻至土表，萌发引起病害。

5. 防治方法

白绢病尚未发现高抗品种，以农业防治和药剂防治为主。

（1）农业防治

①轮作：水旱轮作，发病重的作物与发病轻的作物轮作。

②深耕：将菌核深翻至 15 厘米以下的土壤中，可抑制萌发，减少发病。

③合理施肥：施用腐熟的有机肥，可适当选用铵态氮类氮肥。

④田间卫生：在病害常发地，初期发现病株时及时拔除，同时撒石灰防治，及时清除田间中的病株和残体，减少越冬菌核。

⑤黑色地膜覆盖：可增加地表温度，防止通过病死植株再侵染。

（2）化学药剂防治

三唑酮、甲基立枯灵、甲基托布津等药剂根据病情合理使用。

（3）生物防治

哈茨木霉菌、枯草芽孢杆菌、青霉菌等生物菌剂对白绢病有较好的防治作用。

五、立枯病

辣椒苗期的主要病害，多与辣椒猝倒病混合发病，整个苗期均可发生，成株期也可发病，但以苗期最为常见，尤其是中后期幼苗。立枯病除侵染危害辣椒幼苗外，还危害茄子、番茄、烟草、马铃薯、瓜类蔬菜、十字花科蔬菜等幼苗。

1. 症状识别

立枯病主要危害辣椒幼苗的茎基部，发病时幼苗茎基部产生椭圆形褐色病斑，逐渐凹陷，造成病部缢缩并向四面扩展，最后绕茎基一周。病苗初期呈萎蔫状，白天萎蔫、夜间恢复，随着发病部位干枯，病株最后枯死。幼苗发病后并不立即倒伏，仍然保持直立，这是与"猝倒病"区分的典型特征，故称之为立枯病。湿度大时病部常长有稀疏的淡褐色蛛丝状霉层。

2. 病原

（1）病原菌

立枯病由立枯丝核菌引起，属于半知菌亚门真菌。菌丝有隔，初期无色，后期变黄褐色至深褐色，分枝基部稍缢缩，与主菌丝成直角。菌丝成熟后变成一串桶形的细胞，并交织成松散不定形的菌核，菌核浅褐色、棕褐色至暗褐色。立枯丝核菌不产生无性孢子，在自然界中广泛存在，是一种土壤习居菌。

（2）生物学特性

菌丝初期灰白色，后期逐渐变为浅褐色、黄褐色至深褐色，最后由菌丝交织形成菌核。菌丝生长温度 5 ℃～33 ℃，最适生长温度 23 ℃～28 ℃，在这一温度范围内形成菌核。菌丝最适生长范围是 pH 6～7，避光、黑暗环境有利于菌丝生长，光照环境有利于菌核形成。可溶性淀粉和酵母粉对菌丝生长有促进作用，碳酸铵等氮肥对菌丝生长有抑制作用。

3. 病害循环

（1）初侵染源

辣椒立枯病菌主要以菌丝和菌核的形态在土壤中越冬，土壤中的病原菌菌丝和菌核是主要的初侵染来源。病菌耐腐生性极强，病株残体分解后，病原菌还可以在土壤中存活2～3年。

（2）初侵染

在合适的温度和湿度条件下（23℃～28℃，相对湿度90％以上），地表下5～10厘米耕作层内的菌核（菌丝）萌发产生新菌丝，接触辣椒茎基部后2～10小时内，通过吸收非生物的有机营养物质生长，在植物表面形成侵染菌丝体，菌丝体分泌的纤维素酶、果胶酶、细胞壁降解酶等通过分解寄主纤维素或杀死寄主表皮细胞并使其分解后再行侵入，如果根茎部有伤口，更有利于病菌侵入。

（3）传播和再侵染

病株上产生的菌丝可沿土表蔓延到邻近植株，菌丝、菌核通过雨水、流水、农具、堆肥进行传播和再侵染。

4. 发病条件

最适发病温度23℃～28℃，菌核和菌丝萌发要求90％以上相对湿度，温暖高湿、播种过密、浇水过多容易发病。

苗床选址不规范、地势低洼、容易积水、通风透光条件差、播种过量、幼苗生长过密、间苗不及时、浇水过量引起湿度过大，容易引发立枯病。

5. 防治方法

立枯病是苗期病害，因此防治该病主要从种子消毒、苗床消毒、育苗基质消毒、苗期田间管理等进行预防和控制。

①种子消毒：用恶霉灵水剂（恶霉灵稀释倍数3000倍左右，根据药物含量进行稀释，如95％的恶霉灵稀释3000倍，15％恶霉灵水剂稀释500倍）浸种4～6小时后直接播种，或用恶霉灵粉剂拌种（用药量是种子重量的0.1％左右）后直接播种。

②苗床选址：选择地势较高，排水通畅，通风透光条件好的地方作为苗床。

③苗床消毒：用40％的甲醛（福尔马林）200～300毫升，加水25～30千克均匀喷洒在苗床上，盖薄膜密封5～7天，待土内药气挥发完后使用。还可用五福合剂（五氯硝基苯＋福美双1∶1混合）进行消毒处理。

④土壤消毒：苗床育苗首选无病土。旧土（菜园土）要进行消毒处理，按照每立方米苗床土加50％多菌灵粉剂100克的比例拌匀进行消毒。也可取适量苗床土消毒，取一半消毒后的苗床土作基层，另一半播种后作覆土层。用穴盘或营养钵育苗时，育苗基质用相同方法加入多菌灵粉剂拌匀，或加入恶霉灵粉剂25克/立方米进行基质消毒。为增加苗床土或基质的营养，提高幼苗抗性，按体积比"菜园土∶腐熟有机肥＝2∶1"或"菜园土∶土杂灰∶腐熟人畜粪水＝8∶5∶5"比例，同时加入过磷酸钙肥50千克/立方米配制育苗土或育苗基质。

⑤田间管理：育苗前要对苗床提前翻晒，减少初侵染源；有条件时可用地热线等辅助设施设备，提高地温，促进幼苗根系生长，并控制好苗床温度，防止苗床温度大起大落；连阴雨天气转晴时要及时通风，防止育苗棚温湿度过高；适时间苗，发现病株及时拔出，并集中销毁；平时浇水注意保持苗床湿度，以苗床湿度保持在70％左右为宜。

⑥药剂防治：78％代森锰锌500倍液、40％疫霉灵200倍液、50％扑海因800倍液、50％多霉清600倍液，根据病情交替使用不同药剂，每隔5～7天喷施一次，连续喷施2～3次。

六、疮痂病

疮痂病又名辣椒细菌性斑点病，主要危害辣椒叶片、茎，也危害果实，常导致辣椒大量落叶，俗称"落叶瘟"。疮痂病是全球辣椒产区广泛分布的一种重要病害，在我国长江中下游流域及其以南的暖湿地区危害最为严重，造成植株大量落花、落叶、落果，发病田减产率高达20％～30％。

1. 症状识别

叶片染病初期出现许多水渍状黄绿色小斑点，扩大后呈圆形或不规则状、边缘暗绿色稍隆起、中间淡褐色稍凹陷，表皮粗糙的疮痂状病斑，病斑蔓延至叶脉后，常使叶片呈皱缩状畸形。危害后期，叶片的叶缘、叶尖变黄，最后干枯脱落；茎染病后病斑初期呈水渍状不规则条斑或斑块，后期木栓化隆起，疮痂状非常明显。

果实染病初期呈褐色隆起的小黑点，后期呈圆形或长圆形墨绿色、边缘略隆起，表面粗糙、直径 0.5 厘米左右的疮痂状病斑，潮湿环境下，疮痂中间有菌液溢出。

2. 病原

（1）分类地位

疮痂病为细菌性病害，属细菌界薄壁菌门，病原为野油菜黄单胞辣椒斑点致病型。

（2）形态特征

菌体短杆状，两端钝圆，具极生单鞭毛，能游动，大小为（0.3～0.5)微米×(0.8～1.1) 微米，有荚膜，无芽孢，菌体排列链状，革兰氏阴性，好气。病菌最适发育温度 26 ℃～30 ℃，最低 5 ℃，最高 40 ℃，致死温度 60 ℃，10 分钟，YDC 平板上培养 3 天，菌落圆形、黄色、凸起、有光泽、边缘齐整，黏稠，直径 2～3 毫米。

（3）生理和致病性分化

疮痂病菌共有 3 种专化型，只侵染辣椒的辣椒专化型，只侵染番茄的番茄专化型，能侵染辣椒和番茄的复合型。而在致病性生理小种分化上，目前疮痂病菌共有 11 个生理小种，分别命名为 P0、P1、P2、P3、P4、P5、P6、P7、P8、P9 和 P10。

3. 病害循环

（1）初侵染源

疮痂病菌是种传病害，病原菌主要在种子表面、土壤中的病株残体以及设施长季节栽培的辣椒植株上越冬存活。种子表面携带的病原在干燥环境下可存活 16 个月以上。

（2）初侵染

在合适的温度和湿度条件下，通过吸收非生物的有机营养物质生长，病原菌经由植物气孔、伤口、划痕、昆虫咬痕等侵入。

3.3 传播和再侵染

种子带毒、异地种苗调运是远距离传播的主要渠道，雨水、昆虫、田间管理、灌溉水等农事操作是近距离传播的主要途径。此外在发病田，细菌随灌溉水、昆虫、田间管理等造成植株间相互接触而不断再侵染，如管理和认识不到位，只要田间有少数植株发病，短时间内就可以导致全田发病。

4. 发病条件

（1）菌源

此菌是种传病害，此外连作田中的病株残体也是发病的主要侵染源。

（2）植物抗病性

辣椒对疮痂病菌的抗性由抗性基因 Bs 控制，目前共发现有 6 个抗病基因，分别为 $Bs1 \sim Bs6$。$Bs1 \sim Bs4$ 基因通过诱发 HR 反应阻止病菌侵入，$Bs5$ 和 $Bs6$ 对温度敏感，不诱发 HR 反应。栽培辣椒一般辣味强的比辣味弱的抗病，辣椒比甜椒抗病，辣味强且果型长的比辣味弱果型大而圆的抗病。

（3）温湿度

高温、高湿是疮痂病发病的最重要条件，最适发病温度 20 ℃～30 ℃，降雨（特别是连阴雨天气）后叶面有一层水膜，空气湿度大（相对湿度 90% 以上）有利于病原菌侵入。在长江中下游地区，5—6 月的高温多雨季节，常导致疮痂病大面积发生。进入 8 月高温干旱，秋季气温下降后，发病轻。

（4）栽培条件

酸性土壤、湿气重的土壤、通气条件好的土壤适合病菌生长，发病较重。连续施用未腐熟的有机肥会加重病害的发展。连作与感病作物轮作、作物种植过密的田块发病重。虫害多发、连阴雨排风不畅、果实不耐日灼都能使植株伤口增多而有利于疮痂病菌侵染。大棚春提早或秋延后栽培，为了保证棚内温度，不通风使得棚内湿度过高，容易暴发流行。

5. 防治方法

（1）农业防治

①轮作：不与番茄、茄子等茄科作物连作。

②种子消毒：使用 55 ℃～60 ℃的温水浸泡 10～15 分钟消毒，或者用 0.1％～0.2％高锰酸钾溶液浸泡 10～15 分钟消毒，种子带菌即可基本清除。

③栽培管理：深翻土地，深沟高垄，有利于排水。施足磷、钾肥等底肥，促进辣椒根系生长，提高植株抗病能力。在病害常发地，初期发现病株时及时拔除，及时清除田间中的病叶、病果和病株残体，有条件时可集中烧毁或深埋，减少越冬病菌。

（2）化学药剂防治

一般选用波尔多液、新植霉素（200 毫克/升）、中生菌素等抗生素，或细菌快克可湿性粉剂、细菌灵、络氨铜水剂等药剂每 7 天喷 1 次，连续 2～3 次，交替使用药剂效果更好。

七、青枯病

青枯病是一种由青枯雷尔菌引起的毁灭性土传病害，它在全球范围内广泛分布，主要分布在热带、亚热带和温带地区，遍布欧洲、亚洲、非洲、北美洲、中美洲和加勒比海地区、南美洲和大洋洲等 100 多个国家和地区。青枯病在辣椒产区常造成 20％～30％的辣椒死亡，严重时高达 50％以上，甚至绝收。在我国 30 多个省（自治区和直辖市）均有青枯病发病报道，其中以中部平原、西南山区和长江中下游地区危害最为严重。

1. 症状识别

病株主要表现为短时间内萎蔫、枯死，但茎叶仍然保持绿色。病株多在辣椒开花后显示症状，初期仅顶部幼嫩叶片萎蔫下垂，下部叶片出现凋萎，最后中部叶片也凋萎，幼叶迅速脱落，出现顶枯或枝枯。轻病株白天萎蔫，夜晚能恢复正常。病情发展较快时，2～3天全株叶片即萎蔫，整株整株地枯死。较大植株叶片褪绿变黄，发病后期叶片变褐枯焦。茎部外表通常不明显，有时呈水浸状褐色条斑，根部细根先出现褐色，随后开始腐烂，切开根茎位病茎，见维管束有褐变，湿度大时，病茎的褐变部位用手挤压，有乳白色菌液排出，这是区别于辣椒疫病的主要病理学特征。病果表面正常，内部变褐色，后期病果水浸状，易脱落。

2. 病原

（1）分类地位

青枯病菌是革兰氏阴性细菌、好氧，不形成孢子，属雷尔菌属。

（2）形态特征

菌体短杆状，大小（0.5～0.7）微米×（1.5～2）微米，具极生鞭毛1～4根。在葡萄糖蛋白胨培养基上菌落较小，近圆形，稍有突起、光滑、乳白色，6～7天后渐变褐色后失去致病力。在 TTC 培养基上，菌落较大，黏稠度较小，并易在平板上扩展成不规则形、白边较宽、中央粉红色、似有流动感的菌落。

（3）生理和致病性分化

青枯菌的致病因子有很多，其中最重要的是 N－乙酰化的胞外多糖（EPS-I），EPS-I 的作用是积累后堵塞木质部导管，阻碍正常水分的供应，造成植物萎蔫。青枯菌能产生大量的 EPS-I，缺失 EPS-I 的突变体将丧失致病能力，不能在植物木质部导管中繁殖。

青枯病菌分泌的细胞壁降解酶对其致病力有一定的作用，如聚半乳糖醛酸酶和内切葡聚糖酶，果胶甲基酯酶和外切纤维素等。

（4）生态特性

土壤水分对其在土壤中的生存周期影响最大。在湿度大的土壤中，可以生存2～3年，在干燥的土壤中，只能生存5～7天。青枯病菌可在10 ℃～41 ℃温度环境下生长，最适发病温度25 ℃～30 ℃。

3. 病害循环

（1）初侵染源

随病株残体在土壤中长期生存（越冬），是青枯病发病的初侵染源，也是辣椒生产中的主要土传病害之一。

（2）初侵染

土壤中的青枯病菌，主要通过田间管理等农事操作造成的伤口、根结线虫取食等造成的伤口侵染植株，在茎的导管部位和根部发病，有时也会从无伤口细根侵入植株内，经过较长时间潜伏和繁殖，在成株期遇高温高湿条件病菌在维管束的导管内大量繁殖，最后导致堵塞导管或细胞中毒，使叶片萎蔫、枯死。

（3）传播和再侵染

病田土壤、病株残体、带菌肥料甚至多年生杂草均能带菌传病。生长期病菌主要随雨水、灌溉水传播。首先侵入根和茎基部伤口，随后在植株体内扩展。

4. 发病条件

（1）菌源

病菌主要随病残体在土中越冬。翌年春越冬病菌借助雨水、灌溉水传播，从伤口侵入。

（2）植物抗病性

不同品种间抗病性存在明显差异，同一品种在不同地区抗性表现也有差异。不同品种根表的菌体附着量相近，但根内菌量随品种抗性不同而有显著性差异。一般辣味强的朝天椒、牛角椒等类型品种较抗病，辣味少的品种如甜椒等较易感病。

（3）温湿度

当气温达到 20 ℃时开始发病，并出现发病中心，25 ℃时出现发病高峰，连续降雨、大雨、暴雨过后转晴土壤湿度饱和，温度陡然升高，发病特别严重。

（4）栽培条件

与茄科蔬菜如茄子、番茄、马铃薯等作物连作，会加大土壤中病原菌积蓄，利于青枯病发病流行；在高温高湿、重茬连作、地洼土黏、田间积水、土壤偏酸、偏施氮肥等情况下，苗期植株生长势较弱，该病容易发生；田间出现病株后的除草、整枝、灌水造成的根茎基部或细根形成伤口，会增加病害传播和侵染概率，从而加重发病。

5. 防治方法

青枯病是主要的土传性病害，常与辣椒疫病、根结线虫病混合发生，防治极为困难，采用农业措施、化学药剂防治、生物药剂防治和抗病育种相结合的"预防为主、综合防治"植保方针，可以取得较好防治效果。

（1）农业防治

①轮作：有计划地轮作，特别是与茄科蔬菜作物尽量有 2～3 年期的轮作，能有效降低土壤含菌量，减轻病害发生。有条件的地方实行水旱轮作，可极大减少病原菌初侵染数量，减少病害发生。

②培育壮苗：采用营养钵、肥团、基质块、温床、营养液等技术育苗，适当用激素培育矮壮苗，增强辣椒抗病、耐病能力。

③改良土壤：多施腐熟有机肥，改善土壤结构，提高土壤通透性，设施栽培提前做好深翻及高温闷棚杀菌，减少初侵染源数量。

④栽培方法：采用深沟高垄栽培，降低耕作层湿度，增施磷、钙、钾肥料，促进作物生长健壮，提高抗病能力，能减轻青枯病发生。

⑤喷施微肥：喷施微肥可促进植株维管束生长发育，提高植株抗、耐病能力。

⑥田间管理：大田发现病株，及时清除并带出田间烧毁，同时在拔除区域撒施或穴施药剂防治病菌蔓延。

⑦种植抗病品种：选用抗病品种，一般甜椒类型品种较感病，朝天椒等尖椒类型品种较抗病。

（2）化学药剂防治

发病初期摘除病叶、病果，随后喷药，灌根与喷雾相结合。可喷洒百菌清可湿性粉剂、施保功可湿性粉剂、多菌灵可湿性粉剂、甲基托布津可湿性粉剂，每隔7～10天喷1次，连喷2～3次；也可选用农用硫酸链霉素、络胺铜水剂、可杀得、护根宝灌根防治，或用青枯立克灌根。

（3）生物防治

选用从土壤中筛选出来的有益根际微生物制剂防治如枯草芽孢杆菌属、假单胞菌属、链霉菌属和类芽孢杆菌属等微生物菌或菌群进行防治。也可选用一些抗菌素如链霉素、四环素、青霉素、放线菌酮等为主的生物制剂防治青枯病菌。

八、病毒病

病毒病是辣椒生产中的最主要病害之一，常年发生，以秋后辣椒、秋延后辣椒发病最为严重。辣椒病毒病在全世界辣椒产区广泛分布，在我国各种类型的辣椒产地（露地和设施）普遍发生，危害逐年加重，轻者减产30％左右，重者减产60％左右，甚至绝收。若早期幼苗感染病毒病，基本绝收。

1. 症状识别

辣椒感染病毒病后主要有花叶、黄化、畸形、坏死等几种类型，发病的辣椒植株一般有2种或多种病毒复合侵染。

①花叶型：常分为轻型花叶和重型花叶2种。轻型花叶病病叶前期为明脉和轻微褪绿，后期出现浓淡绿色相间斑驳，花叶平整、不皱缩，植株无明显畸形和矮化；重型花叶病病叶出现褪绿斑驳，叶面多凹凸不平，叶片皱缩畸形，或形成线形叶，植株生长速度减缓，果实变小，植株严重

矮化。

②黄化型：病叶植株叶片明显变黄，严重时，植株上部叶片全部变黄，整体表现为上黄下绿，后期病株落叶严重，植株矮小。

③畸形：病叶明显缩小变厚或呈蕨叶状、线条状，叶面皱缩，植株节距缩短，植株矮化，枝叶呈丛簇状。病果呈现深浅相间或黄绿相间的病斑，病果性状不规则，果面凹凸不平，果面有深绿、浅绿相间的花斑和疱状突起，易脱落。

④坏死型：顶部幼嫩部分变褐坏死或叶脉呈褐色或黑色坏死，沿叶柄、果柄扩展到侧枝、主茎及生长点，出现条纹状坏死斑，维管束变褐，造成落叶、落花、落果，严重时嫩枝、生长点甚至整株干枯坏死。

2. 病原

（1）病毒种类

侵染辣椒的病毒病有 40 多种，在我国辣椒产区主要有黄瓜花叶病毒、烟草花叶病毒、马铃薯 Y 病毒、马铃薯 X 病毒、蚕豆萎蔫病毒、轻斑驳病毒、苜蓿花叶病毒、烟草蚀纹病毒、番茄斑萎病毒、番茄黄化曲叶病毒等类型，以黄瓜花叶病毒和烟草花叶病毒最为常见。

（2）形态特征

烟草花叶病毒：病毒粒体为直杆状，300 纳米×18 纳米，致病力和抗逆性极强，病毒粒体在干烟叶中能存活 52 年，稀释 100 万倍后仍具有侵染活性。钝化温度 90 ℃～93 ℃，10 分钟，稀释限点 1000000 倍，体外保毒期 72～96 小时。在无菌条件下致病力达数年，在干燥病组织中可存活 30 年。

黄瓜花叶病毒：病毒粒子为等轴对称的二十面体，无包膜，直径约 29 纳米，钝化温度 65 ℃，10 分钟汁液稀释限点 10000～100000 倍，室温下体外存活 72～96 小时。

蚕豆萎蔫病毒：直径约 30 纳米，汁液稀释限点 10000～100000 倍，钝化温度 58 ℃，10 分钟，体外存活期温度 21 ℃，2～3 天。

轻斑驳病毒：棒状病毒，大小为 312 纳米×18 纳米，钝化温度 90 ℃，汁液稀释限点 10^{-9}～10^{-10}，体外可存活 50 天以上，在干燥的植物病残体中能存活 25 年以上。

马铃薯 X 病毒：线状病毒，515 纳米×13 纳米，钝化温度 68 ℃～75 ℃，10 分钟，汁液稀释限点 10^{-6}，病叶中的病毒，室温下存活 1 年以上。

马铃薯 Y 病毒：线状病毒，（680～900）纳米×11 纳米，钝化温度 70 ℃，10 分钟，汁液稀释限点 10^{-6}，室温体外存活 2～3 天。

（3）生理和致病性分化

烟草花叶病毒：我国辣椒上的株系主要有白花叶株系、三生烟潜隐株系、辣椒异常株系、辣椒系、黄色花叶株系、辣椒枯斑株系等。依据发病症状差异，又可分为系统坏死型、黄白花叶型、绿色花叶型和轻微花叶型四个类型。烟草花叶病毒因致病力差异及与其他病毒的复合侵染而造成症状的多样性。

黄瓜花叶病毒：划分为两个亚组Ⅰ和Ⅱ，亚组Ⅰ分为 IA 和 IB 两个株系。亚组Ⅰ侵染植株症状较重，主要分布于热带和亚热带，亚组Ⅱ侵染时症状较轻，主要分布于温带地区。

轻斑驳病毒：目前发现轻斑驳病毒可分为 $P_{1,2}$、$P_{1,2,3}$、$P_{1,2,3,4}$ 三种致病型，分别能够侵染携带有 L^2、L^3 和 L^4 抗病基因的辣椒品种。

马铃薯 X 病毒：依据症状可分为环斑株系、斑驳株系、隐症株系三种，依据交互反应可分为 X_1、X_2、X_3、X_4 四种株系。

马铃薯 Y 病毒：病毒株系依症状类型划分，主要有脉带花叶型、脉斑型和褪绿斑点型。

3. 病害循环

传毒介体昆虫在辣椒虫传病毒侵染过程中扮演着极其重要的角色，大多数病毒的传播、扩散和侵染需要借助介体昆虫，主要包括蚜虫、蓟马、粉虱等。辣椒有 10 多种病毒由蚜虫传播，比如黄瓜花叶病毒、马铃薯 Y 病毒、烟草蚀纹病毒、辣椒脉斑驳病毒。蓟马主要传播番茄斑萎病毒，但只有若虫能获毒，病毒只能在成虫体内越冬，成虫和若虫均能传毒。烟粉虱主要传播双生病毒、番茄黄化曲叶病毒，虫口基数大，也能传播其他多种病毒。

黄瓜花叶病毒：在田间条件下主要依靠蚜虫以非持久方式传播，种子带毒、寄主植物、农事操作、带毒土壤、花粉、嫁接等亦可传播。

轻斑驳病毒：属于种传病毒，汁液摩擦也可传毒。此外昆虫取食、农事操作等亦可传播病毒。自然条件下，轻斑驳病毒主要侵染甜椒。

马铃薯 X 病毒：仅在茄科作物上传播，主要由接触和带毒马铃薯流通传毒，土壤残留传毒，内生集壶菌也能传播。

马铃薯 Y 病毒：主要由接触和带毒马铃薯薯种传播，农事操作和蚜虫造成的微伤口可再传播。

4. 发病条件

（1）菌源

烟草花叶病毒的主要侵染源是土壤中带毒寄主的病株残体、杂草中越冬残留的病毒残体等，此外种子带毒、传毒媒介也是传毒菌源。

黄瓜花叶病毒：病毒的初侵染源主要是土壤中带毒寄主的病株残体、杂草中越冬残留的病毒残体、种子、昆虫介体等。

轻斑驳病毒：带毒种子、感病植株、染病的病株残体、病土是主要的侵染来源。

马铃薯 X 病毒、马铃薯 Y 病毒：带毒的马铃薯种薯是主要的侵染来源。

（2）植物抗病性

黄瓜花叶病毒：已鉴定了辣椒中存在抗黄瓜花叶病毒资源，但数量较少，仅有 14 份，比如 Perennial、Vania、PBC688 等。但抗源材料多数为一年生辣椒的近缘种和野生种，这些资源遗传背景狭窄、经济性状较差、育种上转育难，同时缺乏广谱抗源材料，因此市场上缺乏对黄瓜花叶病毒高抗和免疫的品种。

烟草花叶病毒：辣椒中抗烟草花叶病毒主要由 L 基因控制，L 基因也是辣椒对烟草花叶病毒最有效的基因之一。育种上，常利用 L 基因进行抗病转育。

轻斑驳病毒：目前在辣椒栽培种共发现了 4 个等位基因（L_1、L_2、L_3 和 L_4）具有对轻斑驳病毒的抗病作用。含有 L 抗病基因的辣椒品种主要通过过敏性坏死反应（HR），造成局部组织的坏死，阻止病毒侵入。

（3）温湿度

烟草花叶病毒、黄瓜花叶病毒、马铃薯 X 病毒、马铃薯 Y 病毒等病毒在高温干旱、田间管理粗放，蚜虫、蓟马、烟粉虱等昆虫媒介基数大的情况下，病害发生严重。特别是30 ℃以上的高温，辣椒的抗病毒能力下降，有利于传毒媒介蚜虫、蓟马、烟粉虱的繁殖、迁飞取食，加重病毒病的发生和蔓延。

不同的栽培条件，比如定植较晚、地势低洼、土壤贫瘠的耕地发病较重（如南方地区的黄土坡地），与番茄、马铃薯、烟草等茄科作物连作或轮作发病较重。

5. 防治方法

病毒病的治理比较困难，应采取"预防为主、综合防治"植保方针，综合采用农业措施、抗病品种、化学药剂、生物制剂、病毒病传播媒介杀虫剂及栽培管理措施进行系统防治，才能将损害降到最低。

（1）农业防治

①清洁田园。及时清除病株残体、田间杂草，切断病毒的初侵染来源。清除杂草也可以减少蚜虫等传毒昆虫的数量，控制病毒病发生。

②种子消毒。育苗前，先用清水浸泡 3～4 小时，后加入 10％磷酸钠或 0.1％高锰酸钾溶液浸泡 25 分钟左右，再用清水冲洗干净，可杀灭种子中携带的病毒。

③种植抗病品种。目前高抗或免疫的抗病毒病辣椒品种较少，抗病或中抗以上的辣椒品种较多。不同品种间发病程度差异较大，一般情况下，辣椒比甜椒抗病，尖椒或牛角椒品种比灯笼椒品种抗病。比如兴蔬 215、

湘研 16 号、博辣红牛、兴蔬皱皮辣、博辣 15 号、中椒 4 号/6 号/7 号等品种都较抗或者耐病毒病。

④栽培防治。在辣椒定植后，采取每隔 4 行种植 1 行玉米的间作方式，用玉米的高大株型引诱蚜虫，再集中杀死蚜虫，起到阻止病毒病传播的效果。

（2）化学药剂防治

病毒病一般应在未发病时或发病前期和初期喷药进行预防控制，发病严重时或者发病后期喷药没有任何效果。发病前或轻微发病的初期用盐酸吗啉胍·乙酸铜、氨基寡糖素、病毒展叶灵、病毒灵、宁南霉素、植病灵等药剂连续喷雾 2～3 次，每次间隔 5 天。

对传毒媒介的防治是重点，对非持久性传毒媒介（如蚜虫，取食后短短几秒即可完成获毒传毒的整个过程），用高效杀蚜虫剂，也得 15 分钟以上才能达到灭蚜效果，因此，采用化学药剂防治传毒媒介昆虫应在田间调查的基础上，根据虫口基数、发病情况、天气状况等因素灵活选用农业部或者各级农业部门推荐的高效低毒杀虫剂。

蚜虫一般用吡蚜酮、啶虫脒、噻虫嗪、吡虫啉、烯啶虫胺、鱼藤酮等药剂。啶虫类非杀生性杀虫剂，具有内吸活性和触杀作用，对多种作物的刺吸式口器害虫防治效果较好。

烟粉虱用啶虫脒、噻虫嗪、吡虫啉、氟啶虫胺嗪、氟虫胺等药剂。

蓟马用吡虫啉、啶虫脒、阿维菌素等药剂。

防治时，一般选用多种药剂交替间隔使用，以消除昆虫抗药性，提高防治效果。

（3）生物防治

利用黄瓜花叶病毒中的微型 RNA 来合成制剂，干扰黄瓜花叶病毒复制、减轻黄瓜花叶病毒症状。叶面喷施壳聚糖制剂，可提高植物抗性，减轻发病症状。但目前针对病毒病的生物防治技术缺乏，很多试剂仅停留在试验或研究层面上。

（4）检疫防治

一些种传病毒如轻斑驳病毒能够随着种子种苗的携带进行跨区域传播，属于检疫性病原物，可采用双抗体夹心酶联免疫吸附法（DAS-ELISA）和 RT-PCR 方法进行检疫，防止带毒种子种苗扩散。

第二节　辣椒主要虫害防治

一、蚜虫

蚜虫，又称腻虫，包括半翅目球蚜总科和蚜总科的成员，全球已知种类 4700 多种，我国已知有 1100 多种。蚜虫繁殖能力强，可孤雌生殖，一年可繁殖 10～30 代，世代重叠，且具有迁飞特性，能传播多种病毒，成为经济作物中危害最大的害虫之一。危害辣椒的蚜虫主要是棉蚜和桃蚜。

1. 危害症状

蚜虫常聚集在辣椒的嫩芽、嫩叶、嫩枝上，利用带吸嘴的小口针刺穿植物表皮层吸取植物汁液和养分，造成植物生长减缓、发育不良，随后叶片出现叶斑、黄化、卷叶、枯萎等症状，严重时导致落叶，生长发育停止。同时蚜虫取食时每隔 1～2 分钟分泌一次含有糖分的蜜露，蜜露不断累积后覆盖在取食叶片上严重影响植物光合作用，导致辣椒产量降低、品质下降。另外蚜虫能传播黄瓜花叶病毒等多种植物病毒，导致辣椒病毒病大规模暴发。

2. 分布情况

蚜虫主要分布于温带和亚热带地区，热带分布较少。蚜虫寄主范围广泛，涉及 267 科 2120 属。苔藓植物、蕨类植物、裸子植物和被子植物 4 大门植物都是蚜虫的寄主。

3. 形态特征

蚜虫身体半透明，大部分是绿色或白色，体长 1.5～4.9 毫米，有时被蜡粉，但缺蜡片。触角 6 节，少数 5 节，罕见 4 节。有翅蚜触角常 6 节，第 3、第 4、第 5 节有次生感觉圈。前翅中脉通常分为 3 支，少数分为 2 支。后翅通常有肘脉 2 支，罕见后翅变小，翅脉退化，翅脉有时镶黑边。

4. 生活习性

蚜虫存在全周期和不全周期两种生活史类型，其生殖模式又可分为周期性孤雌生殖（即每年发生一次有性生殖），其他时间为孤雌生殖；专性孤雌生殖即终年营孤雌生殖；产雄专性孤雌生殖即在短日照和低温下营孤雌生殖，但同时产生少部分雄性蚜，而不出现雌性蚜；中间类型即在短日照和低温下营孤雌生殖，但同时产生一部分雄性蚜和雌性蚜。

蚜虫的最适繁殖温度是 16 ℃～22 ℃，5 天平均气温稳定在 12 ℃以上时，即开始繁殖。早春和晚秋，气温较低，蚜虫完成一个世代需要 10 天，夏季温暖湿润条件下，完成一个世代仅需 4～5 天。

多数蚜虫为同寄主全周期，在同类寄主植物间转移。雌雄性蚜均无翅，有时雄蚜有翅，以受精卵越冬。全年孤雌生殖的蚜虫，不出现越冬受精卵，在保护地内以成虫越冬。

5. 防治方法

①农业防治：作为防治蚜虫的辅助手段，主要包括清洁田园减少蚜虫越冬场所和初侵染源数量。若田间刚开始少量发生，可人工去除。

②物理防治：在蚜虫发生初期利用蚜虫趋光性和趋黄性悬挂黄板诱杀蚜虫；喷洒一定浓度的矿物油在蚜虫卵壳或虫体上形成油膜，使蚜虫窒息死亡；设施大棚可以通过高温闷棚，使得棚内温度白天 30 ℃以上，抑制蚜虫种群扩增。

③生物防治：可释放寄生性天敌如蚜茧蜂、蚜小蜂和捕食性天敌如瓢虫、草蛉、小花蝽等；昆虫生长调节剂 ZR - 77 能控制若蚜发育，导致成蚜不育；性信息素诱捕雄蚜，可减少越冬虫卵；但生物防治起效较为缓慢，最好与农业措施、物理防治等综合使用，采用生物防治时，少用广谱性农药，避免天敌活动高峰期喷药。

④化学药剂防治：蚜虫暴发基数较大时，可选用阿维菌素、鱼藤酮、啶虫脒、吡虫啉、吡蚜酮等制剂喷施 2～3 次，每次间隔 3 天，可达到较好的防治效果。

二、粉虱

危害辣椒的粉虱主要有两种，分别为烟粉虱和白粉虱，均属同翅目、粉虱科，寄主非常广泛，为世界性害虫。温室白粉虱是我国设施蔬菜生产中的主要害虫，一般年份由于粉虱造成的设施蔬菜减产 20% 左右，严重时甚至达 50% 以上，同时由于粉虱危害引起的煤污病，又严重影响产品的商品性，因此控制粉虱危害，对蔬菜产品安全、生态安全及产品提质增效均具有重要意义。

1. 危害症状

粉虱主要在叶背危害，主要通过刺吸植物汁液、分泌蜜露及传播病毒等方式对植物造成直接或间接危害。危害方式主要有 3 种，一是取食汁液。粉虱若虫、成虫均通过刺吸辣椒叶片韧皮部的汁液进行危害，由于短时间内粉虱种群数量快速增长，吸取大量汁液，从而导致植株衰弱。同时，粉虱取食时还不断分泌蜜露、覆盖和污染辣椒叶片，诱发煤污病。辣椒受害后，叶片褪绿、黄化，严重时整株诱发煤污病，开花受阻，果实畸形。二是传播病毒。烟粉虱可在 30 多种寄主植物上传播 70 多种病毒，主要以半持久的方式传播双生病毒，此外还可传染番茄黄化曲叶病毒（TYLCN）、花叶病毒（JMV）、金色花叶病毒（AGMV）、木薯花叶病毒（ACMV）等病毒。三是引起辣椒生理异常。辣椒果实受害后，有时果表正常，但果实整体白化、僵化、硬化，有时果表有淡色白条纹，果实呈畸形。

温室白粉虱也以若虫和成虫刺吸辣椒汁液为害，群体数量大时，引起辣椒株型衰弱，产量减低，同时叶片上分泌的蜜露引起煤污病，阻滞辣椒光合作用，进而影响辣椒果实产量和品质。此外，温室白粉虱还能通过注射毒素、传播病毒等方式对辣椒生产产生影响。

2. 分布情况

烟粉虱广泛分布于全球 100 多个国家和地区，我国 22 个省、市、自治区均有发现报道，且有逐步扩散的趋势。温室白粉虱起源于巴西和墨西哥，扩散到美国和加拿大后传至欧洲，随后传入亚洲地区，至今，在 50 多个国家和地区均有发生。现在温室白粉虱在我国的东北、华北、西北、华东、华中等地均普遍发生。

3. 形态特征

温室白粉虱和烟粉虱的形态特征见表 8-1。

表 8-1　　　　　　　　　　温室白粉虱和烟粉虱的形态特征

形态特征	温室白粉虱	烟粉虱
产卵习性	光滑叶面，产卵呈圆形或半圆形排列于多毛叶面，卵散产。	卵散产。
卵	初时淡黄色，孵化前变褐色。	卵孵化前琥珀色，不变黑。
若虫	共 4 龄，1~3 龄淡绿色或黄绿色，体长约 0.5 毫米，足和触角退化，4 龄 0.7~0.8 毫米，椭圆形，体背有蜡丝，体侧有刺。	体缘有蜡丝。
蛹	白色至淡绿色。	淡绿色或黄色。
成虫	雌虫体长 1.06±0.04 毫米，翅展 2.65±0.12 毫米；雄虫体长 0.99±0.03 毫米，翅展 2.41±0.06 毫米。虫体黄色。前翅脉有分叉，翅面覆白蜡，静时双翅在体上合成屋脊状。与其他种群混合发生时，大多分布在高位嫩叶。	雌虫体长 0.91±0.04 毫米，翅展 2.13±0.06 毫米；雄虫体长 0.85±0.05 毫米，翅展 1.81±0.06 毫米。虫体淡黄白色到白色，前翅脉一条不分叉，静时双翅在体上合成屋脊状。
银叶反应	无银叶反应。	有银叶反应。

4. 危害规律

我国大面积发生的粉虱主要是 B 型烟粉虱。B 型烟粉虱耐高温，高温季节种群数量大、危害大，不仅设施大棚危害重，田间也大量发生；温室白粉虱主要在温室或设施大棚里危害。在大多数混合发生的地区，两种粉虱危害有较为明显的季节性规律，高温季节以 B 型烟粉虱为主，春秋两季主要以温室白粉虱为主。

温室白粉虱适宜繁殖温度 18 ℃～21 ℃，22 ℃左右卵孵化周期 6～7 天，幼虫期 8～9 天，生育期 6～7 天，成虫寿命 15～30 天。一年可发生 10～15 代，在温室里可以各种形态越冬，无休眠和滞育现象。南方地区，温室白粉虱可周年发生。北方地区，每年 10 月份后气温下降，温室白粉虱从露地迁往设施大棚，进行危害和越冬，来年 3 月，气温升高后，扩散和蔓延。

烟粉虱在南方露地蔬菜均可安全越冬，每年发生 11～15 代，周年危害。

5. 防治方法

粉虱的防治需结合农业措施、物理隔离、生物防治、化学防治等多种手段，早期预警、合理用药、统防统治的策略进行综合防控。

①农业措施：每年作物罢园后，及时铲除杂草，清洁田园，减少粉虱越冬寄主。

②物理防治：利用夏季高温大棚休棚期，结合熏蒸剂进行高温闷棚，有效杀灭棚内粉虱。育苗棚、设施大棚的通风入口处用防虫网覆盖，防止外源虫源迁入。悬挂黄色诱虫板诱杀成虫，诱虫板使用数量一般 50 张/棚，可根据前期监测数据，适时增加。

③生物防治：投放丽蚜小蜂进行防治，丽蚜小蜂最适室温为 20 ℃～30 ℃，投放丽蚜小蜂应选择在移栽后一周开始或温室辣椒植株平均每株有 1 头粉虱时投放，每 7～10 天投放一次，每次投放 400 头/棚。超过 30 ℃，丽蚜小蜂寿命短，防治效果差。

④化学药剂防治：在生物防治和物理防治效果较差的情况下，联苯菊酯水乳剂、吡虫啉、高效氯氰菊酯、噻虫嗪、啶虫脒等农药交替使用。

三、蓟马

近年来，蓟马已经成为辣椒生产中的一种主要害虫，且由于蓟马个头小、昼伏夜出、繁殖快，还能传播多种植物病毒，一旦发现危害时，已造成较大损失，辣椒的产量和品质均严重下降。

1. 危害症状

蓟马对辣椒的危害主要起始于花上，若虫和成虫最喜欢聚集于花朵中取食，其次为嫩叶、嫩茎等生长点的幼嫩部位。危害时以锉吸式口器吸食嫩叶、嫩茎、花和幼果上的汁液，从而形成系统性症状。苗期受害时，受害叶片皱缩、粗糙，由点到面成斑枯状、叶片变薄、叶片中脉两侧呈现灰白色至灰褐色条斑；危害花时，常造成授粉不良、花蕾脱落等现象；危害果实时，常导致果柄黄化、果实坚硬、老化、畸形等症状。蓟马还能传播多种植物病毒，如番茄斑萎病毒等，因而蓟马发生危害时常与辣椒病毒病相伴，造成植株矮小、生长停滞，最终影响产量和品质。蓟马刚开始危害时，叶片正面出现黄白色斑点，叶背也有黄白斑，易与辣椒叶部病害混淆，实际生产中应通过是否有蓟马活动痕迹准确区分，从而采用具体措施针对性防治。

2. 分布情况

蓟马属于缨翅目，全球已报道的种类有 5500 多种，中国自 2003 年首次报道西花蓟马危害以来，已发现 556 种。西花蓟马也是辣椒生产中的主要危害种群，寄主植物多且广，多达 62 科的 244 种作物。目前我国大部分辣椒产区均有蓟马危害的报道。

3. 形态特征

蓟马形态特征见表 8-2。

表 8 - 2	蓟马形态特征
虫态	形态特性
产卵习性	雌虫行孤雌生殖，每雌虫产卵 22～35 粒，卵期 6～7 天。
卵	卵散产于寄主叶肉组织中。
若虫	白色、黄色或橘黄色，三龄末期若虫，停止进食，落入表土化蛹。
成虫	黄色、棕色或黑色，体长 0.5～2 毫米，不超过 7 毫米，雌成虫寿命 8～10 天。

4. 危害规律

蓟马喜欢温暖干旱的气候环境，最适生长温度 23 ℃～28 ℃，最适空气相对湿度 40％～70％，相对湿度越大、温度越高，存活率下降。如西花蓟马在 19 ℃～28 ℃的存活率为 100％，31 ℃时存活率仅为 60％。当温度高于 31 ℃时，若虫全部死亡。蓟马不耐高湿，连阴雨天气，花朵中有露水，能引起若虫死亡。大雨后突然板结、地膜覆盖等使若虫不能入土化蛹，蛹也不能孵化成虫。

蓟马在我国一年可发生 10～18 代，不同地区由于温度不同，发生代数不尽相同。蓟马常年发生、世代重叠，春、夏、秋三季以露地为主，冬季以设施大棚为主，秋延和早春设施栽培辣椒也常年发生。

5. 防治方法

坚持以"预防为主，综合防治"的植保方针，根据蓟马的发生规律及危害特点，采用农业、物理和化学等措施进行综合防治。

①农业措施：每年作物罢园后，及时铲除杂草，清洁田园，有条件的地方可将田间枯枝杂草集中焚毁或深埋，减少田间越冬卵基数。

②物理防治：蓟马具有强烈的趋蓝性，在田间设置与辣椒高度齐平的蓝板，诱杀成虫。

③化学药剂防治：定植后，每周调查 1～2 次，当发现辣椒植株有 3～5 头/株时，及时采用化学农药防治。选用噻虫嗪、氟啶虫胺腈、吡虫啉

（20％以上）、啶虫脒、呋虫胺等药剂，连续 2～3 次，每次间隔 5～7 天。喷雾防治应在下午 6 时后或早上 8 时前，植株中下部、叶背、花、地面同时喷雾。

四、红蜘蛛

危害辣椒的红蜘蛛（学名叶螨）是辣椒生产中的主要害虫之一，我国的种类以朱砂叶螨为主，近年来发生越来越普遍，特别是在设施蔬菜生产中，危害越来越严重，常造成大面积减产。叶螨还危害茄科、豆科、百合科、葫芦科等多种蔬菜作物。

1. 危害症状

红蜘蛛主要以群体危害的方式在辣椒叶背危害，危害时以口针传入辣椒叶面皮层，吸取汁液，使刺吸部位汁液减少，失绿变白，叶片表面进而呈现密集苍白的小斑点，最后叶片失绿，出现红色或红褐色斑点，叶缘卷曲，果实失去光泽、变硬，生长停滞。随着危害种群增多，最后叶片似火烧状，植株落花、落叶、落果。同时红蜘蛛在取食危害过程中还吐丝，最后整个危害的植株可见密集的蛛网。

2. 分布情况

红蜘蛛广泛分布于我国华南、华中、华东、华北、西北等地，除了危害蔬菜作物，还是花卉作物、水果如柑橘、枣、苹果等作物的重要害虫。

3. 形态特征

红蜘蛛形态特征见表 8-3。

表 8-3　　　　　　　　　　　红蜘蛛的形态特征

虫态	形态特性
产卵习性	1 年产卵 1 次，每次 100 粒左右。
卵	圆球形，表面光滑透亮，非越冬卵淡黄色，越冬卵红色。
幼螨	近圆形，足 3 对，非越冬幼螨黄色、越冬代幼螨红色。

虫态	形态特性
若螨	椭圆形，足 4 对，非越冬若螨黄色、越冬代若螨红色。
成螨	红色、梨形，体背两侧有黑长斑，长 0.4～0.55 毫米，雌成螨深红色，椭圆形，体两侧有黑斑。

4. 危害规律

红蜘蛛 1 年可发生 13～15 代，以卵越冬，每年 10 月下旬开始进入越冬期，卵主要在越冬作物、杂草基部、枯枝残叶、耕地孔隙等地越冬，次年 3 月初开始孵化，孵化后转移到早春杂草中危害取食。越冬后的 1～3 代主要在杂草中危害，如越冬孵化后的幼螨 2 天内找不到食物，便会饥饿死亡。

红蜘蛛完成 1 代需 10～15 天，既可营孤雌生殖，又可营两性生殖，雌虫一生交配一次，雄虫可交配多次。同时越冬卵的出现时间与寄主自身的营养状况密切相关，寄主受害轻，供红蜘蛛的营养充足，越冬卵出现得越迟；寄主危害重，供红蜘蛛的营养少，越冬卵出现的时间就早。

红蜘蛛喜高温干旱的环境，温度高低直接决定红蜘蛛各虫态的发育周期、繁殖速度和种群大小。

长江中下游地区红蜘蛛在 5 月底至 6 月上旬开始危害，以下部叶片为主，盛花期后开始向上蔓延，此时蜘蛛中部叶片虫口密度大，进入结果期的 6 月中下旬，红蜘蛛危害已扩展至上中部叶片，至 7 月初，整株辣椒布满红蜘蛛。

5. 防治方法

依据红蜘蛛的生活习性和发生规律，采用农业、生物和化学等措施进行综合防治。

①农业措施：每年作物罢园后，及时铲除杂草，清洁田园，有条件的地方可将田间枯枝杂草集中焚毁，减少田间越冬卵基数。每年早春及时翻地、清除田间杂草，减少越冬孵化后 1～3 代幼螨的食物来源，使刚孵化

的幼螨找不到食物而死亡。

②生物防治：有条件的可投放中华草蛉以控制红蜘蛛危害。

③化学药剂防治：在农业防治和生物防治效果较差的情况下，选用克螨特乳油、噻嗪酮乳油、哒螨灵乳油、乐果等药剂交替使用，连续 2～3 次，每次间隔 7～10 天。

五、菜粉蝶

菜粉蝶属鳞翅目粉蝶科粉蝶属，幼虫称菜青虫，是我国农业生产中分布最普遍、危害最严重的害虫。主要危害十字花科植物，在缺少十字花科植物时也可取食茄科、葫芦科、伞形花科、豆科、百合科、菊科、白花菜科、木犀科等作物。

1. 危害症状

菜粉蝶主要以幼虫危害，初孵幼虫 2 龄前仅取食叶肉，留下表皮，呈透明小孔状。3 龄后进入暴食期，可将叶片、嫩茎咬成孔洞或缺刻，严重时仅剩叶脉和叶柄，甚至全部吃光。幼虫排出的粪便能引起软腐病等病害，常导致早春设施栽培的辣椒质量和品质严重下降。

2. 分布情况

菜粉蝶是常见性害虫，世界性分布，寄主范围广，已知有 9 科 35 种。

3. 形态特征

卵长圆形，长约 1 毫米，横径约 0.4 毫米。初产时淡黄色，后为橙黄色，孵化前淡紫灰色，卵散产；幼虫共 5 龄，初孵时灰黄色，后变青绿色，圆筒形，中部较肥大，背部有一条不明显的断续黄色纵线，每节线上有 2 个黄斑；蛹 18～21 毫米，纺锤形，颜色随环境变化，有绿色、淡褐色、灰黄色等；成虫 12～20 毫米，翅展 45～55 毫米。雌虫前翅顶角有 1 个大三角形黑斑，中部外侧有 2 个黑色圆斑。

4. 生活习性

菜粉蝶全国普遍发生，一年中在长江以南地区以 4—6 月和 9—11 月，华北以 5—6 月和 8—9 月，东北以 7—9 月为暴发高峰期。长江中下游地区一年发生 5～7 代，华南可达 12 代，无滞育现象，各种虫态均可越冬。全国其他地方以蛹越冬，一般选择在枯枝残草、土壤裂缝、树皮等地方越冬。

菜粉蝶发育最适温为 20 ℃～25 ℃，相对湿度 80％左右。卵期 4～8 天，幼虫期 11～22 天，蛹期约 10 天（越冬蛹除外），成虫期约 5 天，田间世代重叠，幼虫行动迟缓、高龄幼虫有假死性。

5. 防治方法

（1）农业防治：避免与十字花科作物连作，若连作应及时清除田间残株和杂草。

（2）物理防治：①设施大棚采用防虫网隔离；②地膜覆盖可保温保湿，不利于蛹的羽化。

（3）生物防治：①每年 6—9 月选用菜粉蝶性引诱剂诱捕，每亩放置 1 个性诱捕器，诱捕器底部距离作物顶部 20～25 厘米，每月更换 1 次诱芯；②选用 Bt 乳油或菜粉蝶颗粒体病毒喷施，在阴天或黄昏时重点喷施新生叶部位及叶背，连续 2 次，间隔 5～7 天；③释放广赤眼蜂、绒茧蜂、蝶蛹金小蜂等寄生性天敌，释放花蝽、猎蝽等捕食性天敌。

（4）化学药剂防治：3 龄以下幼虫，特别是初孵幼虫，是防治关键时期。选择的主要化学药剂有：200 克/升氯虫苯甲酰胺悬浮剂、10.5％三氟甲吡醚乳油、10％虫螨腈悬浮剂、150 克/升茚虫威或甲维盐·茚虫威或甲维盐·虫螨腈悬浮剂、10％溴氰虫酰胺可分散油悬浮剂等。为防止菜粉蝶抗药性，宜采用多种药剂轮流喷雾防治。

六、甜菜夜蛾

甜菜夜蛾属鳞翅目夜蛾科，又名贪夜蛾，为全国各地均有分布的杂食性害虫。常具有间隙性大暴发的特点，不同年度之间暴发的差异也大。甜菜夜蛾主要以取食辣椒叶片为主，大暴发时仅剩下叶脉和叶柄，导致落花、落果，轻者减产 20％～30％，严重者减产达 50％以上，甚至绝收。

1. 危害症状

甜菜夜蛾主要以幼虫危害叶片，初孵幼虫群集叶背啃食叶肉。2 龄后幼虫常群集在心叶上吐丝结网，取食叶肉仅留下表皮，呈透明小孔状。3 龄后进入暴食期，可将叶片、嫩茎咬成孔洞或缺刻，严重时仅剩叶脉和叶柄，最后使植株死亡，苗期受害可导致缺苗断垄。此外，3 龄以上幼虫还可钻蛀青椒果实，造成果实腐烂或落果。

2. 分布情况

甜菜夜蛾是常见性害虫，世界性分布，寄主范围广，涉及 35 科 108 属 138 种植物。主要危害茄科、十字花科、葫芦科、伞形花科、豆科、百合科等蔬菜作物和其他植物。

3. 形态特征

卵呈馒头形，直径 0.5 毫米左右，淡黄色至淡青色，卵粒排列成块，有白色绒毛覆盖。幼虫体长 22～30 毫米，有绿色、暗绿色、黄褐色至黑褐色等颜色变化，虫龄 5 龄，少数 6 龄，幼虫可成群迁移，稍受震扰即吐丝落地，有假死性。高龄幼虫入土吐丝筑室化蛹，深度为 0.2～2.0 厘米。成虫体长 8～14 毫米，翅展 19～30 毫米，虫体灰褐色。

4. 生活习性

成虫昼伏夜出、有趋光性、寿命 5～12 天，趋化性弱，每头雌蛾可产卵 4～5 块，每块 50～150 粒，单层排列，卵多产于下部叶片的背面，主要以蛹在土壤中越冬。长江中下游地区一年发生 5～7 代，每年 5—6 月和 9—11 月危害最重，田间世代重叠。

5. 防治方法

（1）农业防治：及时清除拉秧植株和田间杂草，早春铲除田间杂草，既可消灭杂草上的初龄幼虫，又能减少成虫栖息场所；虫卵盛期，可人工捕捉大龄幼虫，挤抹卵块，减少下一代虫源；夏季干旱时灌水，提高土壤湿度，破坏蛾蛹的羽化环境，减少越冬卵蛹数量；秋季深翻、冬季灌水，可杀灭大量越冬蛹。

（2）物理防治：设施大棚采用防虫网隔离；地膜覆盖可保温保湿，不利于蛹的羽化；按照每 20～30 亩配置 1 个杀虫灯的密度，安装频振式杀虫灯诱杀甜菜夜蛾成虫。

（3）生物防治：甜菜夜蛾发生初期（虫龄 3 龄及以下），选用甜菜夜蛾核型多角体病毒悬浮剂或苜蓿银纹夜蛾核型多角体病毒悬浮剂或金龟子绿僵菌油悬浮剂喷施，在阴天或黄昏时重点喷施新生叶部位及叶背。连续 2 次，间隔 5～7 天；设施栽培可在甜菜夜蛾卵期及卵孵化初期的早晨和傍晚释放寄生蜂，如马尼拉陆胸茧蜂 1000 头/亩，释放 3～4 次；利用甜菜夜蛾性引诱剂诱捕，每亩放置 1 个性诱捕器，诱捕器底部距离作物顶部 20～25 厘米，每月更换 1 次诱芯。

（4）化学药剂防治：3 龄以下幼虫，特别是初孵幼虫，是防治关键时期。以傍晚或清晨喷药最佳，选择的主要化学药剂有：200 克/升氯虫苯甲酰胺悬浮剂、10.5%三氟甲吡醚乳油、10%虫螨腈悬浮剂、150 克/升茚虫威悬浮剂、10%溴氰虫酰胺可分散油悬浮剂等。为防止甜菜夜蛾抗药性，宜采用多种药剂轮流喷雾防治。

七、斜纹夜蛾

斜纹夜蛾属鳞翅目夜蛾科斜纹属，是农业生产中全国各地均有分布的杂食性害虫。斜纹夜蛾幼虫主要以取食辣椒叶片为主，大暴发时可吃光整个叶片，导致落花、落果，给生产造成严重影响。

1. 危害症状

斜纹夜蛾主要以幼虫危害，初孵幼虫群集叶背取食叶肉，仅留下表皮，呈透明小孔状。3 龄后进入暴食期，可将叶片、嫩茎咬成孔洞或缺刻，严重时仅剩叶脉和叶柄，甚至全部吃光。啃食花蕾导致花蕾缺损，严重时导致落花。3 龄以上幼虫还可钻蛀青椒果实，造成果实腐烂或落果。

2. 分布情况

斜纹夜蛾是常见性害虫，世界性分布，寄主范围广，危害茄科、十字花科、葫芦科、伞形花科、豆科、百合科等蔬菜作物，以及玉米、大豆等粮食作物，还能危害其他农作物和观赏花木等 300 多种植物。

3. 形态特征

卵呈扁平半球形，初产时为黄白色，后变为暗灰色，成块状粘连，直径 0.5 毫米左右，有黄褐色绒毛覆盖。幼虫体长 33～50 毫米，头部黑褐色，胸部有绿色、暗绿色、黄褐色至黑褐色等颜色变化，体表散生小白点，虫龄 6 龄，有假死性。高龄幼虫入土吐丝筑室化蛹，深度为 3～5.0 厘米。蛹长 18～20 毫米，长卵形，黑褐色。成虫体长 14～20 毫米，翅展 35～30 毫米，虫体暗褐色，前翅波浪状斑纹中间有 3 条明显的白色斜纹，故名斜纹夜蛾。成虫具有强烈的趋光性、趋化性，对糖、醋、酒味敏感。

4. 生活习性

长江中下游地区一年发生 5～7 代，田间世代重叠，7—9 月是危害盛期。初孵幼虫具群集危害习性，3 龄以后则开始分散，4 龄幼虫进入暴食期，老龄幼虫具昼伏夜出特性，白天潜伏在土缝处，傍晚爬出取食，遇惊就会落地蜷缩作假死状。食料不足，幼虫可成群迁移至附近田块危害，俗称"行军虫"。斜纹夜蛾喜欢高温，各虫态发育适温 28 ℃～32 ℃，32 ℃～40 ℃也可正常发育和危害。抗寒能力弱，长期暴露在 0 ℃环境易冻死。

5. 防治方法

（1）农业防治：及时清除拉秧植株和田间杂草，早春铲除田间杂草，既可消灭杂草上的初龄幼虫，又能减少成虫栖息场所；虫卵盛期，可人工捕捉大龄幼虫，挤抹卵块，减少下一代虫源；夏季干旱时灌水，提高土壤湿度，破坏蛾蛹的羽化环境，减少越冬卵蛹数量；秋季深翻、冬季灌水，可杀灭大量越冬蛹。

（2）物理防治：①设施大棚采用防虫网隔离；②地膜覆盖可保温保湿，不利于蛹的羽化；③按照每 20～30 亩配置 1 个黑光灯的密度，安装黑光灯诱杀斜纹夜蛾成虫；④利用成虫对糖醋敏感的特性，配制糖醋液诱杀，糖醋液配制比例为糖∶醋∶酒∶水∶杀虫剂＝6∶3∶2∶10∶1，杀虫剂为敌百虫等。

（3）生物防治：①每年 6—9 月选用斜纹夜蛾性引诱剂诱捕，每亩放置 1 个性诱捕器，诱捕器底部距离作物顶部 20～25 厘米，每月更换 1 次诱芯；②选用斜纹夜蛾（甜菜夜蛾或草地贪夜蛾）核型多角体病毒悬浮剂或苜蓿银纹夜蛾核型多角体病毒悬浮剂或金龟子绿僵菌油悬浮剂按使用浓度喷施，在阴天或黄昏时重点喷施新生叶部位及叶背，连续 2 次，间隔 5～7 天；③选用苏云金杆菌、乙基多杀菌素、多杀菌素、短隐杆菌等生物农药喷药防治。

（4）化学药剂防治：3 龄以下幼虫，特别是初孵幼虫，是防治关键时期。以傍晚或清晨喷药最佳，选择的主要化学药剂有：200 克/升氯虫苯甲酰胺悬浮剂、10.5％三氟甲吡醚乳油、10％虫螨腈悬浮剂、150 克/升茚虫威或甲维盐·茚虫威或甲维盐·虫螨腈悬浮剂、10％溴氰虫酰胺可分散油悬浮剂等。为防止斜纹夜蛾抗药性，宜采用多种药剂轮流喷雾防治。

八、小菜蛾

小菜蛾属鳞翅目菜蛾科菜蛾属，别称小青虫、两头尖，是世界性迁飞害虫，主要危害十字花科蔬菜，常导致十字花科蔬菜减产 20％～50％。在缺少十字花科植物时也可取食茄科、葫芦科、伞形花科、豆科、百合科、菊科、白花菜科、木犀科等作物。

1. 危害症状

小菜蛾主要以幼虫危害，初孵幼虫 2 龄前仅取食叶肉，留下表皮，呈透明小孔状，俗称"开天窗"。3 龄后进入暴食期，可将叶片、嫩茎咬成孔洞或缺刻，严重时被吃成网状。危害苗期辣椒时，常集中于心叶，导致辣椒死苗。

2. 分布情况

小菜蛾是常见性害虫，世界性分布，迁飞性害虫，寄主范围广，主要危害十字花科蔬菜。

3. 形态特征

卵椭圆形，散产，长约 0.5 毫米，横径约 0.3 毫米，初产时淡黄色，具光泽；幼虫初孵时褐色，后变绿色，纺锤形，长 10～12 毫米；蛹 6～8 毫米，纺锤形，颜色初期绿色，渐变黄绿色，最后灰褐色等；成虫 6～7 毫米，翅展 12～16 毫米，前后翅细长，缘毛长，前翅前半部有褐色小点，中间从翅基至外缘有一条三度弯曲的褐色波状纹，静止时两翅覆盖于体背呈屋脊状。

4. 生活习性

小菜蛾发育最适温度为 20 ℃～30 ℃，每年 5—6 月、8—9 月为暴发高峰期，幼虫、成虫、蛹无滞育现象，均可越冬越夏。幼虫共 4 龄，很活跃。成虫昼伏夜出，取食、产卵多在晚上，趋光性强，成虫寿命 11～28 天。小菜蛾生活史周期短，条件适宜时完成一代只需 10 天；繁殖能力强，每条雌虫可产卵 200 枚以上；生态适应性强，活动范围在－15 ℃～40 ℃；抗药性强，小菜蛾是目前抗药性最强的害虫。

5. 防治方法

（1）农业防治：避免与十字花科连作，若连作应及时清除田间残株和杂草。

（2）物理防治：①设施大棚采用防虫网隔离；②地膜覆盖可保温保湿，不利于蛹的羽化；③安装黑光灯诱杀成虫，减少虫源。

（3）生物防治：①每年 4—9 月选用小菜蛾性引诱剂诱捕，每亩放置 1 个性诱捕器，诱捕器底部距离作物顶部 20～25 厘米，每月更换 1 次诱芯；②选用 Bt 乳油、甘蓝夜蛾核型多角体病毒、60 克/升的乙基多杀菌素、

0.3%苦参碱水剂在阴天或黄昏时重点喷施新生叶部位及叶背，连续 2 次，间隔 5~7 天；③释放螟黄赤眼蜂等天敌防治小菜蛾。

（4）化学药剂防治：3 龄以下幼虫，特别是初孵幼虫，是防治关键时期。选择的主要化学药剂有：5%虱螨脲乳油与 14%氯虫·高氯氟悬浮剂复配、200 克/升氯虫苯甲酰胺悬浮剂、3%阿维菌素乳油、10.5%三氟甲吡醚乳油、10%虫螨腈悬浮剂、150 克/升茚虫威或甲维盐·茚虫威或甲维盐·虫螨腈悬浮剂、10%溴氰虫酰胺可分散油悬浮剂等。为防止小菜蛾抗药性，宜采用多种药剂轮流喷雾或多种药剂复配进行喷雾防治。

图书在版编目（CIP）数据

辣椒育种栽培新技术 / 邹学校主编. — 长沙 : 湖南科学
技术出版社，2021.10
　（湖南农业院士丛书）
　ISBN 978-7-5710-1126-0

　Ⅰ．①辣⋯ Ⅱ．①邹⋯ Ⅲ．①辣椒－植物育种②辣椒－蔬菜
园艺 Ⅳ．①S641.3

　中国版本图书馆 CIP 数据核字(2021)第 152646 号

LAJIAO YUZHONG ZAIPEI XIN JISHU

辣椒育种栽培新技术

主　　编：邹学校
出 版 人：潘晓山
责任编辑：李　丹
出版发行：湖南科学技术出版社
社　　址：长沙市芙蓉中路一段 416 号泊富国际金融中心
网　　址：http://www.hnstp.com
邮购联系：0731-84375808
印　　刷：长沙艺铖印刷包装有限公司
　　　　　（印装质量问题请直接与本厂联系）
厂　　址：长沙市宁乡高新区金洲南路 350 号亮之星工业园
邮　　编：410604
版　　次：2021 年 10 月第 1 版
印　　次：2021 年 10 月第 1 次印刷
开　　本：710mm×1000mm　1/16
印　　张：16.25
插　　页：8 页
字　　数：240 千字
书　　号：ISBN 978-7-5710-1126-0
定　　价：50.00 元